Windows 内核调试技术

谭文 著

电子工业出版社
Publishing House of Electronics Industry
北京·BEIJING

内 容 简 介

本书以为安全系统所开发的 Windows 驱动程序为例，由浅入深地介绍了 Windows 内核调试所需要的环境、工具、相关知识及技巧。书中列举了 Windows 内核编程开发者容易犯的各类错误，以及由此导致的不同缺陷的调试和解决方法。书中对远程调试、面向海量用户的内核驱动程序的质量控制、程序冲突、无文档编程等内核开发中常遇到的问题，也提供了对应的解决方案。

本书适合具有 C 语言基础的计算机相关专业大中专院校学生、软件行业 Windows 相关的底层开发者、计算机安全行业的开发和研究人员阅读。

未经许可，不得以任何方式复制或抄袭本书之部分或全部内容。
版权所有，侵权必究。

图书在版编目（CIP）数据

Windows内核调试技术 / 谭文著. -- 北京 ：电子工业出版社，2025. 4. -- ISBN 978-7-121-50023-7

Ⅰ. TP316.7

中国国家版本馆CIP数据核字第2025M5R260号

责任编辑：李　冰
印　　刷：大厂回族自治县聚鑫印刷有限责任公司
装　　订：大厂回族自治县聚鑫印刷有限责任公司
出版发行：电子工业出版社
　　　　　北京市海淀区万寿路 173 信箱　邮编：100036
开　　本：787×1 092　1/16　印张：18.25　字数：467 千字
版　　次：2025 年 4 月第 1 版
印　　次：2025 年 4 月第 1 次印刷
定　　价：79.00 元

凡所购买电子工业出版社图书有缺损问题，请向购买书店调换。若书店售缺，请与本社发行部联系，联系及邮购电话：（010）88254888，88258888。

质量投诉请发邮件至 zlts@phei.com.cn，盗版侵权举报请发邮件至 dbqq@phei.com.cn。
本书咨询联系方式：libing@phei.com.cn。

前 言

从 2002 年毕业开始,我做安全行业的"码农"足足有二十多年了。如果让我问自己,在这个行业中体会过最大的苦恼和痛苦是什么,经历过最惨痛的成长是什么,我一定会说——和各种 Bug 的无尽斗争。

相比调试莫名其妙的 Bug 来说,能从无到有,在干净的屏幕上编写全新的代码——还有比这更轻松、更令人感觉愉快的事情吗?

写代码就像一场狂欢派对,真正令人烦恼的是如何打扫现场。当代码发布出去,各种反馈的问题如雪片般飞来。蓝屏、卡死、卡顿、闪退,每个字眼都足以让你心头一紧。

市面上有很多越来越强大的调试工具,也有很多关于调试的知识和理论的总结。但在我看来,调试更依赖的既不是工具,甚至不是理论知识,而是个人在各种惨痛教训下积累起来的经验。一位经验丰富的医生看到病人的症状就能大致想到可能的症结,而某位毫无经验的新手,可能对患者进行了分子级别的分析,但依然距离问题核心十万八千里。无奈的是,作为软件开发者,我们每个人都必须从新手开始,学习各种分子生物学般的教科书理论,而在这一阶段是不会有任何书籍来教会我们如何看待真正的"病患"的。等我们真正从事开发工作,并解决真正的问题的时候,才开始在失败和痛苦的折磨中逐渐成长。

我调试过各种各样的程序,从 Linux 到 Windows,从单片机到 Android。但我不可能写一本百科全书,我必须选择一个具体的方向来解说。我将最多的时间花在了 Windows 内核程序上,因此这本书我会选择针对 Windows 内核程序的调试进行讲解。但在我看来,无论读者的项目基于哪个平台、使用什么语言,读懂这本书都是极有帮助的。

无论硬件架构如何变化,操作系统、编程语言如何选择,变化的都只是色彩斑斓的外壳而已。与其追求五花八门的外在,不如尝试努力触及某个方向的技术深处。只要在一个方向上有所成就,那么对其他任何需求都无须再有畏惧。

基于此,这是一本从入门开始,但所涉内容相当深入的书,它包含我在 Windows 内核程序的调试方面所经历的一条从浅到深的路径。就像我们从地表开始,用钻头打通一条通往地核深处的深井,虽然它只是一条通道而不包括整个地壳,但读者将学会如何在更困难的领域坚持不懈地"挖掘通道"。

Windows 内核相关编程更多地用于内网安全组件中。本书使用一个 Windows 主机入侵检测驱动的框架作为例子，前半部分和调试问题有关，后半部分开始反客为主，通过调试来学习操作系统内核，并且跨越开发中的各种障碍，实现在实际开发中需要实现的各种功能。因此，本书后半部分更接近于逆向。调试和逆向本来就是密不可分的亲兄弟。另外，本书的目标始终只是开发和调试 Windows 内核程序，不会涉及逆向工程方面的知识。

虽然没有源码也不影响阅读本书，但是本书的大部分章节都提供了源码，读者可以通过扫描下方二维码下载。

特别提醒

请注意本书源码很多是为了演示而故意留下缺陷，因此请一定对照书本内容仔细阅读并调试缺陷，切不可直接在项目中使用。本书作者不会为直接使用代码造成的后果负责。

除了简单的 C 语言基础和对操作系统的最基本了解，本书不对读者预先掌握的基础进行太多要求。当需要必要知识的时候，我会在书中进行必要的介绍。但读者最好能认真理解我所列出的每行代码，即便这些代码可能是你在实际工作中永远也用不上的。

致谢

感谢我的同事王汉，他提供了本书第 8 章的案例。

感谢连云港市公安局网安支队的周钰淇警长，她帮助我审核了部分章节并提供了宝贵的建议。

作为"码农"，我们永远无法掌控技术发展的方向，甚至无法知道我们的下一个项目将会在什么平台上进行、使用什么工具，以及编写怎样的代码。但我敢肯定的是，我们每理解一行代码，就一定能让自己的经验和能力增长一分。

谭文

目　录

第1章　内核开发与调试的准备 ··· 001

1.1　环境部署和工具安装 ··· 001
　　1.1.1　选择调试工具 ··· 001
　　1.1.2　安装 Visual Studio 和 WDK ·· 003
　　1.1.3　安装被调试的虚拟机 ··· 004
1.2　WinDbg 的用法和存在的各种问题 ··· 007
　　1.2.1　做好快照并快速连接 WinDbg ·· 007
　　1.2.2　符号表和卡顿 ··· 008
　　1.2.3　源代码问题 ··· 010
1.3　内核调试的实际操作示例 ·· 011
　　1.3.1　WinDbg 中有用的主要窗口 ··· 011
　　1.3.2　常用的调试命令 ··· 013
　　1.3.3　调用栈与当前进程 ·· 014
1.4　编写第一个例子 ·· 017
　　1.4.1　无法加载问题 ·· 017
　　1.4.2　不起作用的代码 ··· 020
　　1.4.3　正确的代码结构与异常处理 ·· 023
　　1.4.4　以覆盖为目的的调试 ··· 025

第2章　常见错误和非法地址访问蓝屏 ·· 028

2.1　非法指针导致的蓝屏 ·· 028
　　2.1.1　空指针访问导致的蓝屏 ·· 028
　　2.1.2　空指针写入导致的蓝屏 ·· 030
　　2.1.3　简单乱指针导致的蓝屏 ·· 032
　　2.1.4　乱指针遍历链表导致的蓝屏 ·· 033
　　2.1.5　出现乱指针的原因 ·· 035

2.2 越界导致的蓝屏 ··· 037
2.2.1 分配边界页面的函数 ··· 037
2.2.2 字符串越界导致的蓝屏 ··· 038
2.2.3 内存扫描越界导致的蓝屏 ··· 041
2.2.4 栈越界导致的蓝屏 ··· 043
2.3 非法地址执行导致的蓝屏 ··· 045
2.3.1 执行空函数指针导致的蓝屏 ··· 045
2.3.2 执行栈地址函数指针导致的蓝屏 ··· 046
2.3.3 执行已卸载驱动函数导致的蓝屏 ··· 047
2.4 各类非法访问错误总结 ··· 050

第3章 内核开发中的泄漏、卡死与重入 ··· 052

3.1 内存泄漏 ··· 052
3.1.1 通过任务管理器观察内存泄漏 ··· 052
3.1.2 通过 PoolTag 来排查泄漏 ··· 056
3.1.3 分三级管理的内存分配 ··· 058
3.1.4 快速定位内存泄漏 ··· 064
3.2 卡死 ··· 067
3.2.1 死循环导致的进程强卡死 ··· 068
3.2.2 死循环导致的系统卡死 ··· 071
3.2.3 自旋锁未释放导致的系统卡死和蓝屏 ··· 075
3.3 重入 ··· 080
3.3.1 递归导致的双重失败崩溃 ··· 081
3.3.2 回调重入导致的崩溃 ··· 083
3.3.3 文件系统设备栈引起的重入 ··· 087

第4章 用户环境缺陷的调试 ··· 093

4.1 与用户保持联系 ··· 093
4.1.1 无法及时联系用户的原因 ··· 093
4.1.2 简单快速获取反馈 ··· 094
4.1.3 用正确的方式和用户接触 ··· 095
4.2 建议用户使用转储文件协助调试 ··· 095
4.2.1 手动开启崩溃转储的设置 ··· 096
4.2.2 默认开启崩溃转储并上传转储文件 ··· 097

  4.2.3 强制生成转储文件 ································· 099
4.3 编写一个强制蓝屏工具 ································· 100
  4.3.1 使用代码安装一个驱动程序 ··················· 100
  4.3.2 以管理员模式运行及提权 ······················ 103
  4.3.3 加载驱动程序 ····································· 106
  4.3.4 完成并加载蓝屏驱动程序 ······················ 108
4.4 转储文件分析示例 ·· 111
  4.4.1 非法内存访问的转储文件 ······················ 111
  4.4.2 进程强卡死的转储文件 ························· 115
  4.4.3 内存泄漏的转储文件 ···························· 119

第5章 海量用户项目开发与调试 ························· 122

5.1 "无法调试"的缺陷 ····································· 123
  5.1.1 缺陷到底能否被解决 ···························· 123
  5.1.2 解决缺陷的通用手段和模式 ··················· 125
  5.1.3 用分段排除法调整定位缺陷 ··················· 126
5.2 模块划分为基础的调整 ································· 128
  5.2.1 通用的模块划分方法 ···························· 128
  5.2.2 内核程序功能划分与开关 ······················ 131
  5.2.3 利用配置进行动态开关 ························· 135
5.3 建立自监控机制 ··· 138
  5.3.1 初始化过程的监控 ······························· 139
  5.3.2 功能有效性的自我监控 ························· 144
  5.3.3 持续执行的心跳监控 ···························· 148
5.4 利用海量用户定位未知缺陷 ·························· 151
  5.4.1 用随机对照试验来确认未知缺陷 ············ 151
  5.4.2 确定外网内核驱动程序"健康度" ··········· 154
  5.4.3 继续分组对比以确认未知缺陷 ··············· 155
  5.4.4 在发布和更新中持续监控健康度 ············ 157

第6章 内核挂钩与冲突问题调试 ·························· 158

6.1 解决冲突的正确方式 ···································· 158
  6.1.1 积极但低调地解决问题 ························· 158
  6.1.2 用户价值才是唯一取向 ························· 159

6.2 挂钩的开发 ·· 161
　　6.2.1 被挂钩的程序 ·· 162
　　6.2.2 枚举和注册回调的时序 ·· 164
　　6.2.3 导入地址表的检索 ·· 170
　　6.2.4 挂钩的实现 ··· 175
6.3 冲突的发现、分析与解决 ··· 183
　　6.3.1 冲突的现象 ··· 183
　　6.3.2 用 dps 命令手工解析调用栈 ·· 185
　　6.3.3 逆向分析第三方程序并解决问题 ··· 189
　　6.3.4 肇事方视角定位解决问题 ·· 192

第 7 章　文件系统过滤与逆向调试 ·· 195

7.1 微过滤驱动 ·· 195
　　7.1.1 补齐微过滤驱动所需要的注册表项 ······································ 196
　　7.1.2 启动微过滤驱动程序 ··· 202
　　7.1.3 对文件打开进行过滤 ··· 205
7.2 微过滤驱动的动态卸载问题 ·· 210
　　7.2.1 重现缺陷并进行初步定位 ·· 211
　　7.2.2 寻找案发第一现场 ·· 213
7.3 利用 IDA Pro 进行静态分析 ·· 216
　　7.3.1 IDA Pro 操作入门 ·· 216
　　7.3.2 利用 IDA Pro F5 逆向 FltUnregisterFilter ···························· 219
　　7.3.3 逆向 nt 模块中的 ExWaitForRundownProtectionRelease ········ 223
7.4 IDA Pro 分析和 WinDbg 调试的协同 ·· 225
　　7.4.1 通过符号表查找线索 ··· 225
　　7.4.2 IDA Pro 静态分析寻找调用者 ·· 226
　　7.4.3 WinDbg 动态调试寻找调用者 ·· 229

第 8 章　非文档开发与调试 ·· 233

8.1 使用非文档方式定位函数 ··· 233
　　8.1.1 内核函数的公开、导出和未导出 ··· 234
　　8.1.2 绕过导入表来定位函数 ··· 236
　　8.1.3 间接定位函数的代码实现 ·· 239
8.2 使用非文档方式探索内核功能 ··· 243

        8.2.1　尝试监控 MmMaploSpace 的调用 ································· 243
        8.2.2　研究 PTE Tracker 如何开启 ····································· 246
        8.2.3　解决 PTE Tracker 开启后的蓝屏问题 ························· 249
8.3　逆向 Windows 内核数据结构 ·· 251
        8.3.1　从公开参数到未公开参数 ·· 251
        8.3.2　从参数到内部变量和结构 ·· 254
        8.3.3　通过各种参考资料逆向内核 ····································· 260
8.4　实现非文档操作的编码实现 ··· 264
        8.4.1　从确认操作系统的版本开始 ····································· 264
        8.4.2　确定需要的全局变量和数据结构 ······························· 265
        8.4.3　定位全局变量的位置 ··· 268
        8.4.4　读取 PTE Tracker 记录并进行验证 ····························· 275

第 1 章
内核开发与调试的准备

考虑到部分读者可能没有接触过 Windows 内核的开发与调试环境,本节将介绍环境部署、工具安装和使用方法。已经拥有完整的工具和环境的读者可以跳过本章开头部分的操作,但我还是建议阅读本章内容。

本章记录了一些我遇到过的稀奇古怪的问题的解决过程。有些问题你可能遇到过也解决掉了,有些可能你现在都没有解决。

此外,1.4 节的内容非常重要,请务必仔细阅读。其中讲述了一些在编程时可以避免产生过多**缺陷**[1]的基本方法。谁也不想去调试无穷无尽的缺陷。

1.1 环境部署和工具安装

1.1.1 选择调试工具

以我目前的经验,WinDbg[2]是在 Windows 内核调试方面唯一实际可用的工具。多年之前,我们还有 SoftICE 可用,而现在 SoftICE 已不知所踪。WinDbg 进行内核调试时的界面如图 1-1 所示。注意,此图放在这里仅仅用于给读者一个直观的印象,读者暂时不必理解其中出现的指令和代码。

IDA[3]具备调试 Windows 内核的能力。使用 IDA 内置的 Gdb,外加 VMWare 内置的 Gdbstub 的功能,确实可以调试 Windows 内核。但在实际使用中,我遇到了加载符号表困难、查看调用栈不直观等诸多问题。

IDA 可以结合 WinDbg 进行调试,但这又回到了 WinDbg 上。我并不是使用工具的好手,我倾向于优先解决问题,而不是优先打磨工具。因此,我并没有花更多时间去研

---

[1] 本书中,缺陷即 Bug。我绝大部分内容使用缺陷这个词语,少量情况下使用 Bug。
[2] 微软出品的调试工具。
[3] Hex-rays 公司出品的著名的反汇编静态分析工具,可在网上搜索下载试用版本。

究如何结合使用 IDA 和 WinDbg 来提高调试效率。

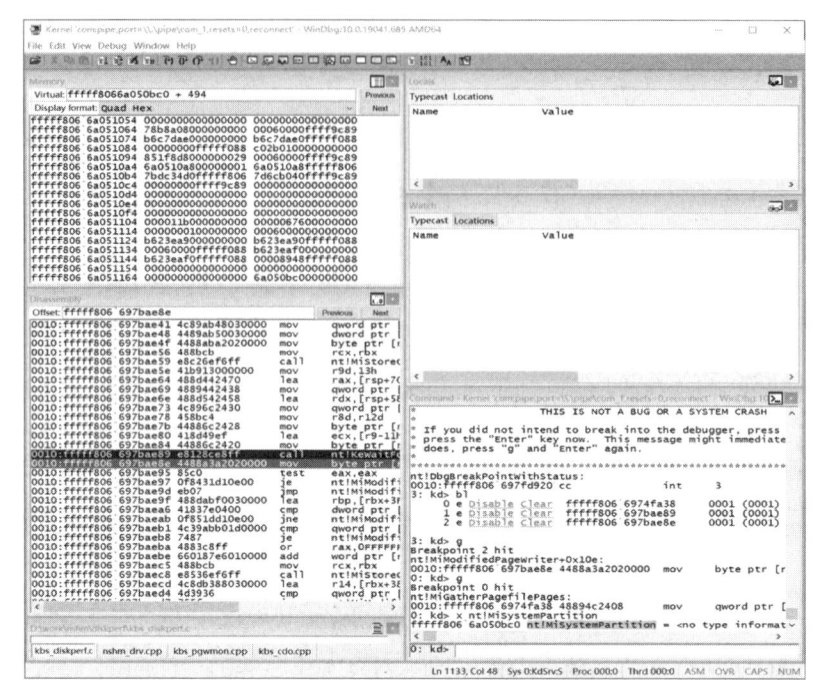

图 1-1　WinDbg 进行内核调试时的界面

虽然调试 Windows 内核不便，但 IDA 依然是进行静态分析[1]时最优秀的工具。粗看起来调试属于动态分析，与静态分析不是同一个主题，但实际上好的静态分析对调试有极大的帮助。反过来，动态分析获得的信息也能强力助力静态分析的进行。本章只涉及 WinDbg，第 7 章会详细介绍使用 IDA 进行静态分析来辅助调试的经验和技巧。

> 　　有人会用锉刀、锯子和钳子快速打造产品的原型，有人则会投入毕生精力去研究一款自动化的机器来提高工作效率。这二者各有所长，优劣不可一概而论。我个人习惯更倾向于前者，即利用现有的简单工具尽快打造产品。
> 　　WinDbg 提供极为全面和复杂的功能，全面精通它们需要大量的时间。然而在实际中，我可能只用到了十分之一的简单功能来完成所有的工作。因此在这本书里，我将尽量介绍我最常用的这十分之一的功能，其他的功能则有待读者自己探索。
> 　　努力精通工具绝对不是坏事。各位应该按自己的习惯和喜好去选择。如果你精通了工具，那么完全有可能找到比本书所介绍的更好、更有效率的调试方式。如果你需要了解本书之外关于 WinDbg 或 IDA 的详尽功能说明，那么请参阅相关用户手册。

---

[1] 静态分析是指在不运行代码的前提下，对代码进行的分析。相对而言，将代码运行起来进行调试是一种动态分析的行为。

1.1.2　安装 Visual Studio 和 WDK

与十多年前做内核开发不同，现在 Windows 的内核编程环境的安装指引已经非常完美了，不用再自己苦苦探索，但是各种问题还是会出现。我会在这里尽可能地进行说明，以免读者走弯路。

WinDbg 只是一个调试器，现已内含在 WDK 中，不要去单独搜索并下载 WinDbg，按正确的方法先安装 Visual Studio 和 WDK 即可，后文有相关指引。但我强烈建议，在此之前先安装一个 Everything[1]。因为你一定不想在所有工具都安装完毕后，不知道如何寻找 WinDbg 的位置，这个工具可以让你快速定位任何已知部分文件名的文件位置。

然后请在搜索引擎中输入"下载 Windows 驱动程序工具包"，定位到微软 MSDN 的相关文档页面，再按照文档页面的说明进行操作。其步骤大致为：

- 安装最新版本的 Visual Studio。
- 安装最新版本的 SDK。
- 安装最新版本的 WDK。

请严格执行上述步骤，不要因为某些原因就调换顺序，或者免去某些步骤。

> 我有过很多次安装 WDK 不顺利的情况，最终导致什么都无法正常工作。我的读者也有很多人反馈过类似的情况。最终我进行总结发现，各种不正常的问题来源只有一个，即版本问题。
>
> 任何人问我某个 Visual Studio 的版本和哪个版本的 WDK 可以适配，我都无法回答。真正的答案永远只有尝试才知道。
>
> Visual Studio 和 WDK 都在快速演进中。最常遇见的情况，是机器上已经安装了某个惯用的 Visual Studio，使用者不愿意升级，然后又直接安装最新下载的或从某处下载的旧版 WDK，导致版本不兼容。
>
> 兼容性问题一旦出现，往往极难解决。有时甚至卸载一切重新安装也会继续冒出各种无法预知的问题。我的忠告是：不要问哪些版本可以适配。无论你习惯使用哪个版本的 Visual Studio，都应老实地从上述微软提供的页面上下载最新的 Visual Studio，然后再依次安装从同一地址下载的 SDK 和 WDK。
>
> 一般来说，安装最新的 Visual Studio 基本不影响你继续使用旧版的 Visual Studio。同时，最新版本的 Visual Studio、最新版本的 SDK、最新版本的 WDK 是最佳的组合，安装之后出现问题的概率最低。
>
> 如果问题已经出现，就尝试卸载所有不合适的版本，重新按顺序安装。如果问题还是不能解决，那么最差的情况是可能要重新安装整个环境。

---

[1] voidtools 出品的文件快速搜索工具，可在网上搜索并下载免费版本。

安装完成后，你已经拥有了用 Visual Studio、WDK 开发 Windows 内核程序的可能。同时，WinDbg 作为 WDK 的附件也已经安装到了你的计算机上。

这时你一定会很想知道 WinDbg 的安装位置。此时可以使用之前安装的 Everything 来寻找 WinDbg.exe，如图 1-2 所示。

图 1-2 使用 Everything 搜索 WinDbg.exe 的安装位置

你会发现 WinDbg 有 x86、x64、arm、arm64 四个版本。我们要开发的是 Windows 内核程序，而目前 Windows 系统基本都是 64 位的，因此我们要使用 x64 版本的 WinDbg。建议你生成一个 64 位 WinDbg 的快捷方式到桌面上。

1.1.3 安装被调试的虚拟机

Windows 内核调试需要使用两台机器：一台是调试机，另一台是被调试机。一般使用开发机直接充当调试机。

被调试机可以使用另一台真机，二者之间用调试线相连。但更简单的是，在开发机上安装一个虚拟机，在虚拟机内安装一套被调试系统。这样做节约了硬件，而且虚拟机存在快照[1]机制，对后续的调试有巨大的帮助。

虚拟机软件首选 VMWare Workstation[2]（下面简称 VMWare），也可以选择完全免费的 Virtual Box[3]。根据我的经验来看，在一般的 Windows 内核调试中，二者相差不大。但如果你需要测试对显卡性能要求高的 3D 软件，那么 VMWare Workstation 的性能可能会比 Virtual Box 强很多。

---

[1] 这是虚拟机将系统某个"现场"保存下来并可随时恢复的机制。
[2] VMWare Workstation 是 VMware 公司的产品，详见 VMware 官网。
[3] Virtual Box 是 Oracle 公司的开源产品，详见 VirtualBox 官网。

第 1 章　内核开发与调试的准备

这里使用 VMWare 来进行说明。我们必须先在 VMWare 中安装一个 Windows。在 VMWare 中安装了 Windows 10 之后，有以下两个步骤需要执行。

首先必须在 VMWare 中新增一个用管道模拟的串口。可以在虚拟机关机的状态下，选择主菜单中的虚拟机，然后选择虚拟机设置来实现新增。注意，如果此时已经有串行端口存在，那么应先移除，确保我们新加入的串口是第一个串口（也就是 COM1），如图 1-3 所示。

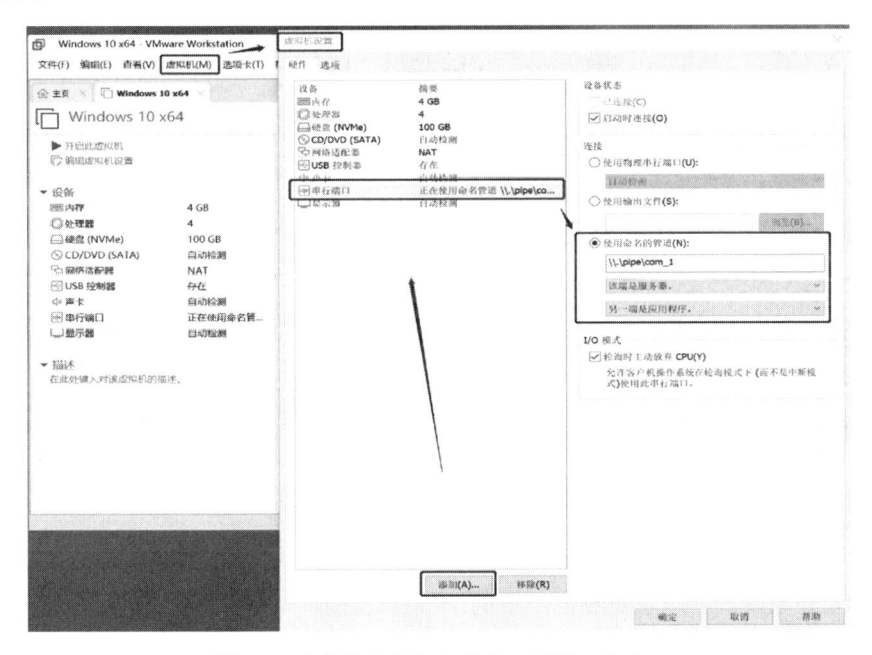

图 1-3　确保我们新加入的串口是第一个串口

其次我们点击"添加"按钮，添加新串口。这里有几个关键的设置：新串口选择"使用命名管道"，管道名输入"\\.\pipe\com_1"，并选择"该端是服务器""另一端是应用程序"选项。

串口生成之后，虚拟机中的 Windows 已经具备了调试的硬件基础。现在我们启动虚拟机中的 Windows。默认新安装的 Windows 是正常启动的，并不会进入调试模式。

我们在 Windows 10 的"开始"菜单的搜索框中输入"系统配置"，在 Windows 10 中通过"系统配置"设置调试选项，如图 1-4 所示。在"系统配置"中选择"引导"，在"引导"中选择一个引导项。如果你只有一个引导项，就选择那一个。

在图 1-4 中，有两个引导项，其中一个被我命名为"DebugEntry"。这只是一个提示，并不重要，关键是我们要做的设置。在选择了引导项之后，点击下面的"高级选项"，然后勾选"调试"，勾选"调试端口"，选择"COM1"，将波特率设置为"115200"，点击"确定"按钮即可。之后，系统会提示设置需要在重新启动之后才能生效。

005

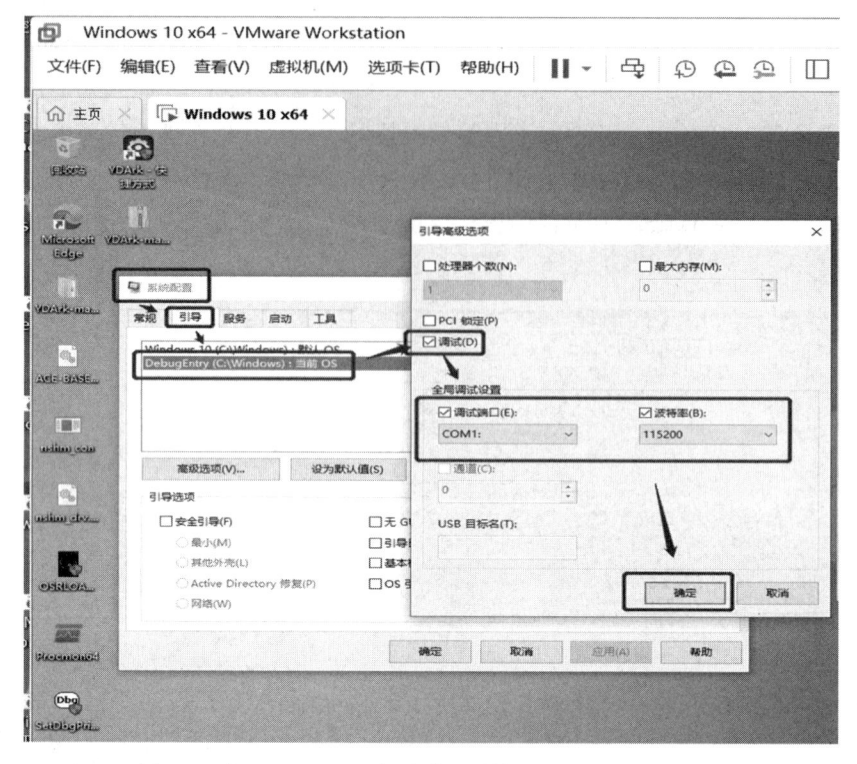

图 1-4　在 Windows 10 中通过"系统配置"设置调试选项

一旦以调试模式启动了 Windows，WinDbg 就可以与被调试的 Windows 通过管道来建立连接并开始调试，这正是我们想要的。但在此之前，我们需要给 WinDbg 提供启动参数，它知道应该和哪个管道进行连接，具体的启动命令行如下：

```
"C: \Windows Kits\10\Debuggers\x64\windbg.exe" -b
-k com:pipe,port=\\.\pipe\com_1,resets=0,reconnect -y
```

如果你的 WinDbg 安装在了其他位置，那么你需要修改这个命令行。你可以写一个简单的脚本来启动 WinDbg，也可以在桌面上新建一个快捷方式，并把上述命令行当作快捷方式的目标。

启动 Windows，在 Windows 进入启动黑屏、类似卡死的状况下应立即启动 WinDbg，时机必须掌握准确（太早或太晚都可能导致连接失败）。在正常情况下，WinDbg 会与 Windows 建立连接。你可以在 WinDbg 中看到类似如下的输出：

```
Connected to Windows 10 19041 x64 target at (Mon Feb 13 07:31:05.824 2023 (UTC + 8:00)), ptr64 TRUE
Kernel Debugger connection established.
```

不幸的是，还存在另一种可能，即看到如下或类似的信息：

```
Opened \\.\pipe\com_1
Waiting to reconnect...
```

这表示调试器并没有成功连接，还在继续等待。这也是 WinDbg 常见的烦人问题之一。但无论如何，环境和工具都已经准备完毕，万事俱备只欠东风，后面我会详细介绍 WinDbg 调试中遇到的各种问题。

1.2 WinDbg 的用法和存在的各种问题

1.2.1 做好快照并快速连接 WinDbg

WinDbg 远远不是完美的工具，问题层出不穷，如果你是初次使用它，就不得不作好忍受痛苦的准备。正如 1.1.3 节的末尾所说，你碰到的第一个问题一般都是 WinDbg 与被调试机连接不上。

在理想状况下，当被调试的虚拟机中的 Windows 以调试模式启动的时候，在启动初期会以卡死的状况等待调试器的连接。此时，点击 WinDbg 的快捷方式，如果 WinDbg 的命令行参数设置正确，就会成功与之连接。

只要 Windows 进入了桌面，WinDbg 也成功连接了，你就应该立刻使用 VMWare 做一个快照。VMWare 的快照可以保存整个计算机的当前状态，包括内存和硬盘。

Windows 每次启动非常耗时，做好快照之后，直接恢复快照可以极大节约启动的时间。但更重要的是，每次启动之后 Windows 的内存布局是不同的。如果你的调试环境依赖固定的内存布局（在某些调试中你会体会到其重要性），就非做快照不可。

请点击 VMWare 主菜单中的"虚拟机"，选择"快照""拍摄快照"来拍摄一个快照。后续可以选择"恢复到快照"来回到拍照时的状况。一旦在连接 WinDbg 调试的状态下做好了快照，那么任何时候在恢复快照后，再开启 WinDbg，九成情况都可以成功连接调试。

凡事都有例外，但无论是从恢复快照开始，还是从手动启动 Windows 开始，都有一定的概率会连不上调试器。WinDbg 会始终显示"Waiting to reconnect…"或其他的垃圾信息，而被调试的 Windows 已经进入了桌面。这时就只能凭运气反复重试了。

> 有一次，我在给公司的同事们讲课的时候就遇到了类似的问题。
>
> 那时我使用 WinDbg 已经十多年了，很少失手。然而就在讲课的时候，近百名学员的众目睽睽之下，问题出现了。
>
> 我尝试将虚拟机恢复为我常用的快照。平时工作时，点击 WinDbg 的快捷方式，最多五秒就会顺利地连接并开始调试。但偏偏在这次讲课的时候，无论怎么恢复快照，WinDbg 都连接不上。
>
> 在尝试了五六次无果之后，我硬着头皮宣布"课间休息五分钟"。
>
> 我则继续开始手忙脚乱地尝试。幸运的是，五分钟休息之后的课程上，我居然成功

> 地连接上了，而且后续再也没有出现过这个问题。不得不说，这是一次成功的"死里逃生"的经历。
>
> 我想你一定不愿意在为领导或客户演示程序的时候出现这样的尴尬场景，但 WinDbg 可不在乎。
>
> WinDbg 让我体会到：无论你碰到的工具有多么不好用，如果没有其他替代工具，你就千万不要放弃。如果失败了，你就只管反复尝试，直到成功为止。
>
> 或许你"浪费"了无数的时间在一个"愚蠢"的工具上，但既然别人能用这个工具取得成功，那么你也可以。只要你不放弃，任何努力就都不会浪费。

这个问题出现的次数并不多，很难专门去寻找解决方案。直到有一天我偶然发现，如果 WinDbg 连接不上，而被调试的系统也在正常运行着，这时点击 WinDbg 的"Break"（中断）命令会有奇效，大概率能重连成功。

"Break"命令既可以由你按下 Ctrl+Break 组合键来触发，也可以从主菜单"Debug"中来选择。读者可能更倾向于点击工具栏上的按钮。它的作用是让被调试系统中断下来，以便开始调试。

理论上，如果被调试系统根本没有连接，中断就是毫无意义的。然而，这样操作就是有神奇的效果，往往点击了"Break"之后几秒内，WinDbg 就能顺利连接上被调试的系统了。如果你和我一样偶尔碰到了类似的问题，那么可以这样试试。

1.2.2 符号表和卡顿

在调试的时候，如果有符号表，就要设置符号表。符号表是说明可执行代码与源代码之间对应关系的文件，能将没有感情的冰冷的机器码，与它们还是源代码时的有温度的符号——其实就是名字，对应起来。

如果是你自己编译的驱动程序，那么可以不做任何设置，因为编译产生的可执行文件同目录下包含符号表。只要你没有移动过目录，WinDbg 就能自动找到符号表、源代码并开始源码级调试。

第三方软件产品一般不会有厂商提供符号表，但 Windows 内核是一个例外。为了方便驱动程序开发者进行调试，微软对外提供 Windows 内核的符号表。这就需要做一个设置，让 WinDbg 能从微软的网站上下载正确的符号表。

在 WinDbg 已经成功连接被调试机的时候，你可以打开主菜单"File"，然后选择"Symbol path"来设置符号表的位置。比如，我的设置如下：

```
srv*D:\symbs*http://msdl.microsoft.com/download/symbols;D:\work\myproject\build\output\x64\Debug
```

这个设置的前半部分是从微软的网址下载符号表，并保存到 D:\symbs 目录下；而后半部分是我的工程调试版本编译输出目录,其中含有我编译的驱动程序的符号表。这样,我就可以同时调试自己的驱动和 Windows 内核了。你必须按照自己的真实路径来调整。

非常遗憾的是,我发现有时无法正常下载微软提供的符号表,这可能和网络的连通性有关,也可能和机器的其他问题有关(比如,磁盘满了、目录不可写等)。

一般来说,在调试的时候,只需按 Ctrl+Break 组合键中断被调试机,随后输入如下命令:

```
.reload
```

按回车键后,符号表就会开始加载或下载。下载的速度不会很快,因此,程序就像是被卡住了,此时没有任何进度条或任何其他能让你舒心的提示出现。

办法之一是观察符号表下载目录,如果目录原本是空的,那么你可以点击鼠标右键,在弹出的菜单查看目录中所有文件的大小总和。

如果从 0 开始不断增加,那么说明符号表正在下载,你可以放心地等待。如果一分钟毫无反应,那么毫无疑问,你下载不了符号表,此时可以想办法查看网络是否存在问题,然后再设法继续尝试。

如果无论如何都下载不了符号表,那么千万不要以此为借口就放弃工作。Windows 内核符号表有助于调试,但并不等于它是调试的必需品。一般而言,只要有自己程序的符号表就可以顺利完成大部分工作了。

当符号表无法下载时,必须把 WinDbg 中的 Symbol path 设置中关于微软符号表下载到服务器上,否则每次调试的时候都会尝试下载符号表,每次都会卡很长时间,这是 WinDbg 卡到无法工作的重要原因之一。

这里顺便要说一下 WinDbg 调试时的严重卡顿问题。我在工作中遇到过多次,大多数情况是微软的符号表无法下载,WinDbg 又反复尝试导致的,此时可以按上面的方法解决。

此外,还会存在其他的卡顿。一种常见的情况是,第一次单步的时候等待很长时间,才跳转到下一行代码,这种情况可能会随着单步次数的变多而变得流畅,因此不用太焦虑。

令人焦虑的是每一次单步都很慢。当你按下 F10 键的时候,发现过了 5 分钟指令还没有跳到下一行,这基本就无法用 WinDbg 完成任何任务了。这种情况下,我的建议如下:

- 先是怀疑符号表无法下载的问题,解决方案同上,去掉下载符号表的配置参数。如果无效,再进行下面的步骤。
- 检查是否监视了太多的变量(Locals、Watch 窗口里有太多的内容,有没有复杂庞大的结构)。检查是否有太多断点?或者是不是设置了读写断点之类"诡异"的内容?如果有,那么统统删掉,然后继续尝试单步。
- 如果还是慢,有人向我建议,打开 WinDbg 的主菜单"Debug",去掉下面的"Resolve Unqualified Symbols"选项。我一般不勾选这个选项,因此这个建议对我没产生过作用,但你可以自己检查一下。

- 如果这样还是无法解决，那么我建议你换别人的机器再次尝试，确认到底是机器的问题，还是操作上的问题。如果无论换谁的机器、换任何网络都无法正常工作，那么肯定是操作上的问题。仔细看看自己的操作和那些能正常工作的人的操作有什么不同之处。总之，无论如何都不要放弃！

1.2.3 源代码问题

如果你在编译时源代码没有移动过位置，那么 WinDbg 直接就可以进行源码级的调试。在进行调试时，你可以看到 C 语言代码，这是因为现场编译的二进制文件（如 exe、dll 或 sys 文件）同目录下有对应的符号表 pdb 文件，而 pdb 文件中保存了源代码文件的全路径。这样，WinDbg 在解析符号表时，知道去哪里找到源代码，就会显示源代码来进行调试。

> 有时我们需要公开 pdb 文件，这个需求在某些中间件，比如，给别人开发用的 SDK 项目中较常见。你可能会认为 pdb 文件只是符号表而不是源码，是可以放心公开的（如果没有防止逆向需求的话）。但真实情况是，符号表会暴露很多信息，有时包括你的隐私，比如，如果我使用如下的源代码路径：
>
> D:\<我公司的名字>\<我的名字>\<我项目的名字>\...
>
> 因为源代码路径会被包括在 pdb 文件中，所以这个 pdb 文件同时暴露了我的公司名、我的名字、我的项目的名字，说不定还会暴露更多的信息。
>
> 因此，打包发布符号表（pdb 文件）的时候要尤为注意，不要泄漏自己的个人隐私或公司的机密信息。

但糟糕的是，有时你会发现 WinDbg 无论如何都会选择错误的源文件，让你的源码和实际调试根本对应不上，把你愚弄得团团转。出现这种情况，有很大可能是你的源码实际已经更新，但 WinDbg 中并没有更新。

我的习惯是把源码窗口关闭，按 F10 键单步执行，新的源码文件就会再次出现。当然，你也可以手动打开文件。

还有一种更奇怪的情况。如果你曾经使用某个目录下的 C 语言源码调试过，那么 WinDbg 将始终"认准"这个目录下的 C 语言文件目录。即便你已经在新的目录下编译了你的二进制文件，pdb 文件里含有的路径也必定是新的源码目录下的路径，WinDbg 依然会一如既往地选择你曾经用过的旧目录下的文件。

临时性的解决办法是在调试的时候，将 WinDbg 中打开着的源代码文件窗口关闭，然后手动选择正确路径下的文件，此时一般都可以正常调试。但当你再次开启虚拟机调试的时候，WinDbg 依然可能自动选择旧目录下的源码文件。

我们可以在关闭旧文件并打开新文件之后，点击 WinDbg 的主菜单中的"File"，然后点击"Save Workspace"来解决这个困扰。

Save Workspace 是一个很有用的命令，它能记住 WinDbg 当前的工作状态，让你下次开始调试程序的时候尽量和现在保持一致，能解决很多怪异的问题。但如果这样尝试后还是不行，就只能删除旧的源代码目录，或者移动它，总之让 WinDbg 无法再找到它。

调试源码中的另一个问题是，有时在某行源码上按下 F9 键，你会发现根本无法设置断点。WinDbg 会提示"代码未找到"之类的错误。

这时我们应该首先检查源码文件是否是正确的源码，是否因为上面说过的几种情况导致了源码的错位。如果确认源码是正确的，那么毫无疑问，你下断点的这段源码可能在二进制文件中根本没有对应的指令。

最常见的是这个函数实际没有被调用过，或者它被调用的地方根本不可能执行到，因此被编译优化给"切除"了。面对这种情况，你应该好好检查代码的逻辑是否和你的预期一致。

这几节的内容都不是很直观，但现在你还无须做任何操作。从 1.3 节开始，我们会一起尝试操作。那时如果你碰到这些问题，就一定会想起曾经看到过的这些内容，到本节来找到相应的解决方法。

但我更想说明的是一个最重要的原则：无论你遇到什么困难，遇到任何障碍，都绝不要放弃，而是要千方百计地解决它。哪怕在一些很"愚蠢"的问题上浪费很多"愚蠢"的时间，那也是值得的。

1.3 内核调试的实际操作示例

1.3.1 WinDbg 中有用的主要窗口

现在假定你已经打开了 VMWare，启动了 Windows，同时打开了 WinDbg（请参考 1.2.2 节末尾的操作），WinDbg 也成功连接了。刚连接时，WinDbg 会主动中断被调试的 Windows。WinDbg 窗口如图 1-5 所示。

注意，WinDbg 启动时的界面也可能不是完全和图 1-5 所示的一样，你所见的子窗口也和我的截图不一致。但没有关系，WinDbg 的每个子窗口都是可以通过主菜单"View"下的子项开启和关闭的，而且可以自由拖动停靠它们的位置。

我选择了这些子窗口，因为它们对我来说很有用。而其他的一些窗口我没有选择，因为大概率用不上。

Windows 内核调试技术

图 1-5 WinDbg 窗口

左上角的两个子窗口分别是"Disassembly（反汇编）"和"Memory（内存）"。可以点击窗口下面的按钮来切换显示，这里反汇编窗口显示的是当前被中断下来的指令（蓝色标记的行）。反汇编窗口很重要，因为通过它可以看到当前执行的指令流。而通过内存窗口可以看到我们想了解的任何内存地址的内容。

从图 1-5 中可以看到，反汇编窗口显示系统刚好中断在"int 3"指令上。这是一条调试中断指令。WinDbg 连接上被调试的 Windows 之后，Windows 会执行"int 3"指令中断并等待 WinDbg 通过串口发来的信息，以此决定下一步动作。

左下角显示的是 C 语言源码程序。如果上一次调试你用到了这些 C 语言源代码，那么这一次也会直接显示出来。

右上角有两个很重要的变量监视窗口，即 Locals 窗口和 Watch 窗口。其中，Locals 窗口尤其方便。我们在调试 C 语言源代码的时候，Locals 窗口会自动显示所有局部变量的值，这样我们就不用一个一个地在 Watch 中输入。但 Locals 窗口的缺点是无法查看全局变量的值。此时，Watch 窗口就用上了。你可以在 Watch 窗口中输入全局变量。我平时比较喜欢一起观察 Locals 变量和全局变量，因此这两个窗口是平铺而不是重叠的。

这里有一个小问题。如果在 C++ 名字空间内定义了一个全局变量，那么在 Watch 窗口中直接输入变量名是找不到变量的，必须加上名字空间名。如上述代码中的 world，必须写成 hello::world（hello 是名字空间名）才可以。

```
namespace hello {
    int world = 0;
}
```

右下角是命令窗口。我们可以在下面的文本框中输入命令，并在上面看到输出。输出信息非常重要。我们在代码中，使用 DbgPrint 或 KdPrint[1]打印的日志信息就是在这里输出的。

至于其他的窗口，我使用得较少。建议用到的时候再慢慢学习。

1.3.2 常用的调试命令

本节将介绍最常用的调试命令。

首先，bp 命令用来设置断点，后面可以接内核例程的名字、函数名或直接接地址。当然，使用任何名字的前提都是符号表已经解析。如果没有符号表，就只能使用地址了。下面是两个使用 bp 命令的例子，注意，">"符号之后才是我的输入，前面的部分是 WinDbg 的提示：

```
0: kd> bp NtCreateFile
0: kd> bp IoCreateFile
```

在设置成功的情况下没有任何提示，但可以使用另一个常用命令 bl 来查看所有已经设置的断点：

```
0: kd> bl
    0 e Disable Clear  fffff806`69a6d0f0     0001 (0001) nt!NtCreateFile
    1 e Disable Clear  fffff806`69a6ce90     0001 (0001) nt!IoCreateFile
```

可以看到，两个断点都已经设置好。其中的 Disable（无效）和 Clear（清除）是可以点击的，但我一般使用命令操作。如果想要删除第一个断点（注意编号从 0 开始的），就使用 bc 命令这样操作：

```
0: kd> bc 0
0: kd> bl
    1 e Disable Clear  fffff806`69a6ce90     0001 (0001) nt!IoCreateFile
```

可以看到，使用 bc 命令删除 0 号断点之后，再使用 bl 命令查看，发现断点只剩下一个了。bc 命令另一个很有用的用法是"bc *"，使用其可以一次性删除所有的断点。

其次我们使用另一个重要的命令 g（执行）。点击回车后，Windows 会开始运行，直到遇到断点为止。这个命令可以使用 F5 键来替代（这一点和 Visual Studio 调试 C++是一样的）。

```
0: kd> g
Breakpoint 1 hit
nt!IoCreateFile:
fffff806`69a6ce90 4c8bdc         mov     r11,rsp
```

输入 g 命令后，Windows 继续执行，但立刻在 IoCreateFile 这个例程调用的时候遇到

---

[1] WDK 中用于打印调试信息的函数（或宏）。

了我设置的断点，停留在了地址为 0xfffff80669a6ce90 的 mov 指令上。我们观察反汇编窗口，可以看到停止的指令上已经标记成玫红色。此时可以进行单步或设置更多断点，但需要使用几条重要的执行指令。我一般用下面这些热键来替代。

- F10 键：单步，但碰到函数调用不跟随跳转。
- F11 键：单步，但碰到函数调用会跟随跳转，进入被调用函数中。
- Shift + F11 组合键：执行到跳出函数为止。
- F9 键：在当前指令上设置断点或取消已经设置的断点。

请用以上的热键多操作几次，以便熟练掌握，尤其是注意 F10 键和 F11 键的区别，这两个热键的操作是使用最频繁的。相对而言，Shift+F11 组合键虽然有用，但使用得比较少。

1.3.3　调用栈与当前进程

下面是我认为最有价值的命令，不得不单独作为一节来讲解。经常调试程序的人对"调用栈"这个概念应该很熟悉，但对第一次接触的读者可能会有点难理解。

简单来说，一个蓝屏的发生往往是这样的：函数 A 调用函数 B，函数 B 调用函数 C，函数 C 调用函数 D，函数 D 中的某行代码发生了蓝屏。

函数的调用关系就像堆栈一样，是先入后出的关系。不但如此，在真实的调用过程中，各个函数的返回地址、参数、局部变量，也是在这样先入后出的出入栈中的。

一个函数调用所占用的栈空间部分称为一个栈帧（stack frame）。下面还有一个专门回溯栈帧的命令，非常有用。

在上面的断点设置并断下来之后，我们知道系统中调用了 IoCreateFile 这个函数。那么它是从哪里调过来的呢？输入 kb 命令或 k 命令[1]显示调用栈，即可解决这个疑惑，如图 1-6 所示。

```
0: kd> g
Breakpoint 1 hit
nt!IoCreateFile:
fffff806`69a6ce90 4c8bdc          mov     r11,rsp
2: kd> kb
 # RetAddr           : Args to Child                                                           : Call Site
00 fffff806`69adb62e : 00000000`00000000 00000000`00000000 00000000`00000000 00000000`00000000 : nt!IoCreateFile
01 fffff806`698074b8 : 00000000`00000000 00000000`00000000 00000000`00000000 00000000`00000000 : nt!NtCreateNamedPipeFile+0x13e
02 00007ffe`c686dc94 : 00007ffe`c45d6b3b 00000000`00000000 00007ffe`c67d7277 000000b9`8167f970 : nt!KiSystemServiceCopyEnd+0x28
03 00007ffe`c45d6b3b : 00000000`00000000 00007ffe`c67d7277 000000b9`8167f970 00000000`00000000 : 0x00007ffe`c686dc94
04 00000000`00000000 : 00007ffe`c67d7277 000000b9`8167f970 00000000`00000000 000002ac`00000003 : 0x00007ffe`c45d6b3b
```

图 1-6　WinDbg 中用 kb 命令显示调用栈

注意图中的箭头，是从下往上调用的。同时要注意，实际中的内核栈与用户态的应用程序的栈并不是同一个栈（在进入内核时，操作系统会进行栈切换），但是 WinDbg 做了正确的解析和拼接，因此最下面两个以 7ffe 开头的地址并非 fffff 开头，显然不是内核

---

[1] k 命令和 kb 命令都可以显示调用栈。区别在于，使用 kb 命令得到的信息更详细，k 命令则相对简略。

地址，而是用户态的应用程序地址。

KiSystemServiceCopyEnd 的出现说明这是用户态向内核态调用了系统调用（这是一个很有用的经验），这个系统调用就是 NtCreateNamedPipeFile。某个进程试图创建一个命名管道，最后在系统调用 NtCreateNamedPipeFile 的过程中引发了对 IoCreateFile 的调用，而被中断下来。

这其实只是调试中断，并不是缺陷。但在实际调试缺陷的时候，我们可能希望"回"到某一层。

举个简单的例子，假设调用 IoCreateFile 的过程中出现了异常，根源完全可能是 NtCreateNamed PipeFile 调用 IoCreateFile 的方式有问题，而不是 IoCreateFile 本身的问题。

这时你就会希望时光倒流，去看看 NtCreateNamedPipeFile 调用 IoCreateFile 时的状态。注意看 NtCreateNamedPipeFile 所占栈帧编号为 01（最前面的蓝色数字），因此可以输入如下命令：

```
2: kd> .frame 1
```

输入命令后（实际上，鼠标点击 WinDbg 列出的调用栈中第一列的数字标号也一样），你会发现反汇编窗口中的当前指令已经转移到了 NtCreateNamedPipeFile 中调用 IoCreateFile 之后的返回地址处，如图 1-7 所示。

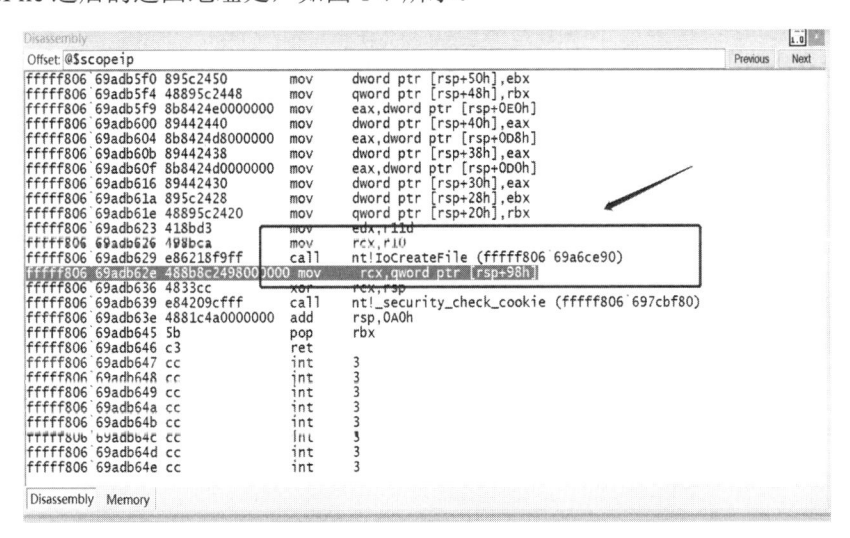

图 1-7　当前指令已经转移到了 NtCreateNamedPipeFile 中调用 IoCreateFile 之后的返回地址处

如果你有 C 语言源码，那么还可以看到此时各种变量的值，对定位真正的问题根源有很大用处。

到了这里，你可能希望了解，到底是谁在调用这些函数试图创建命名管道？这就需要显示当前进程。!process 命令专门用来显示当前进程，但这个命令会输出进程下的所有线程。如果进程的线程很多，就会耗费很长时间，而且输出信息会卷掉所有有用的信息。

更好的方法是，使用!thread 命令查看当前线程。现在你可以试试输入"!thread"，注意别忘记前面的"!"。使用!thread 命令查看当前线程（和进程）的信息如图 1-8 所示。你可以看到这个命令自身就带有调用栈，信息清晰明了，更重要的是不会有不可控制的长度。

```
2: kd> !thread
THREAD ffff9c897ee2d080  Cid 09e4.1c7c  Teb: 000000b98118a000 Win32Thread: 0000000000000000 RUNNING on processor 2
Not impersonating
DeviceMap                 ffffc2823ce19770
Owning Process            ffff9c897d92c300       Image:         svchost.exe
Attached Process          N/A            Image:         N/A
Wait Start TickCount      385863         Ticks: 494 (0:00:00:07.718)
Context Switch Count      24             IdealProcessor: 2
UserTime                  00:00:00.000
KernelTime                00:00:00.000
Win32 Start Address 0x00007ffec67e2250
Stack Init ffff088b675bc90 Current ffff088b675b3c0
Base ffff088b675c000 Limit ffff088b6756000 Call 0000000000000000
Priority 8 BasePriority 8 PriorityDecrement 0 IoPriority 2 PagePriority 5
Child-SP          RetAddr           Args to Child                                                               : Call Site
ffff088`b675b9d8 ffff806`69adb62e : 00000000 00000000 00000000 00000000 : nt!IoCreateFile
ffff088`b675b9e0 ffff806`698074b8 : 00000000 00000000 00000000 00000000 : nt!NtCreateNamedPipeFile+0x13e
ffff088`b675ba90 00007ffe`c686dc94 : 00007ffe`c45d6b3b 00000000 00007ffe`c67d7277 00000b9`8167f970 : nt!KiSystemServiceCopyEnd+0x28 (TrapFrame @ ffff088)
000000b9`8167f6c8 00007ffe`c45d6b3b : 00007ffe`c45d6b3b 00007ffe`c67d7277 00000b9`8167f970 00000002`ac 00000003 : 0x00007ffe`c686dc94
000000b9`8167f6d0 00000000`00000000 : 00007ffe`c67d7277 00000b9`8167f970 00000000`00000000 00000002`ac 00000003 : 0x00007ffe`c45d6b3b
```

图 1-8　使用!thread 命令查看当前线程（和进程）的信息

图 1-8 中被框住的 Image 信息展示的就是启动这个进程使用的文件名，也就是 exe 的名字。

因此，我们现在可以得出结论，是 svchost.exe 这个进程试图创建一个命名管道。你可能有进一步探索的兴趣，想了解 svchost.exe 是为何，以及如何创建命名管道的。

上述用户态的栈帧很少，而且没有名字，这其实是因为符号表没有正确加载。实际上，WinDbg 也会自动下载微软提供的用户态 dll 的符号表，只是如果你不提示 WinDbg，它就不会使用。可以输入如下命令：

```
2: kd> .reload
Connected to Windows 10 19041 x64 target at (Thu Feb 16 09:25:16.378 2023 (UTC + 8:00)), ptr64 TRUE
Loading Kernel Symbols
......................
Loading User Symbols
......................
```

输出的部分我删掉了一些没有价值的信息。此时，用户态符号表（User Symbols）也加载了。再次输入 kb 命令，我们可以看到更清晰的调用过程，从而完全了解这个调用从哪里来、到哪里去。用户态符号表完整时的调用栈信息如图 1-9 所示。

```
2: kd> kb
 # RetAddr           : Args to Child                                                               : Call Site
00 ffff806`69adb62e : 00000000 00000000 00000000 00000000 : nt!IoCreateFile
01 ffff806`698074b8 : 00000000 00000000 00000000 00000000 : nt!NtCreateNamedPipeFile+0x13e
02 00007ffe`c686dc94 : 00007ffe`c45d6b3b 00000000 00007ffe`c67d7277 00000b9`8167f970 : nt!KiSystemServiceCopyEnd+0x28
03 00007ffe`c45d6b3b : 00000000 00000000 00000000 00000b9`8167f970 : ntdll!NtCreateNamedPipeFile+0x14
04 00007ffe`c629615b : 000002ac f0638430 000002ac f0638438 000002ac f0638360 000000b9 f06376d0 : KERNELBASE!CreateNamedPipeW+0x1bb
05 00007ffe`c6295f14 : 000002ac f0638360 00000b9 000002ac f0638360 000002ac f0638d8 : RPCRT4!NMP_CreatePipeInstance+0x12b
06 00007ffe`c62952b5 : 000002ac f0638360 00007ffe`c62abdaa 000002ac f0638360 000002ac f0638360 : RPCRT4!NMP_SubmitConnect+0x44
07 00007ffe`c62ad56c : 00000000 00000000 00000b9`8167fbe8 00000000 000002ac f0638360 : RPCRT4!NMP_NewConnection+0x55
08 00007ffe`c62abd6c : 000002ac f0638360 00000b9`8167fbe8 00000000 000004 000002ac f0638e8 : RPCRT4!CO_AddressThreadPoolCallback+0x4c
09 00007ffe`c45c3740 : 00007ffe`c8167fcf0 0000c7ad c6418e221 000002ac f065ed00 00007ffe`c680f66c : RPCRT4!CO_NmpThreadPoolCallback+0x9c
0a 00007ffe`c680efb8 : 000002ac f065ed00 000000 000002ac f0638360 000000b9`8167fbe8 : KERNELBASE!BasepTpIoCallback+0x50
0b 00007ffe`c67e26a6 : 000002ac f065edc8 000002ac 000002ac f0638a8 00000000 f0602340 : ntdll!TppIopExecuteCallback+0x129
0c 00007ffe`c48f7034 : 00000000 00000000 00000000 00000000 00000000 00000000 : ntdll!TppWorkerThread+0x456
0d 00007ffe`c681d241 : 00000000 00000000 00000000 00000000 00000000 00000000 : KERNEL32!BaseThreadInitThunk+0x14
0e 00000000`00000000 : 00000000 00000000 00000000 00000000 00000000 00000000 : ntdll!RtlUserThreadStart+0x21
```

图 1-9　用户态符号表完整时的调用栈信息

现在你已经掌握了环境和工具的安装，以及所需要掌握的命令。从 1.4 节开始，就要用这些能力来解决真正的缺陷了。

1.4 编写第一个例子

1.4.1 无法加载问题

有些读者可能没有自己建立过工程，也没有尝试运行过内核态的驱动程序，我这里简单介绍一下如何新建工程。注意，我使用的是 Visual Studio 2022（前面介绍过你应该使用最新版本的 Visual Studio），与你使用的 Visual Studio 界面可能稍有不同，但不会相差太大，请小心调整操作。

首先，在 Visual Studio 开启的引导窗口中选择"创建新项目"，如果你已经打开了 Visual Studio，那么从主菜单开始依次选择"文件"→"新建"→"项目"。

弹出的窗口有醒目的标题"创建新项目"。右边有一个"搜索模板"的输入框。在其中输入"Kernel Mode Driver"时，Visual Studio 创建新项目窗口如图 1-10 所示。

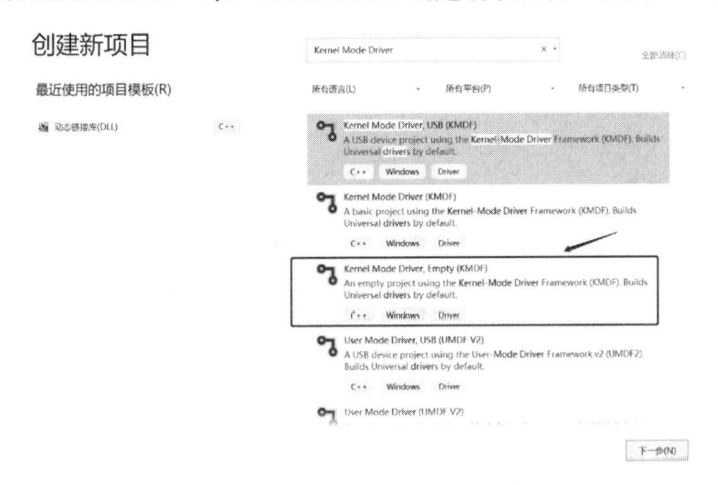

图 1-10　Visual Studio 创建新项目窗口

注意，如果搜索不到这些模板，就说明虽然安装了 Visual Studio，但 WDK 没有正确安装，或者二者版本不匹配。请回去阅读 1.1.2 节的说明，正确安装 WDK。

我们在这里选择"Kernel Mode Driver，Empty（KMDF）"。这样做的好处是，创建的是一个从零开始的新项目，可以自由写入任何内容，不必为看不懂 Visual Studio 的模板自动产生的大堆代码而烦恼。

创建完成后，项目中没有任何文件。此时，鼠标右键点击项目选择"添加"→"新建项"，选择"C++"文件。文件名可任选，扩展名为"cpp"。然后输入如下代码：

```
#include <fltKernel.h>
extern "C" NTSTATUS DriverEntry(
```

```
        PDRIVER_OBJECT driver, PUNICODE_STRING reg_path)
{
        NTSTATUS status = STATUS_SUCCESS;
        driver, reg_path;
        KdPrint(("Hello, world.\r\n"));
        return status;
}
```

在解决方案资源管理器中用鼠标右键点击该项目，在弹出菜单中选择"生成"按钮，就可以编译了。一般默认编译的是 Debug 版本，编译的结果在项目的 Debug 目录下，是一个 sys 文件。如果 VMWare 中的 Windows 是正确安装的，在外面右键点击 sys 文件，在弹出的菜单中选择"复制"，就可以在 VMWare 中将其粘贴、复制到虚拟机内了。

在虚拟机中需要使用一个工具来安装驱动程序。我习惯使用 OSR Driver Loader。请在网上搜索 OSR（可用关键字 OSRonline）的官网，然后在左侧选择"Downloads"，下载 Driver Loader 和 SetDbgPrintFiltering（这个下文详述）这两个工具。随后我们把 OSR Driver Loader 和 SetDbgPrintFiltering 都复制到虚拟机中。

在被调试的 Windows 中右键点击鼠标，用管理员权限运行的方式打开 SetDbgPrintFiltering，保持默认，在输入框中输入"15"，点击右上角的"Update"。之后重启 Windows，连接 WinDbg 并做快照。这个步骤是为了让我们后续打印的调试日志能在 WinDbg 中显示出来，否则默认所有调试信息都是不显示的。

然后就可以用 OSR Driver Loader 来加载运行刚编译的 sys 文件了。注意，这是在虚拟机内部操作的。在虚拟机中用 OSR Driver Loader 加载驱动程序如图 1-11 所示。

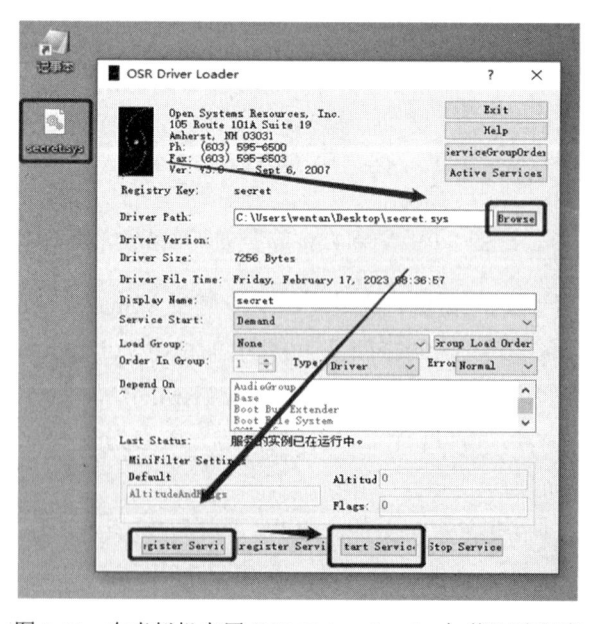

图 1-11　在虚拟机中用 OSR Driver Loader 加载驱动程序

具体步骤为：先点击"Browse"按钮，选择要加载的 sys 文件；然后点击"Register Service"按钮安装服务；最后点击"Start Service"，运行程序。新入门者往往会在这里碰到第一个问题，如图 1-12 所示。

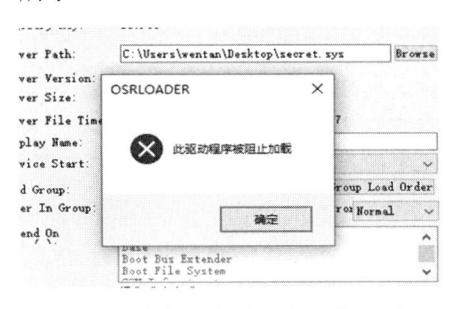

图 1-12　新入门者容易遇到的第一个问题

这里我有必要详述寻找此类问题的解决方案的思路，因为根据我的经验，很多新手会在这里完全束手无策。

在正常情况下，驱动加载返回的错误，是由入口函数 DriverEntry 返回的错误来决定的。但如果我们回看 1.4.1 节中的代码就可以发现，整个代码中只有一处返回，而且返回的值必定是 STATUS_SUCCESS。

这时打开 WinDbg 调试这个驱动程序的 DriverEntry 的执行过程是无用的。这段代码根本不可能返回错误。如果我们在代码中增加断点，就会发现 DriverEntry 根本就不会被执行。

那就是说，驱动程序在 DriverEntry 执行之前，甚至可能是驱动程序被加载之前，就已经被 Windows 拒绝了。那么，Windows 根本就不认为这是一个可以加载的驱动程序？但这明明是 Visual Studio 正确编译的驱动程序，为什么 Windows 认为它不能作为驱动程序加载呢？

我们有必要跳出只考虑编码错误的局限。既然程序没问题，会不会是容纳程序的文件有什么问题呢？如果是文件的问题，那么我们是不是应该想到，Visual Studio 能编译出的驱动程序文件并不只有一个版本呢？比如，有 Debug 版本，还有 Release 版本。相应地，还有 x86 版本、x64 版本、ARM 版本、ARM64 版本等。

此时，再次查看 Visual Studio 代码上方的工具栏就可以了。Visual Studio 的默认编译选项如图 1-13 所示。

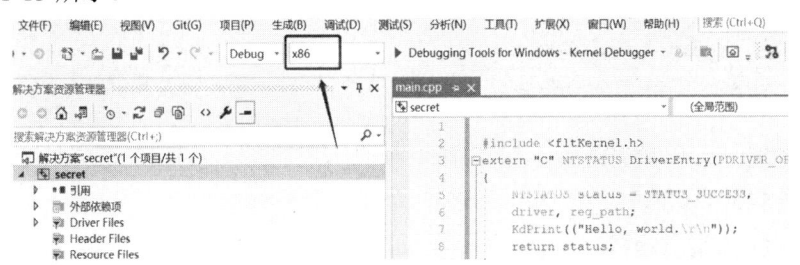

图 1-13　Visual Studio 的默认编译选项

选项 x86 表示编译的是 32 位版本的驱动程序。而现在已经很少有 32 位版本的 Windows 系统了，我们的虚拟机里使用的 Windows 10 显然是 64 位版本的，因此 32 位版本的驱动程序是无法加载的。问题原来出现在这里！

在下拉列表中选择 x64，即可编译出正确版本的驱动程序。这样，我们就解决了第一个 Bug。

> 以前有很多读者来信问过我，为什么你书里的第一个驱动程序编译之后就无法加载了？而我当时也搞不明白，因为我加载驱动程序是完全正常的。
>
> 直到有一次我也碰到了这个问题，才明白到底是怎么回事。因为我总是习惯先去选择编译 x64 版本，完全不会想到读者会使用默认的 x86 选项。
>
> 其实，在我们的"码农"生涯中，有太多的机会碰到这种窘境。比如，编译一个开源项目、部署新的环境，或者是安装一个新的产品，都有可能遇到类似的困扰，有些问题还可能导致项目失败。
>
> 简单的问题不一定容易解决，但只要你不放弃，静心去思考可能的不同，反复尝试各种触手可及的、简单的可选项，就一定能找到答案。

1.4.2 不起作用的代码

因为我长期从事的是计算机安全行业，而 Windows 内核编程最为活跃的行业也在于此，因此本书的全部例子都将围绕编写一个具有最基本能力的 Windows 主机防御驱动程序的框架这个主题展开。

编写主机防御驱动程序，一般是为了能在内核中起到某种监视作用，发现 Windows 的异常。Windows 内核中提供了大量的接口，方便编写内核驱动程序来监控 Windows 自身的行为。下面是我修改 1.4.1 节中代码的例子。

```c
#include <fltKernel.h>

VOID MyNotifyRoutine(
    _Inout_ PEPROCESS Process,
    _In_ HANDLE ProcessId,
    _Inout_opt_ PPS_CREATE_NOTIFY_INFO CreateInfo
)
{
    CreateInfo, Process;
    KdPrint(("Process is creating: pid = %lld\r\n",
        (ULONGLONG)ProcessId));
}
```

```
extern "C" NTSTATUS DriverEntry(
    PDRIVER_OBJECT driver, PUNICODE_STRING reg_path)
{
    NTSTATUS status = STATUS_SUCCESS;
    driver, reg_path;
    KdPrint(("Hello, world.\r\n"));
    PsSetCreateProcessNotifyRoutineEx(MyNotifyRoutine, FALSE);
    return status;
}
```

相对于前一版本，这里增加了对 PsSetCreateProcessNotifyRoutineEx 的调用。这个函数的作用是向 Windows 注册一个回调函数（示例中注册的实际回调函数是 MyNotifyRoutine）。

根据微软文档的说明，这样注册之后，只要存在进程的创建或退出行为，Windows 内核就会自动调用我们自己编写的回调函数 MyNotifyRoutine。这样，我们就可以监控 Windows 的新进程创建的行为了。

作为一个主动防御程序，我们可以借此发现非法的、异常的进程在 Windows 上启动的情况。

下面请正确编译以上代码，然后将生成的 sys 文件复制进虚拟机中并加载执行。这样，我们就会发现第二个 Bug：代码虽然"正确"编写并运行了，但是完全不起作用。

有时失效的 Bug 比蓝屏错误更麻烦，因为出现 100%必现蓝屏或其他的崩溃时，我们总是可以瓮中捉鳖地排查出导致蓝屏的关键代码，但这种"完全没作用"的问题则让人不知道该如何下手。

此时要做的第一步是，查看相关调用的文档，文档上有时会说明这个调用在什么情况下会不正常。通过搜索引擎搜索关键字 MSDN、函数名即可找到文档。在查看文档时，你一定会注意文档上有如下的返回值（错误码）说明。

- STATUS_INVALID_PARAMETER：指定的例程已经注册，或者操作系统已达到其注册进程创建回调例程的限制。
- STATUS_ACCESS_DENIED：包含回调例程指针的映像[1]没有在其映像标头中设置 IMAGE_DLLCHARACTERISTICS_FORCE_INTEGRITY（强制要求签名标记）。

我们应该判断返回值。这个函数加上返回值的判断之后，你会发现返回结果就是 STATUS_ACCESS_DENIED。

其实，Visual Studio 编译的驱动程序是带有强制签名标记的，问题在于我们并没有给文件加上签名。Visual Studio 可以自动给驱动程序加上测试签名。但我一般不用测试

---

[1] 这里的映像（Image）是指可执行文件加载之后，在内存中形成的实体。

签名，而是通过在 DriverEntry 中调用一个函数来直接设置这个位绕过检查。这个函数的代码如下：

```c
void BypassCheckSign(PDRIVER_OBJECT driver)
{
    typedef struct _LDR_DATA
    {
        struct _LIST_ENTRY InLoadOrderLinks;
        struct _LIST_ENTRY InMemoryOrderLinks;
        struct _LIST_ENTRY InInitializationOrderLinks;
        VOID* DllBase;
        VOID* EntryPoint;
        ULONG32 SizeOfImage;
        UINT8 _PADDING0_[0x4];
        struct _UNICODE_STRING FullDllName;
        struct _UNICODE_STRING BaseDllName;
        ULONG32 Flags;
    } LDR_DATA, * PLDR_DATA;
    PLDR_DATA ldr;
    ldr = (PLDR_DATA)driver->DriverSection;
    ldr->Flags |= 0x20;
}
```

这个函数从 driver->DriverSection 中取得关键数据结构 LDR_DATA。LDR_DATA 这个结构本身并不重要。关键是最后一句 ldr->Flags |= 0x20，将关键位设置为 1，Windows 会认为这个映像是有签名的，返回不会再失败。然后我们将 DriverEntry 修改为如下所示的代码。

```c
extern "C" NTSTATUS DriverEntry(
    PDRIVER_OBJECT driver, PUNICODE_STRING reg_path)
{
    NTSTATUS status = STATUS_SUCCESS;
    driver, reg_path;
    KdPrint(("Hello, world.\r\n"));
    BypassCheckSign(driver);

    do{
        status = PsSetCreateProcessNotifyRoutineEx(
            MyNotifyRoutine, FALSE);
        if (status != STATUS_SUCCESS)
        {
            break;
        }
```

```
    } while (0);
    return status;
}
```

再度测试,你就会发现问题解决了。现在,我们已经成功解决了第二个 Bug。

> 有时超级复杂的巨大系统在外网运行,没有崩溃,没有卡死,但偶尔会出现功能失效的情况,比如,该保存的数据没有保存,该监控到的事件没有监控到……这比蓝屏还令人崩溃。遇到这种情况,很多调试手段都难以起到作用。
>
> 此时的思路是:问题既然是偶发的,说明不是寻常的情况。结果是某种预期行为并未发生,那是否是某个调用在某种情况下返回了非寻常的结果,但编码的人没有检查返回值,导致我们没有收到异常?
>
> 仔细梳理所有与预期应发生但实际未发生的行为相关的所有调用,如对系统内核的调用、对第三方库的调用等。逐个寻找可能没有正确处理的返回结果,说不定就可以找到问题的根源。
>
> 因此,在内核的任何调用中,如果有返回值,就一定要检查返回值。

1.4.3 正确的代码结构与异常处理

在 1.4.2 节中,我们遇到了因为错误没有被正确处理而导致的问题。在任何编程开发中,为了避免类似的问题,我们必须尽量简化代码的逻辑。应当遵守以下几个原则:

- 任何可能的情况都要处理,无论其概率有多低。
- 函数应该有统一的返回处。返回处太多,会导致逻辑太复杂,难以思虑周全。
- 有统一的清理函数,解决发生异常后的清理收场任务。

只有遵循了上述原则,才能把代码中可能发生的缺陷控制在一定程度之内——注意,是一定程度之内,而不是消灭所有缺陷。请千万不要以"就算这样做了依然避免不了某种情况会出现缺陷"为由而拒绝这样做。

如果不这样做,那么不但缺陷的数量无法控制,而且因为逻辑混乱,找出缺陷的根源会变得无比困难,甚至根本不可能完成。比如,下面这段代码就是新手常见的错误写法:

```
extern "C" NTSTATUS DriverEntry(
    PDRIVER_OBJECT driver, PUNICODE_STRING reg_path)
{
    NTSTATUS status = STATUS_SUCCESS;
    driver, reg_path;
    KdPrint(("Hello, world.\r\n"));
    BypassCheckSign(driver);
```

```
    status = PsSetCreateProcessNotifyRoutineEx(
        MyProcessNotifyRoutine, FALSE);①
    if (status != STATUS_SUCCESS)
    {
        return status;
    }

    status = PsSetCreateThreadNotifyRoutine(
        MyThreadNotifyRoutine);②
    if(status != STATUS_SUCCESS)
    {
        return status;③
    }
    return status;
}
```

这种写法看似没什么问题，而且实际运行时也大概率不会出现问题。但是，一旦在某种罕见的巧合之下，刚好①的调用成功，而②的调用失败，就会出现怪异的问题。

因为②调用失败了，所以直接执行下面的③返回。此时 status 是一个错误码，驱动加载失败，错误码为 status。然而因为①的 PsSetCreateProcessNotifyRoutineEx 已经成功，MyProcessNotifyRoutine 已经注册为系统的回调函数。系统会在有进程创建的时候调用它。

然而，MyProcessNotifyRoutine 这个函数位于我们的驱动程序中，而我们的驱动程序并没有加载，MyProcessNotifyRoutine 实际并不存在于内存中，一旦系统内核调用此函数，就会出现一个蓝屏。

无论是内部测试还是小规模的外部测试，都未必会发现这个问题，因为这两个调用会大概率同时成功。然而，当用户规模大到数万名、数十万名，甚至数百万名的时候，再小概率的问题也会爆发出来。用户机器的莫名蓝屏就这样出现了。

由于用户机器并不是开发人员触手可及的，而且这样的问题像幽灵一样，并不是只要运行程序就会出现，调试会变得极为棘手。最好的选择就是一开始就不要埋下这样的陷阱。下面的代码是相对正确的写法：

```
extern "C" NTSTATUS DriverEntry(
    PDRIVER_OBJECT driver, PUNICODE_STRING reg_path)
{
    NTSTATUS status = STATUS_SUCCESS;
    driver, reg_path;
    KdPrint(("Hello, world.\r\n"));
    BypassCheckSign(driver);
```

```
do{
    status = PsSetCreateProcessNotifyRoutineEx(
        MyProcessNotifyRoutine, FALSE);
    if (status != STATUS_SUCCESS)
    {
        break; ①
    }

    status = PsSetCreateThreadNotifyRoutine(
        MyThreadNotifyRoutine);
    if (status != STATUS_SUCCESS)
    {
        break; ②
    }
} while (0);

if (status != STATUS_SUCCESS)
{
    Cleanup();③
}
return status; ④
}
```

注意，在上述代码中，首先所有的返回都聚集到了④，不存在任何中途返回的可能。这确保了如果最终返回的结果不是成功，那么③清理一定会被执行。相对于错误的写法中一共有三处返回点的复杂情况，新版代码的逻辑变得简单很多了。

新手可能会觉得上述 do {} while(0)的写法是某种特例，其实并非如此。我的建议是，在 Windows 内核编程中，几乎绝大部分函数的编写都请套用 do-while 框架。除非你能找到更好的、干净优雅地处理所有异常情况的办法。

1.4.4 以覆盖为目的的调试

在真正调试各种诡异的 Bug 之前，我将在这一节中继续讲述减少 Bug 的基本原则。除了要按 1.4.3 节所讲原则来编写代码，在编写代码并将其送到测试部门测试之前，我们至少应该保证一点：**每行代码都经过实际运行并确认没有问题。**

从 1.4.3 节的例子中我们已经看到，有些可能性确实存在，但往往通过测试是极难测出的，比如，PsSetCreateThreadNotifyRoutine 或类似的函数返回失败。设想一下，如果我们编写了异常处理的代码，但实际从来没有运行过，测试部门又不太可能测出，那么最终的结果是什么呢？

因此，我们在把项目送到测试部门进行测试之前，应该打开 WinDbg 手工覆盖每一行代码。

语句覆盖测试并没有想象的那么难。比如，1.4.3 节中的第二个代码片段，只要顺序执行，就能覆盖大多数代码行。剩下没有覆盖的是①、②和③。此时，我们应该在 WinDbg 中，在顺序执行未能执行到的这些分支上设置断点，如图 1-14 所示。

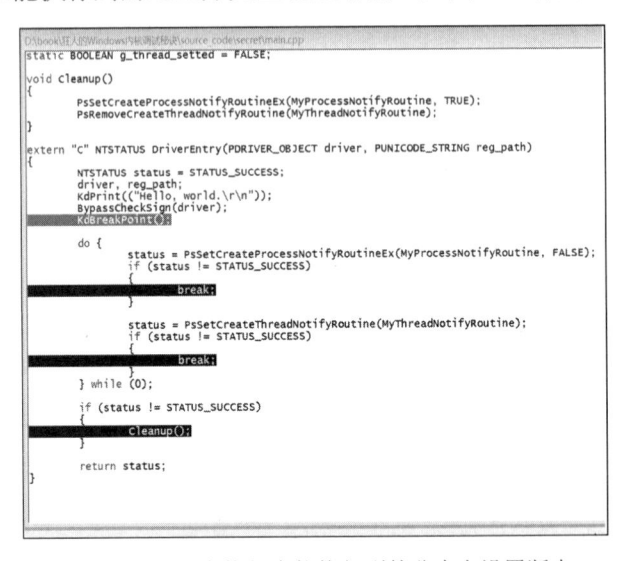

图 1-14　在顺序执行未能执行到的分支上设置断点

当然，如果要在 WinDbg 中调试，那么一般要在 DriverEntry 一进入的时候就中断下来。因此，我在 DriverEntry 中增加了一句 KdBreakpoint()，其意义是一执行到这里就会主动中断，开始调试。

接下来的问题是，如何让图 1-14 中的断点得到执行。在正常情况下，PsSetCreateProcessNotifyRoutineEx 难以返回失败。

但我们并不需要 PsSetCreateProcessNotifyRoutineEx 真正返回失败，只需要让程序以为失败了，然后看看程序能否正常处理就可以了。因此，我在图 1-14 中的第一个 if 处设置断点，执行到这里的时候，status 的值大概率为 0，这不符合我们的要求。

在条件处中断并手动修改条件，如图 1-15 所示。注意右上角的 Locals 窗口，这里显示了 status 的值。这个值是可以编辑的，点击对应数值即可，此时我们可以手动将这个值修改为非 0。

具体值是多少不重要，只要不是 0（STATUS_SUCCESS）就可以，因为下面的判断仅仅会检查是不是 STATUS_SUCCESS。

下面继续执行，即可覆盖其中的①、③。我们会看到执行结果符合预期：驱动没有加载，而且我们执行了清理。系统正常，没有蓝屏。如法炮制，即可覆盖所有未覆盖的分支。

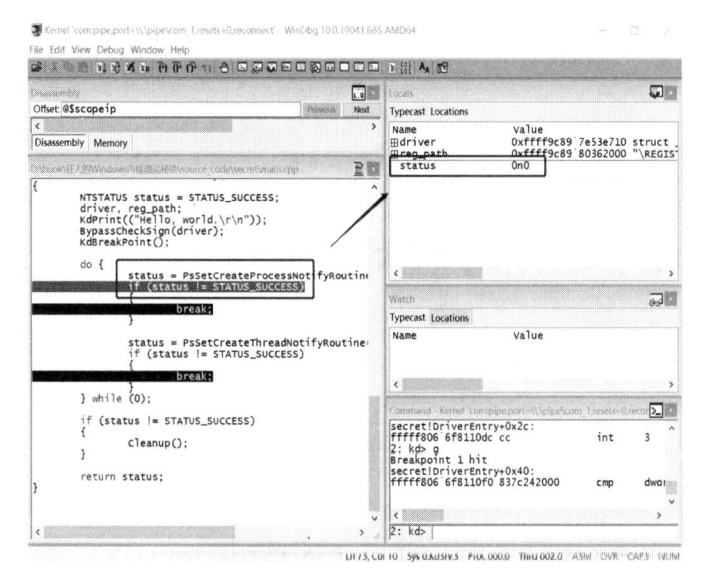

图 1-15　在条件处中断并手动修改条件

针对新编写的代码，我会用这个方法来覆盖每行代码；针对修改的代码，我会用这个方法覆盖修改的部分。对于开发者来说，这样操作并不麻烦。至少比代码被编译、送到用户那里出现问题再调试要容易得多。

仅进行语句覆盖测试并不足以排除所有的缺陷[1]。出于对质量的考虑，在开发阶段增加功能自测、编写测试用例、进行每夜测试都是非常有意义的手段。

本节强调的是，Windows 内核编程编写的每行代码，在开发阶段，开发人员至少要使用调试器亲手进行代码覆盖测试。不做测试，等事后再去调试缺陷是不划算的，因为缺陷数量将无法预计，并且解决问题更耗人力。

---

[1] 除了语句覆盖测试，还有许多种更复杂的覆盖测试方式，如判定覆盖、条件覆盖等。

第 2 章
常见错误和非法地址访问蓝屏

有别于一般从写代码开始介绍的编程书籍，本章讲述的是 Windows 内核开发中最常见的代码错误，以及其导致的最常见的蓝屏（非法地址访问）的调试。这是为了让读者从一开始就关注到容易犯的错误并具备解决问题的能力。

在 Windows 内核中，大多数问题都以非法地址访问蓝屏的形式而暴露，这是大部分缺陷调试的起点。我们都不喜欢蓝屏，但不得不承认，蓝屏让我们及时发现并重视缺陷，并在造成真正的损失之前就修复它。

如果能解决非法地址访问蓝屏，你就能够解决绝大部分的问题，并且具有解决其他所有问题的基础能力。

2.1 非法指针导致的蓝屏

2.1.1 空指针访问导致的蓝屏

在本节中，我们继续使用第 1 章末尾处提供的进程监控程序的例子。在 1.4.4 节的测试中，我只打印了进程的 PID。PID 虽然能标识一个进程，但并不直观。

一般情况下，我们对进程监控是希望能够看到进程对应的可执行文件的名字和路径。在本节中，我修改了其中的函数 MyProcessNotifyRoutine（见 1.4.3 节中的代码），试图在每个进程创建时打印对应 exe 文件的全路径。

文件的全路径就保存在 CreateInfo->ImageFileName 中，类型为 PUNICODE_STRING，可以用%wZ 来打印，代码如下：

```
void MyProcessNotifyRoutine(
    _Inout_ PEPROCESS Process,
    _In_ HANDLE ProcessId,
    _Inout_opt_ PPS_CREATE_NOTIFY_INFO CreateInfo
)
```

```
    {
        Process;
        KdPrint(("Process is creating: pid = %lld, path = %wZ\r\n",
            (ULONGLONG)ProcessId,
            CreateInfo->ImageFileName));
    }
```

这段代码看似简单，问题却是如此之明显，以至于 Visual Studio 会对它标上一个警告。当然，真正的缺陷会比这个缺陷隐蔽很多，但不影响我们借此来认识此类缺陷。现在无视警告，将它编译出来运行。

在虚拟机中运行它的时候，一般只需要几秒，虚拟机就会崩溃。WinDbg 中会提示 Access violation（c0000005）错误，如图 2-1 所示。

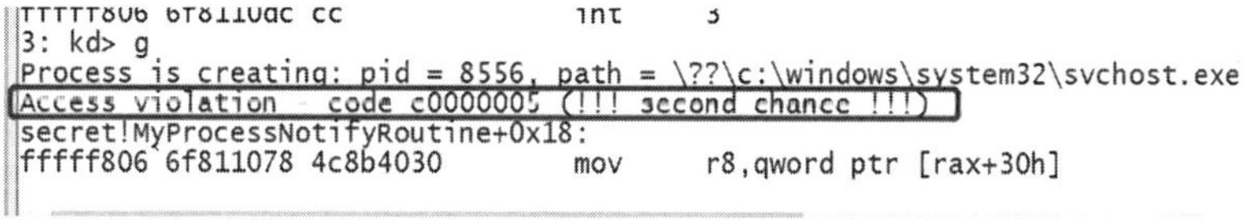

```
ffffff806 6f8110ac cc               int     3
3: kd> g
Process is creating: pid = 8556, path = \??\c:\windows\system32\svchost.exe
Access violation - code c0000005 (!!! second chance !!!)
secret!MyProcessNotifyRoutine+0x18:
ffffff806 6f811078 4c8b4030         mov     r8,qword ptr [rax+30h]
```

图 2-1　Access violation（c0000005）错误

这类错误一般都是因为访问了非法地址。就上面这个特例而言，崩溃的是图 2-1 最下方唯一显示的一条 mov 指令。可以看出，这条指令的操作是从地址[rax+30h]中取出内容保存到 r8 寄存器中。

类似[<寄存器>+<偏移>]这种指令，有很大概率用于从某个结构的指针中，取得结构中成员的值，而此类指令崩溃，则一般源于访问了空指针或乱指针，但我必须强调这两者是有区别的。

如果是空指针，那么说明代码只是没有对空指针这种特殊情况做正确的处理，在其他方面做得还不错（至少传递了空指针）。如果是乱指针，那么问题更严重，因为这说明程序传递的数据是混乱的。这意味着代码跑飞、结构错指等，回溯起来会更困难。

解决缺陷的大原则之一是分而治之。无论如何，先明确是哪种情况总比不明确好。于是，我们在 WinDbg 中输入 r 命令来显示寄存器 rax 的值。如果我们所料不错，rax 就是被用到的结构体指针。

```
0: kd> r rax
rax=0000000000000000
```

果然，和我们期望的一样，rax 是 0，即空指针，说明这个缺陷比较简单，只是我们没有正确处理空指针的情况。

有经验的调试者看到偏移的具体数值（30h），就会联想到某个结构中某个重要成员的偏移正是这个数值，瞬间推断出崩溃处对应的 C 语言代码的位置。

如果我们不要跳过步骤，那么在输入 kb 命令之后，就可以很清楚地看到调用栈，Access violation（c0000005）错误时显示的调用栈如图 2-2 所示。

```
Call Site
secret!MyProcessNotifyRoutine+0x18 [D:\book\狂人的Windows内核调试秘诀\source_code\secret\main.cpp @ 31]
nt!PspCallProcessNotifyRoutines+0x213
nt!PspExitProcess+0x70
nt!PspExitThread+0x5b2
nt!KiSchedulerApcTerminate+0x38
nt!KiDeliverApc+0x487
nt!KiInitiateUserApc+0x70
nt!KiStartUserThread+0xbb
nt!KiStartUserThreadReturn
0x00007ffe`c681d220
```

图 2-2 Access violation（c0000005）错误时显示的调用栈

调用栈不但显示了问题出现在 MyProcessNotifyRoutine 中，而且连对应的 C 语言源代码行数都提示了，它就在我们新加入的打印文件全路径那一句中。这一行代码中的结构体指针只有 CreateInfo，并且 CreateInfo->ImageFileName 这个成员的偏移恰好是 0x30。

真相大白了，原因是我们没有处理好 CreateInfo 为空的情况。查看 MSDN 上关于这个回调函数的文档可知，当 CreateInfo 不为空时，表示进程创建；而当 CreateInfo 为空时，表示进程退出。因此，修改代码如下，即可解决问题：

```
void MyProcessNotifyRoutine(
    _Inout_ PEPROCESS Process,
    _In_ HANDLE ProcessId,
    _Inout_opt_ PPS_CREATE_NOTIFY_INFO CreateInfo
)
{
    Process;
    if (CreateInfo != NULL)
    {
        KdPrint(("Process is creating: pid = %lld, path = %wZ\r\n",
            (ULONGLONG)ProcessId,
            CreateInfo->ImageFileName));
    }
    else
    {
        KdPrint(("Process is exiting: pid = %lld\r\n",
            (ULONGLONG)ProcessId));
    }
}
```

2.1.2 空指针写入导致的蓝屏

空指针访问是常见的非法地址访问之一。需要注意的是，Windows 中关于非法地址访问的异常现象可谓五花八门。WinDbg 中出现的另一种形式的 c0000005 错误，如图 2-3 所示。

```
*** Fatal System Error: 0x0000007e
               (0xFFFFFFFFC0000005,0xFFFFF8066F8110F0,0xFFFFF088B8D025F8,0xFFFFF088B8D01E30)
Break instruction exception - code 80000003 (first chance)
```

图 2-3　WinDbg 中的出现另一种形式的 c0000005 错误

引发以上错误的代码也非常简单，我们只不过是把对空指针的访问从读取变成了写入，代码如下：

```
void Bug1()
{
    // 直接写入空指针
    ULONG* ptr = NULL;
    *ptr = 0x200;
}
```

看似错误的性质和 2.1.1 节中出现的错误并没有什么不同，都是访问了空指针，错误其实也都是 Access violation（c0000005），但这一次它被包装在了一个 SYSTEM_THREAD_EXCEPTION_NOT_HANDLED 错误报告中。

此类错误报告被微软称为缺陷检查（BugCheck），实际上是由调用 KeBugCheck 或 KeBugCheckEx 这样的系统例程而引发的。简单地说，当 Windows 内核意识到这是一个错误时，就会调用 KeBugCheck 来输出一个缺陷检查报告。

缺陷检查包含几个关键信息：第一是名字，如上的检查名字是很长的一串大写描述 SYSTEM_THREAD_EXCEPTION_NOT_HANDLED；第二是检查码，检查码和名字是严格的一一对应关系，上面的检查码是 0x7e。另外，缺陷检查还含有四个参数，四个参数的意义由 KeBugCheck 的调用者来指定。Windows 内核内置的缺陷检查都有固定的参数。

我们可以通过在 WinDbg 中输入 !analyze -v 命令来获得缺陷检查的详细信息，可以看到封装在错误报告中的 c0000005，如图 2-4 所示。

```
SYSTEM_THREAD_EXCEPTION_NOT_HANDLED (7e)
This is a very common bugcheck.  Usually the exception address pinpoints
the driver/function that caused the problem.  Always note this address
as well as the link date of the driver/image that contains this address.
Arguments:
Arg1: ffffffffc0000005, The exception code that was not handled
Arg2: fffff8066f8110f0, The address that the exception occurred at
Arg3: fffff088b8d025f8, Exception Record Address
Arg4: fffff088b8d01e30, Context Record Address
```

图 2-4　封装在错误报告中的 c0000005

除了错误码，我们还可以看到引发这个错误的指令的地址、异常、上下文相关记录的地址。但本质上，这种类型的错误和 2.1.1 节中描述的错误没有区别。通过查看发生错误的指令、相关寄存器的值，可以很快确认它是对空指针的写入操作。

2.1.3　简单乱指针导致的蓝屏

除了 SYSTEM_THREAD_EXCEPTION_NOT_HANDLED，还有一种更有迷惑性的缺陷检查：DRIVER_IRQL_NOT_LESS_OR_EQUAL（检查码为 0xd1）。比如，执行如下代码：

```
// 读取乱指针（不可能存在的地址）
ULONG* ptr = (ULONG*)0x3930;
DbgPrint("%d", *ptr);
```

出错后在 WinDbg 中输入 !analyze -v 命令，显示检查码为 0xd1 的错误信息，如图 2-5 所示。这是我在实际工作中碰到的最常见的错误之一。

```
DRIVER_IRQL_NOT_LESS_OR_EQUAL (d1)
An attempt was made to access a pageable (or completely invalid) address at an
interrupt request level (IRQL) that is too high.  This is usually
caused by drivers using improper addresses.
If kernel debugger is available get stack backtrace.
Arguments:
Arg1: 0000000000003930, memory referenced
Arg2: 0000000000000002, IRQL
Arg3: 0000000000000000, value 0 = read operation, 1 = write operation
Arg4: fffff8066f81102c, address which referenced memory
```

图 2-5　检查码为 0xd1 的错误信息

该错误的描述是，"在一个太高的中断级上访问了可页面交换（或者根本不存在）的内存"。这个描述非常准确，但对新人来说很不友好，因为新人真的会考虑为什么代码中断级过高？事实上，并不是代码中断级过高，而是内存不存在。

其实不用多想，问题根源同样是访问了非法内存指针，被访问的指针就如上面的 Arg1 所示。0x3930 这个数字太小，显然是非法地址。

同 DRIVER_IRQL_NOT_LESS_OR_EQUAL，还有一种检查码为 0xa 的蓝屏（IRQL_NOT_LESS_OR_EQUAL），只是表述不同，意义完全一致，这里不详述，后面的章节中给出了实际案例。

你一定可以注意到本节的错误和前两节之间的本质区别：这次错误的地址不再是 0，而是 0x3930。这种非空但又被当作指针访问的地址，在本书中称为乱指针，与之对应的是空指针。

空指针是指已经初始化为空，但还没有正确赋值的指针；而乱指针则是指已经赋值[1]，但指向的地址不正确（但不一定无效）的指针。乱指针可能导致的蓝屏有两种不同的情况：

- 指针地址直接无效，访问即蓝屏。
- 指针地址有效，程序从中读取了错误的数据。这些错误的数据经过各种处理（比如，再次当作指针使用）导致蓝屏。

---

[1] 这里假定所有指针都会赋空的初值，因为没有初值而成为乱指针的情况不考虑在内。

上述第一种情况相对好处理。本节讲的就是第一种情况。第二种情况更加糟糕，如果发生，就需要继续往前回溯寻找真正的根源，其过程尤其艰难，甚至不一定可行。总是将指针或刚分配的内存空间初始化为全 0，可以一定程度减少乱指针的发生。

2.1.4 乱指针遍历链表导致的蓝屏

我们紧接 2.1.3 节，探讨乱指针导致数据结构错误，最终导致非法地址访问出现的蓝屏。我在常年的缺陷调试中发现一个规律：这种蓝屏常常是因为存在遍历链表的行为而暴露的。

原因是链表需要反复从指针指向的数据结构中读取指针。在整个过程中，任何一个指针指向的不是可访问的地址就会蓝屏。如图 2-6 所示，是一个 IRQL_NOT_LESS_OR_EQUAL 蓝屏的例子。

```
IRQL_NOT_LESS_OR_EQUAL (a)
An attempt was made to access a pageable (or completely invalid) address at an
interrupt request level (IRQL) that is too high.  This is usually
caused by drivers using improper addresses.
If a kernel debugger is available get the stack backtrace.
Arguments:
Arg1: 0000000000060001, memory referenced
Arg2: 0000000000000002, IRQL
Arg3: 0000000000000000, bitfield :
	bit 0 : value 0 = read operation, 1 = write operation
	bit 3 : value 0 = not an execute operation, 1 = execute operation (only on chips which support this level of status)
Arg4: fffff8066964a3a3, address which referenced memory
```

图 2-6　一个 IRQL_NOT_LESS_OR_EQUAL 蓝屏的例子

IRQL_NOT_LESS_OR_EQUAL，检查码为 0xa。这个缺陷检查在前面的内容中已经提及，我们一看到它就应该想到这是发生了对乱指针的访问。同时通过上面的第一个参数可以看到，实际被访问的乱指针是 0x60001，这显然是个错误的指针，但它究竟是如何变成指针被访问的呢？先输入 kb，可以看到乱指针访问崩溃时的调用栈，如图 2-7 所示。图中我抹掉了文件路径，但不影响阅读。

```
Call Site
nt!DbgBreakPointWithStatus
nt!KiBugCheckDebugBreak+0x12
nt!KeBugCheck2+0x946
nt!KeBugCheckEx+0x107
nt!KiBugCheckDispatch+0x69
nt!KiPageFault+0x469
nt!KeSetEvent+0x173
nshm_drv!kbs::pgwmon::PwmFlushPageFile+0x1c3 [                          cpp @ 469]
```

图 2-7　乱指针访问崩溃时的调用栈

KiPageFault 是 Windows 内核的缺页异常处理。一般非法地址访问都会先认为是缺页，然后由缺页异常处理函数来处理。KiPageFault 处理不了的，则用 KeBugCheckEx 来报告缺陷检查，这也就是我们看到这个蓝屏的原因，因此这个点没有具有价值的信息。

我们从 KeSetEvent 开始考虑，这个函数在正常情况下不应该访问非法地址。因此，如果我们去分析 KeSetEvent+0x173 处的代码，是否能找到问题？但这种分析过程会相当艰难，因为 KeSetEvent 可不提供源码，我们需要读一大堆汇编代码来理解它的逻辑。

这里我们换个思路。KeSetEvent 本身是不会有问题的,它是 Windows 内核久经考验的代码。但它确实崩溃了,那么大概率是传递给它的参数有问题。

KeSetEvent 的参数是由我自己编写的代码传入的,在如图 2-7 中被框出的代码内。在这些代码中,我发现传入 KeSetEvent 的参数是一个 KEVENT 的指针,我很容易在栈中找到它的地址。

在 WinDbg 中,如果已知一个地址,就可以按设想的数据结构来打印地址中的数据。这里调用了 KeSetEvent,可以认为传入的是一个 KEVENT。那么,不妨将这个指针当成是 KEVENT 的指针,把数据内容打印出来看看是否正常。

可以用 dt 命令打印数据结构的内容。该命令的参数是数据结构名和数据结构所在的地址,命令本身和参数,以及参数之间用空格分隔。因为我查询栈内的数据发现传入的该指针的地址值是 0xfffff8066a050e98,所以我打印数据结构的内容,如下所示:

```
3: kd> dt KEVENT fffff806`6a050e98
   +0x000 Header           : _DISPATCHER_HEADER
```

这样打印出来的信息寥寥无几。原因是数据结构是多层的,大结构里可能套着更多的小结构。直接使用 dt 命令只会显示一层,如果需要显示两层,就需要使用-r2 作为参数。如下所示:

```
3: kd> dt KEVENT fffff806`6a050e98 -r2
   +0x000 Header : _DISPATCHER_HEADER
      +0x000 Lock : 0n8320
      +0x000 LockNV : 0n8320
      +0x000 Type : 0x80 ''
      +0x001 Signalling : 0x20 ' '
      +0x002 Size : 0 ''
      +0x003 Reserved1 : 0 ''
         ...
      +0x000 MutantType : 0x80 ''
      +0x001 MutantSize : 0x20 ' '
      +0x002 DpcActive : 0 ''
      +0x003 MutantReserved : 0 ''
      +0x004 SignalState : 0n1
      +0x008 WaitListHead :
            _LIST_ENTRY [ 0x00000000`00060001 -
                          0xfffff088`b6362a80 ]
         +0x000 Flink : 0x00000000`00060001 _LIST_ENTRY
         +0x008 Blink : 0xfffff088`b6362a80
            _LIST_ENTRY [ 0xfffff806`6a050ea8 -
                          0xfffff806`6a050ea8 ]
```

使用了-r2 之后,信息有点多,以至于我不得不从中间删除了一部分数据域。其中大多数信息没有意义，甚至无法看出这个结构体的好坏，因为都是一些难以辨认的数据，唯一引起我兴趣的是最后的 WaitListHead。

WaitListHead 从结构上看显然是一个双向链表，Flink 是后指针，而 Blink 是前指针。其中，前指针看上去没什么问题，正常内核地址以 0xfffff 开头，而且根据这个地址继续访问 Blink，还能继续访问下一个链表节点。

有问题的是前指针，0x60001 显然不是一个合法的内核地址。当然，即便是这样，我也无法认定这个结构就是错误的。某些特殊情况下，链表的后指针用来保存特殊的其他数据。

但如果我们联想到蓝屏中实际被访问而引发异常的地址正是 0x60001，就可以百分之百断定问题的根源了。真实原因是代码中给 KeSetEvent 函数传入了一个错误的 KEVENT 结构指针，而 KeSetEvent 函数会遍历 WaitListHead 这个链表，在使用后指针的时候崩溃了。

继续回溯调查会发现，根源是我对不同 Windows 版本的数据结构理解错误，代码从一个错误的数据结构中取出了错误的指针。因此，一个版本上运行正常的程序，在另一个版本上出现了问题。针对版本进行适配之后，问题就消失了。

2.1.5　出现乱指针的原因

发现蓝屏是第一步，寻找乱指针的根源是第二步。第二步往往不太容易。除了用 WinDbg 类的调试工具去仔细检查数据、重新审查相关代码，我们还可以预测一些可能出现乱指针的原因，然后按图索骥。

最常见的原因是对操作系统数据结构的错误理解。

主要是那些 Windows 内核中随处可见的没有明确文档公开但又可以通过一些公开资料和符号表查到的数据结构。还有一些系统中用来灵活地保存数据的结构，如设备对象中的设备扩展（DeviceObject->DeviceExtension）。

对这些数据结构的随意使用，会导致特别难以调试的缺陷。最后的蓝屏或其他错误并不一定直接发生在错误的数据结构上，调试可能会非常困难。但这并不是说未公开的数据结构一定不可以使用。本书第 8 章会专门介绍如何挖掘和使用未公开的 Windows 内核数据结构和函数。

在使用任何个公升数据结构的同时，必须做好充分的校验和系统版本检查。在最坏的情况下，系统不至于崩溃，程序不至于被带入极为隐蔽的 Bug。

此外，还有一些编程上的小失误也会带来乱指针，如**数据结构对齐的问题**。当我们试图通过肉眼去判断数据结构的长度，并以此来定位后续指针时，往往就会出错误。

在这里我的建议是，永远都坚持用 sizeof() 去求结构的长度，而不要相信其他的判断。

在某些特殊情况下（比如，从用户态传递结构长度到内核态，或者将结构长度打包，通过网络发送到另一台机器上再解析），必须严格校验数据结构的长度是否一致。

此外，**对不定长数据结构求长度是常见的错误点**。内核中有很多如下面的代码所示类似的结构：

```
typedef struct _CM_HARDWARE_PROFILE_LIST {
    ULONG MaxProfileCount;
    ULONG CurrentProfileCount;
    CM_HARDWARE_PROFILE Profile[1];①
} CM_HARDWARE_PROFILE_LIST, *PCM_HARDWARE_PROFILE_LIST;
```

在上面的代码中，①表示后面含有不定长数组。在这种情况下，直接使用 sizoef(CM_HARDWARE_PROFILE_LIST)这样的代码是无意义而且是错误的。如果利用这个大小来推导后续指针的位置，那么大概率会出现乱指针的情况。

此外，**有时开发人员会混淆指针的长度和数据结构的长度**，这正是我个人以前很常犯的一个错误。举个例子，我们需要对数据结构 DEVICE_OBJECT 求大小，很明显应该使用 sizeof(DEVICE_OBJECT)，但我们有时会错误地写成 sizeof(PDEVICE_OBJECT)。

这倒不是因为开发人员不知道指针类型取长度和数据结构类型取长度的区别。问题是 DEVICE_OBJECT 在实际代码中很少用，而 PDEVICE_OBJECT 很常用。在用到 sizeof 的时候，我们很自然地就写成 PDEVICE_OBJECT 了。

如下是一段很可怕的代码：

```
do {
    PPAGE_NODE node = (PPAGE_NODE)ExAllocatePoolWithTag(
            NonPagedPool, sizeof(PPAGE_NODE), 'Pmad');
    if (node == NULL)
    {
        break;
    }
} while (0);
return node;
```

看似简单的代码暗藏杀机。node 指针其实只分配了 8 个字节[1]，却被当作完整的 node 指针返回了。中间内存分配是否成功的检查变得毫无意义。后面填写 node 的时候，可能会越界，出现后面要讲的越界错误。但越界也不一定就会蓝屏，只是其中的指针被其他数据覆盖，成为乱指针。

重点审查上面提过的因素，并把历史上出现过的导致指针错乱的原因总结和积累下来，统一进行代码再评审，可以大大缩减寻找乱指针根源所耗费的时间和精力。

---

[1] 64 位的指针长度为 8 个字节。

2.2 越界导致的蓝屏

2.2.1 分配边界页面的函数

要重现越界这样的蓝屏并不容易。因为任何一个数组，并不是越界就一定立刻蓝屏的。程序访问内存只有在越过页面边界，而且下一个页面刚好无效的时候，才能直接发生越界导致的蓝屏。

其他情况的越界只会导致数据覆盖，形成乱指针、错误的栈数据等。这些错误并不会触发本节所述的蓝屏，但可能会有各种各样的蓝屏在用户的机器上低概率、随机地发生。

我们有必要认识越界导致的蓝屏，但首先必须能自由地重现它。为此，我写了一个分配"边界内存"的函数。

这些边界内存的特点是：当前页面虽然有效，但下一个页面是无效的。这样当内存访问越界到下个页面时，就会即刻崩溃而出现蓝屏。代码如下：

```
// 分配一块边界堆内存，用于测试堆越界的情况。注意，这个函数只是大概率返回成功。极端不
顺利的情况下可能不成功，可以增加尝试次数，或者另想办法
PUCHAR AllocateBounddaryMemory()
{
#define TRY_TIMES 1024
    static PUCHAR ptrs[TRY_TIMES] = { NULL };
    ULONG i;
    PUCHAR ret = NULL;
    for (i = 0; i < TRY_TIMES; i++)
    {
        ptrs[i] = (PUCHAR)ExAllocatePoolWithTag(NonPagedPool,
            PAGE_SIZE, 'TstM');①
        if (ptrs[i] == NULL)
        {
            // 分配失败，放弃
            break;
        }
        // 分配成功，检查是否为边界页面
        if (!MmIsAddressValid(ptrs[i] + PAGE_SIZE))②
        {
            // 如果下一个页面不是有效页面，说明这个页面就是边界页面
            ret = ptrs[i];
            break;③
```

```
        }
    }
    // 所有页面全部释放。留下 ret
    for (i = 0; i < TRY_TIMES; i++)
    {
        if (ptrs[i] != ret && ptrs[i] != NULL)
        {
            ExFreePool(ptrs[i]);④
        }
        ptrs[i] = NULL;
    }
    return ret;
}
```

我在①处的代码分配一个页面的内存,同时在②处用 MmIsAddressValid 检查分配的页面之后的一个页面是否有效。如果有效,就说明这个边界页面的分配是失败的。因此,通过循环继续分配(已经分配的多余的页面会在④处统一释放掉),直到分配到一个页面,这个页面之后的一个页面是无效的,这就是我们要的边界页面。此时③处会跳出循环,回收多余资源之后,返回。

需要注意的是,这个函数不一定成功。如果尝试了 1024 次分配后还是不能得到"边界页面",就会放弃。如果反复如此,那么可以尝试增加分配次数。

这个函数分配的内存可以用来方便地重现堆越界的现象。

2.2.2 字符串越界导致的蓝屏

分配一个定长数组的空间,然后访问数组发生越界的情况往往很罕见。因为我们明确知道这个数组的长度,没有人会故意越界。问题常常发生在一些不那么引人注目,但又很容易犯的错误上,比如,内核中常见的宽字符串结构:

```
typedef struct _UNICODE_STRING {
    USHORT Length;
    USHORT MaximumLength;
    PWCH   Buffer;
} UNICODE_STRING;
```

这个结构能引发好几个常见的越界问题。

第一个问题,Buffer 是指向一个字符串的指针,这没有错,但它指向的字符串指针不一定是以 NULL 结尾的。如果试图将它当成以 NULL 结尾的字符串,就会导致越界问题出现。

比如,如下代码:

```
void Bug(PCUNICODE_STRING str)
```

```
    {
        KdPrint(("Str len is %d\r\n", wcslen(str->Buffer)));
    }
```

因为 str->Buffer 不一定以 NULL 结束，所以 wcslen 会越过 str 长度的边界继续往后寻找 NULL。这种情况要么找到一个 NULL 结束，要么访问到非法地址崩溃。

糟糕的是，其实有不少 UNICODE_STRING 的 Buffer 指向的字符串是以 NULL 结束的（很多人会在填写字符串之前清空缓冲区）。而且即便越界，后续的内存中也可能找到一个 NULL。这样的结果导致缺陷变得非常隐蔽，小范围的测试根本测试不出问题，只有大量用户运行的时候才偶尔出现崩溃。

第二个问题是 Length 和 MaximumLength 都不是以字符个数为单位，而是以字节数字为单位的。众所周知，一个宽字符的长度为 2 个字节。但在传统的 C 语言中，strlen 和 wcslen 等字符串长度都是以字符个数为长度的，这很容易让人习惯性地认为字符串长度都以字符个数计算。

如果据此理解，认为 UNCODE_STRING 中的 Length 也表示的是字符的个数，那么一个试图复制字符串的新手程序员可能会写下如下所示的代码：

```
SIZE_T len = str->Length * sizeof(WCHAR);
PWCHAR new_buff = (PWCHAR)ExAllocatePoolWithTag(
    NonPagedPool, len, MEM_TAG);
memcpy(new_buff, str->Buffer, len);
```

由于错误理解了 UNICODE_STRING 中 Length 的意义，导致把 str->Buffer 长度的理解扩大了一倍。这类错误同样非常隐蔽，我未见到有任何自动分析工具，能够对此代码给出警告。

其中，我们为 new_buff 多分配出来的内存不会导致问题。但是，下一句 memcpy 中试图读取 str->Buffer 中的内容，读取的长度比 Buffer 实际的内容长了足足一倍。如果 str->Buffer 刚好离页面边界不远，然而下一个页面又刚好是无效的，就会触发蓝屏。因此，这种错误在实际测试中也是很难暴露的，蓝屏很难重现。而一旦真正发生蓝屏，就可能引起用户的怒火和投诉。

下面我用特别编写的代码来重现一次比较典型的由字符串导致越界的蓝屏，其中使用的分配内存的函数是 2.2.1 节中的分配边界页面的函数 AllocateBounddaryMemory()，这样可以确保蓝屏容易重现。

```
// 因为对字符串以 NULL 结尾有不正确期待而导致的越界
void Bug5()
{
    // 分配一块边界内存
    PUCHAR buff = AllocateBounddaryMemory();
    do{
```

```
        if (buff == NULL)
        {
            break;
        }
        memset(buff, 0x11, PAGE_SIZE);

        // 构造字符串。这个字符串完全符合标准，只是非 NULL 结尾
        UNICODE_STRING test_str;
        test_str.Buffer = (PWCHAR)buff;
        test_str.MaximumLength = 256;
        test_str.Length = 256;

        // 尝试用 wcslen 函数求字符串长度。注意，这里用 DbgPrint，防止
        // Release 版本完全不调用导致失去意义
        DbgPrint("Str len is %lld\r\n", wcslen(test_str.Buffer));
    } while (0);
    if (buff != NULL)
    {
        ExFreePool(buff);
    }
}
```

将该代码放在函数 DriverEntry 中调用，然后加载驱动运行，导致的越界蓝屏在 WinDbg 上的表现如图 2-8 所示。

```
PAGE_FAULT_IN_NONPAGED_AREA (50)
Invalid system memory was referenced.  This cannot be protected by try-except.
Typically the address is just plain bad or it is pointing at freed memory.
Arguments:
Arg1: ffff9c897851e000, memory referenced.
Arg2: 0000000000000000, value 0 = read operation, 1 = write operation.
Arg3: fffff8066f53118b, If non-zero, the instruction address which referenced the bad memory
    address.
Arg4: 0000000000000002, (reserved)

Debugging Details:
------------------
```

图 2-8　越界蓝屏在 WinDbg 上的表现

这是我们上一节就已经见过的 PAGE_FAULT_IN_NONPAGED_AREA。需要注意的是，越界导致的非法地址访问和 2.1 节提到的空指针、乱指针访问导致的非法地址访问有显著区别，请注意图 2-8 中特别框出的部分。

越界读取若要导致非法访问，则须读到不存在的页面。由于越界读取一般都是顺序读取的，一般会在页面边界发生问题。由于在正常情况下，Windows 内核中页面大小为 0x1000[1]，访问到的非法内存的十六进制地址末尾 3 位为 0，这是越界导致的蓝

---

[1] 系统中还存在更大的页面，但这里不用关心。

屏的显著特征[1]。

因此，图 2-8 中出现读取错误的地址是 0xffff9c897851e000。这是一个页面对齐地址。而空指针和乱指针这里往往是 0，或者很小的数字（由空指针加偏移），或者其他随机数字（乱指针）。

初步认定是越界之后，通过调用栈可以找到越界的具体位置，但是要越过一系列的系统例程。在 WinDbg 中输入 k 命令后，可以看到字符串越界的调用栈状况，如图 2-9 所示。

```
nt!DbgBreakPointWithStatus
nt!KiBugCheckDebugBreak+0x12
nt!KeBugCheck2+0x946
nt!KeBugCheckEx+0x107
nt!MiSystemFault+0x1f43ab
nt!MmAccessFault+0x400
nt!KiPageFault+0x35e
sec2_bugs!Bug5+0x6b [D:\book\¿ñÈĒμÄWindowsÄÜºËµ
sec2_bugs!DriverEntry+0x32 [D:\book\¿ñÈĒμÄWindow
sec2_bugs!FxDriverEntryWorker+0xbf [minkernel\w
sec2_bugs!FxDriverEntry+0x20 [minkernel\wdf\fra
nt!PnpCallDriverEntry+0x4c
nt!IopLoadDriver+0x4e5
nt!IopLoadUnloadDriver+0x57
nt!ExpWorkerThread+0x105
nt!PspSystemThreadStartup+0x55
nt!KiStartSystemThread+0x28
```

图 2-9　字符串越界的调用栈状况

可见问题出在函数 Bug5 中，正如我们所料。

2.2.3　内存扫描越界导致的蓝屏

另一种常见的情况是使用主动防御软件或杀毒软件对内核代码进行扫描，在扫描的过程中蓝屏，这种情况下的蓝屏和 2.2.2 节中所说的字符串导致的堆越界蓝屏非常类似。举例说明，检查码为 0x50 的内存越界非法地址访问，如图 2-10 所示。

```
PAGE_FAULT_IN_NONPAGED_AREA (50)
Invalid system memory was referenced.  This cannot be protected by try-except.
Typically the address is just plain bad or it is pointing at freed memory.
Arguments:
Arg1: ffff8066f4e8000, memory referenced.
Arg2: 0000000000000000, value 0 = read operation, 1 = write operation.
Arg3: ffff8066f4e1013, If non-zero, the instruction address which referenced the bad memory
    address.
Arg4: 0000000000000000, (reserved)
```

图 2-10　检查码为 0x50 的内存越界非法地址访问

图 2-10 和图 2-8 似乎没有什么不同，缺陷检查码完全一致，都是 PAGE_FAULT_IN_NONPAGED_AREA，错误地址也类似（都是页面对齐的）。但其实其中有一个细微的差

---

[1] 这里只考虑连续访问字节导致越界，未考虑以某个步长跳跃访问内存导致的越界。

别，注意图 2-10 中的 Arg1，也就是访问的错误地址，正确地址为 0xfffff8066f4e8000，通过观察我们可以确定这个地址是模块地址。

所谓的"模块"，是指 Windows 的驱动程序（sys 文件）加载进入内核后运行的映像，每个模块占据一个内存范围。我们可以通过 WinDbg 的 lm 命令来展示所有模块的内存范围，如图 2-11 所示。

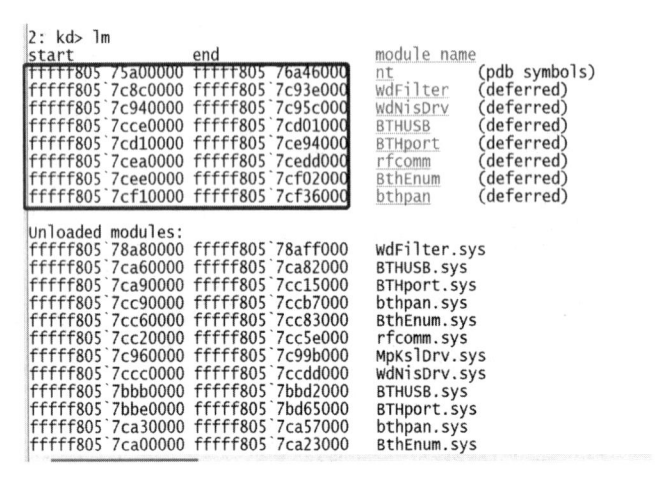

```
2: kd> lm
start             end               module_name
fffff805`75a00000 fffff805`76a46000 nt         (pdb symbols)
fffff805`7c8c0000 fffff805`7c93e000 wdFilter   (deferred)
fffff805`7c940000 fffff805`7c95c000 WdNisDrv   (deferred)
fffff805`7cce0000 fffff805`7cd01000 BTHUSB     (deferred)
fffff805`7cd10000 fffff805`7ce94000 BTHport    (deferred)
fffff805`7cea0000 fffff805`7cedd000 rfcomm     (deferred)
fffff805`7cee0000 fffff805`7cf02000 BthEnum    (deferred)
fffff805`7cf10000 fffff805`7cf36000 bthpan     (deferred)

Unloaded modules:
fffff805`78a80000 fffff805`78aff000 WdFilter.sys
fffff805`7ca60000 fffff805`7ca82000 BTHUSB.sys
fffff805`7ca90000 fffff805`7cc15000 BTHport.sys
fffff805`7cc90000 fffff805`7ccb7000 bthpan.sys
fffff805`7cc60000 fffff805`7cc83000 BthEnum.sys
fffff805`7cc20000 fffff805`7cc5e000 rfcomm.sys
fffff805`7c960000 fffff805`7c99b000 MpKslDrv.sys
fffff805`7ccc0000 fffff805`7ccdd000 WdNisDrv.sys
fffff805`7bbd0000 fffff805`7bbd2000 BTHUSB.sys
fffff805`7bbe0000 fffff805`7bd65000 BTHport.sys
fffff805`7ca30000 fffff805`7ca57000 bthpan.sys
fffff805`7ca00000 fffff805`7ca23000 BthEnum.sys
```

图 2-11　内核中所有模块的内存范围

我们可以注意到图 2-11 中，所有模块的地址开头都是 fffff8，因此可以猜测 0xfffff8066f4e8000 是一个模块相关地址。需要注意，这个规律不可一概而论，但你总是可以通过 WinDbg 显示调试的系统中的实际内存布局来进行合理的推断。

在我测试的系统中，以 fffff8 开头的地址大多为模块地址，以 ffff9 开头的地址大多为堆地址。调试不同的系统地址，布局可能有不同的规律，请自行寻找。但请注意，图 2-11 和图 2-10 的截图并非来自同一个系统环境，因此模块的地址范围并不完全匹配（图 2-10 的错误实际应该落在 nt 模块范围内）。

和图 2-10 不同，图 2-8 中的非法地址为 0xffff9c897851e000。根据我刚刚提到的经验，可以推断那是一个堆地址，因为根据不同的地址范围，你可以大致推断出缺陷发生的场景。

如果地址近似在模块范围内，就有可能是在扫描模块或往模块中写入隐藏的 shellcode 时，或者是给模块做挂钩的时候出了问题，但也有可能是访问全局变量越界。如果问题发生在堆中，就有可能是访问堆中的数据结构时越界。

实际图 2-10 的错误来自下面的代码：在这段代码中，我连续扫描了从函数 memcpy 开始的地址，这样碰到第一个不可访问的页面时自然会崩溃。你可以尝试用这段代码来再现这个蓝屏。

```
void Bug4()
{
```

```
    static UCHAR data = 0;
    //连续读取内核内存(代码段)
    PUCHAR ptr = (PUCHAR)memcpy;
    do
    {
        data = *(ptr++);
    } while (1);
}
```

2.2.4 栈越界导致的蓝屏

最后一种情况是对栈上的变量（局部变量）访问时越界的情况，下面是我用来重现的代码。其中对 data[i] 不断进行读取，因为 i 可以无限扩大，会一直读取到不可访问的地址导致蓝屏为止。

```
// 栈地址越界访问蓝屏
void Bug9()
{
    ULONG i = 0;
    UCHAR data[100] = { 0 };
    // 无限制地打印栈内容，直到崩溃为止
    while (1)
    {
        DbgPrint("%d ", data[i++]);
    }
}
```

此种情况下的蓝屏与图 2-8、图 2-10 类似，这里不再展示。它的不同之处在于蓝屏地址是一个栈地址。要想判断一个地址是否是栈地址，可以用 r rsp 命令显示崩溃时 rsp 的值，即为栈当前的地址。如果一个非法访问的地址与之近似，就可以认为是访问栈变量时越界导致的崩溃。

栈地址的写入越界会导致类似的蓝屏。下面这段代码重现的是对 data[i]（栈地址）不断写入。因为 i 可以无限增加，所以对栈上的地址从低到高会不断覆盖，直到遇到不可访问的页面蓝屏。

```
// 栈地址越界写蓝屏直到崩溃
UCHAR Bug10()
{
    ULONG i = 0;
    UCHAR data[100] = { 0 };
    UCHAR ret = 0;
    //无限制覆盖栈空间，典型的缓冲溢出形式
```

```
    while (1)
    {
        ret += data[i++];
        data[i] = ret;
    }
    return ret;
}
```

对栈地址不断写入,直到不可访问页面的蓝屏,如图 2-12 所示。其主要的特点是缺陷检查中的第二个参数(Arg2)不再是 0 而是 2,同时 Arg1 也是一个页面对齐的栈地址。

```
PAGE_FAULT_IN_NONPAGED_AREA (50)
Invalid system memory was referenced.  This cannot be protected by try-except.
Typically the address is just plain bad or it is pointing at freed memory.
Arguments:
Arg1: fffff5894397a000, memory referenced.
Arg2: 0000000000000002, value 0 = read operation, 1 = write operation.
Arg3: fffff8057c961065, If non-zero, the instruction address which referenced the bad m
    address.
Arg4: 0000000000000002, (reserved)
```

图 2-12 对栈地址不断写入,直到不可访问页面的蓝屏

在实际项目中,我们遇到的大多是局限在一定范围内(不导致蓝屏)的栈地址写入越界。在这种情况下,写入越界是有限的,因此写入这个动作本身不会导致任何崩溃,但写入栈的越界可能会覆盖返回地址。

使用异常参数传入触发函数缺陷,导致返回地址被覆盖,从而让函数返回后回到攻击者在参数中传入的地址,这就是臭名昭著的缓冲溢出攻击。现在的 Windows 内核对此类攻击有各种安全检查。因此,当返回地址覆盖可能导致异常执行时,我们看到的是缺陷 KERNEL_SECURITY_CHECK_FAILURE,检查码为 0x139。

下面的代码是另一个例子,它会因为越界而覆盖返回地址,但不会导致立刻蓝屏。然而函数真正返回之前,编译时编译器生成在函数内的内嵌安全检查会发现栈已经发生了溢出,而出现 0x139 蓝屏。

```
// 栈地址越界写蓝屏直到溢出,但并不到崩溃,而是直接返回
// (返回地址被覆盖,类似缓冲溢出攻击)
UCHAR Bug11()
{
    static ULONG i = 0;
    UCHAR data[100] = { 0 };
    UCHAR ret = 0;
    //有限覆盖栈空间,典型的缓冲溢出形式
    while (1)
    {
        ret += data[i++];
        data[i] = ret;
```

```
            if (i == 300)
            {
                break;
            }
        }
        return ret;
}
```

具体的栈溢出被安全代码检测到出现的 0x139 蓝屏信息如图 2-13 所示。

```
KERNEL_SECURITY_CHECK_FAILURE (139)
A kernel component has corrupted a critical data structure. The corruption
could potentially allow a malicious user to gain control of this machine.
Arguments:
Arg1: 0000000000000002, Stack cookie instrumentation code detected a stack-based
    buffer overrun.
Arg2: fffff58943a68610, Address of the trap frame for the exception that caused the BugCheck
Arg3: fffff58943a68568, Address of the exception record for the exception that caused the BugCheck
Arg4: 0000000000000000, Reserved
```

图 2-13　栈溢出被安全代码检测到出现的 0x139 蓝屏信息

0x139 这个蓝屏在 2.3 节讲述的非法地址执行导致的蓝屏中也会经常出现。

2.3　非法地址执行导致的蓝屏

2.3.1　执行空函数指针导致的蓝屏

只要在任何地方存在函数指针，就可能导致非法地址执行蓝屏。下面看一个最简单的例子：

```
void (*func)() = NULL;
func();
```

这个例子看起来非常粗暴，实际不太可能出现。但是，对函数指针忘记赋值，或者因为时序的问题来不及赋值就开始执行，则是蓝屏中常有的事情，因此这样的代码其实也很有代表性。该代码实际执行时，WinDbg 收到的 BugCheck139 的详细信息和参数如图 2-14 所示。

```
KERNEL_SECURITY_CHECK_FAILURE (139)
A kernel component has corrupted a critical data structure. The corruption
could potentially allow a malicious user to gain control of this machine.
Arguments:
Arg1: 0000000000000000, A stack based buffer has been overrun
Arg2: 0000000000000000, Address of the trap frame for the exception that caused the bugcheck
Arg3: 0000000000000000, Address of the exception record for the exception that caused the bugcheck
Arg4: 0000000000000000, Reserved
```

图 2-14　BugCheck139 的详细信息和参数

这是在 2.2.4 节中曾经出现的检查码为 0x139 的蓝屏，错误信息为：内核安全检查失败。这是内核编译时，内嵌的一些安全检查代码在起作用。当我们试图调用一些不太正常的函数地址之前，这些安全检查代码会提前发现，并调用缺陷检查。

上述错误报告中所有参数都是 0。这里的 0 并不表示发生异常的地址，而是表示发生异常时的 trap frame[1] 和 exception record[2] 的地址，二者都为空。这些参数的产生和调用缺陷检查的安全代码有关，这里我们不深究。但无论如何，遇到参数全部为空的 KERNEL_SECURITY_CHECK_FAILURE，我们要考虑是否某处缺陷导致执行了空指针函数。

2.3.2 执行栈地址函数指针导致的蓝屏

接下来，我用下面的代码展示一下，如果程序的错误是将栈地址当作函数指针来执行，会发生什么情况。代码如下：

```
int a = 0;
typedef void (*FUNC)();
FUNC func = (FUNC)&a;
func();
```

KERNEL_SECURITY_CHECK_FAILURE 没有再出现，反而出现了我们早就认识的 PAGE_FAULT_IN_NONPAGED_AREA。这次，执行栈地址时的错误信息如图 2-15 所示。

```
PAGE_FAULT_IN_NONPAGED_AREA (50)
Invalid system memory was referenced.  This cannot be protected by try-except.
Typically the address is just plain bad or it is pointing at freed memory.
Arguments:
Arg1: ffffff088b820d890, memory referenced.
Arg2: 0000000000000011, value 0 = read operation, 1 = write operation.
Arg3: ffffff088b820d890, If non-zero, the instruction address which referenced the bad memory
    address.
Arg4: 0000000000000002, (reserved)
```

图 2-15 执行栈地址时的错误信息

要注意这种 PAGE_FAULT_IN_NONPAGED_AREA 与之前我们认识的同样的错误有什么不同。重点在上面框出的 Arg2。WinDbg 输出的解释是，如果为 0 就表示读操作，如果为 1 就表示写操作，但这并不准确。

查阅 MSDN 可知，这个参数的意义在各版本中有所不同。MSDN 上的最新版本系统的意义为 0x0 表示读操作，0x2 表示写操作，0x10 表示执行异常。至于这里出现的 0x11，文档并未给出完整的解释。

我猜测 0x11 是 0x10 和 0x1 的组合。0x11 含有执行的意义，但另一个位 0x1 意义不明。

因此，如果 PAGE_FAULT_IN_NONPAGED_AREA 中的 Arg2 为 0x11，那么大概率

---

[1] trap frame 是用来保存 trap 发生时部分信息的栈帧。
[2] exception record 是 Windows 内核用来保存异常状态的数据结构。

可以认定是执行了错误的函数指针。

此外，注意图 2-15 中的箭头标识，可以看到 Arg1 和 Arg3 的值相等。Arg1 是被访问的内存，而 Arg3 是试图访问该内存的指令。因为执行的这条指令的地址就是被访问的地址，所以二者等同，这是另一个特征。

总之，如果遇到被访问地址与访问该地址的指令的地址相等，并且第二个参数为 0x11（或 0x10）的情况，就说明是错误的函数指针导致执行了非法的地址。

2.3.3 执行已卸载驱动函数导致的蓝屏

让我们回到最初监控进程的简单驱动的例子。这里假设我们为了调试的方便，给驱动加上了动态卸载的能力。此时只需要编写一个 DriverUnload 函数，并把函数指针赋值给驱动对象的 DriverUnload 指针即可。

```
void DriverUnload(PDRIVER_OBJECT driver)
{
    driver;
    KdPrint(("Driver unloaded!\r\n"));
}

extern "C" NTSTATUS DriverEntry(
    PDRIVER_OBJECT driver, PUNICODE_STRING reg_path)
{
    NTSTATUS status = STATUS_SUCCESS;
    driver, reg_path;
    KdPrint(("Hello, world.\r\n"));
    BypassCheckSign(driver);
    KdBreakPoint();

    driver->DriverUnload = DriverUnload;

    do{
        status = PsSetCreateProcessNotifyRoutineEx(
            MyProcessNotifyRoutine, FALSE);
        if (status != STATUS_SUCCESS)
        {
            break;
        }
        ...
```

在加载这个驱动之后，如果我们想要修改代码再重新加载，那么只需要在 OsrLoader 中点击下面的 Stop Service 驱动，就会停止运行，如图 2-16 所示。

最后，如果我们需要修改代码，那么修改好后，在重新编译之后再将其复制到虚拟机，点击 Start Service 就会再次加载驱动，无须像以前一样必须重启系统或恢复虚拟机快照。

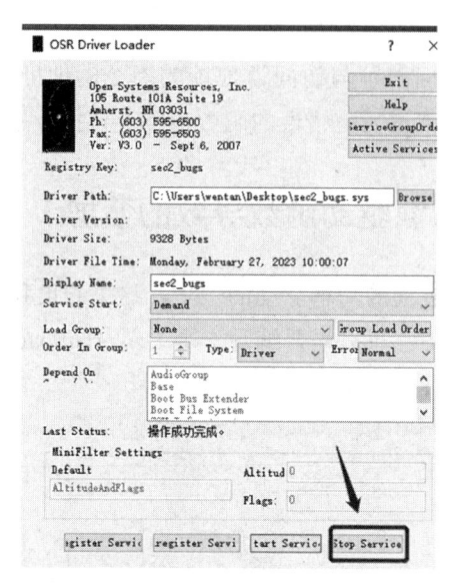

图 2-16　在 OSRLoader 中点击 Stop Service 停止驱动

下面让我们试试这个驱动程序的停止。点击 Stop Service 停止之后，等待几秒，一般都会发生蓝屏错误，如图 2-17 所示。

```
DRIVER_UNLOADED_WITHOUT_CANCELLING_PENDING_OPERATIONS (ce)
A driver unloaded without cancelling timers, DPCs, worker threads, etc.
The broken driver's name is displayed on the screen and saved in
KiBugCheckDriver.
Arguments:
Arg1: fffff8066f8110c0, memory referenced
Arg2: 0000000000000010, value 0 = read operation, 1 = write operation
Arg3: fffff8066f8110c0, If non-zero, the instruction address which referenced the bad memory
    address.
Arg4: 0000000000000000, Mm internal code.
```

图 2-17　一个驱动停止后发生的错误

终于不再是我们之前碰到过的各种非法地址访问错误，但本质其实是一样的。被非法访问的是上述报告中的 Arg1，也就是 fffff8066f8110c0。这个缺陷检查报告比较明确：DRIVER_UNLOADED_WITHOUT_CANCELLING_PENDING_OPERATIONS。从这个名字可以看出，是驱动卸载时某些操作没有完成。那么，具体是什么操作没有完成导致了地址非法访问呢？我们看一下调用栈，该驱动停止后发生的错误的调用栈如图 2-18 所示。

这个调用栈的烦人之处在于，我们的驱动在此时已经卸载，因此 WinDbg 也无法将地址对应到正确的代码上，调用栈中只能提示是 sec2_bugs（这是本书示例代码编译的驱动名）加上一个偏移。

在实际项目中也有这样的情况，用户在关闭了你的程序之后发生蓝屏，投诉的时候发来崩溃转储文件[1]，此时从转储文件中无法关联到具体代码。

图 2-18　驱动停止后发生的错误的调用栈

解决方案比较简单，即重新启动虚拟机，加载这个驱动程序。加载成功之后，输入 lm 命令获得驱动的起始地址，如图 2-19 所示。

图 2-19　输入 lm 命令获得驱动的起始地址

注意，左边一列的地址就是模块的起始地址，找到我们的模块 sec2_bugs，就找到了对应的起始地址。然后在反汇编窗口中，输入起始地址加偏移，根据起始地址加偏移定位到真正的错误地址，如图 2-20 所示。

图 2-20　根据起始地址加偏移定位到真正的错误地址

我发现原来是我注册过的线程通知回调函数崩溃了。但是，为什么会在这个函数一开头就崩溃呢？

---

[1] 转储文件是记录了错误发生时的系统状态的文件，可以用 WinDbg 打开分析，本书后续有相关介绍。

想象一下，既然驱动程序已经卸载，那么函数自然也已经不复存在，剩下的只是一个非法地址罢了。但 Windows 内核依然认为在线程创建或退出的时候需要回调这个函数，那么会发生什么呢？当然会执行非法地址而蓝屏了。

解决这个问题似乎很简单，在 DriverUnload 中注销所有回调函数即可。我把所有的注销都放在函数 Cleanup() 中，在 DriverUnload 中调用即可。

```
void DriverUnload(PDRIVER_OBJECT driver)
{
    driver;
    // 如果不执行下面的Cleanup，就会在后续有进程启动的时候崩溃
    Cleanup();
}
```

但有经验的读者或许能想到，如果驱动卸载的时候，某个回调函数还在执行代码怎么办呢？

此类问题没有完美的解法。实际中，常见的解决方案是在驱动卸载之前先注销所有的回调函数，让这些函数不会产生新的调用。然后我们用 Sleep 之类的方法等待几十毫秒，以便所有回调函数执行完毕。

但是，如果回调函数中可能存在长期等待的情况，还需要使用计数器来确保所有的等待都结束，这又可能导致驱动陷入长期的"卸载卡死"状态。在第 7 章中，读者会见到这样的例子。

2.4　各类非法访问错误总结

到这里总结一下我们的重要经验。

当我们在用 WinDbg 调试或分析 dmp 文件的时候，如果看到如下的缺陷检查，就基本可以确认是发生了非法地址访问（大部分是使用了错误的指针，小部分是越界的情况）。

- SYSTEM_THREAD_EXCEPTION_NOT_HANDLE：第一个参数含 c0000005 的情况。
- PAGE_FAULT_IN_NONPAGED_AREA：所有情况。
- DRIVER_IRQL_NOT_LESS_OR_EQUAL：所有情况。
- IRQL_NOT_LESS_OR_EQUAL：所有情况。
- KERNEL_SECURITY_CHECK_FAILURE：部分情况。
- DRIVER_UNLOADED_WITHOUT_CANCELLING_PENDING_OPERATIONS：部分情况。

出现 DRIVER_UNLOADED_WITHOUT_CANCELLING_PENDING_OPERATIONS

的情况往往是驱动卸载了，但是注册的回调函数没有注销、生成的线程没有停止等原因导致非法执行指令。

KERNEL_SECURITY_CHECK_FAILURE 一般由函数指针还没赋值，空的情况就执行了，或者栈变量越界导致覆盖了返回地址所致。

接下来，根据访问导致出错的地址，我们可以进行以下区分：

- 全 0：大概率访问了空指针。代码中对分配失败、指针初始化之后没有赋值等异常流程的处理没有做好。
- 接近 0 的不大的数字：空指针+偏移的访问，是通过空指针访问结构成员导致的，原因基本同上。
- 无法解读的随机数字：乱指针。大概率是从某个本来就错误的结构体指针里读出的指针，遍历链表的时候尤其容易产生。
- 末尾 3 位为 0：页面边界。这是越界访问跨页面导致的蓝屏，考虑是否有连续扫描内存、复制字符串、复制大块数据等问题。
- 如果以上错误中访问地址和指令地址一致，就说明是非法执行指令，往往是错误的函数指针导致的。

> 在编写内核代码的时候，我们自己也可以调用 KeBugCheck（或 KeBugCheckEx）来输出缺陷检查。
>
> 在认定程序已经发生异常且不可能修复的状况下，及早调用 KeBugCheck 是一个好习惯，因为缺陷总是暴露得越早，越容易溯源。
>
> 在调用 KeBugCheck 的时候，可以尽量把能收集到的信息写入参数中。调用后，用户的机器会出现一个蓝屏。
>
> 蓝屏对用户很不友好，但比程序继续乱跑造成更多破坏且无法调查根源要好得多。
>
> 一般蓝屏会生成一个崩溃转储文件。如果能让用户上传转储文件，你就可以打开 WinDbg 查看第一手信息。
>
> 即使无法得到转储文件，蓝屏上会显示内核崩溃前的最后信息，就是你设定的缺陷检查码、相关参数和调用缺陷检查的驱动的名字。
>
> 如果用户看见，哪怕只是用手机拍一张照片，那么对调试人员定位问题也会有巨大的帮助。

本章是我们利用 WinDbg 来解决实际缺陷的开始，而且此类缺陷是开发过程中最多、最常见的，请读者重点关注。

第 3 章
内核开发中的泄漏、卡死与重入

在内核开发中,尤其要注意内存泄漏、卡死和重入等各种问题,因为这些都会带来比用户态下此类缺陷更严重的后果。同时,我们需要在开发过程中就预备好各种手段,来应对可能发生的这些问题。

3.1 内存泄漏

在实际商用的内核项目中,内存泄漏出现得很少。大多数情况下,开发团队只要在内核编程中遵循严格的分配—释放的流程,内存泄漏的问题就很难出现。但是,在团队中有新手加入的情况下,特别容易出现问题。

内存泄漏调试起来不是那么简单,尤其是当程序中存在几百次内存分配,实在无法一一审查所有的分配和释放逻辑的时候。本节将首先介绍一些调试的方法,后面介绍开发中预防和方便调试此类问题的技巧。

3.1.1 通过任务管理器观察内存泄漏

内存泄漏如果发生,一般会无法通过质量部门的测试。但是,少数泄漏缓慢或特定逻辑下才能出现的内存泄漏还是会逃过测试,并在最终用户的机器上出现。

内存的无限消耗会导致机器性能不断下降,直到用户无法忍受而卸载程序,留下"使用某公司的某软件,机器会卡得要死"的糟糕口碑。

此外,即使你对内存分配失败的异常情况处理得很好,内核内存消耗殆尽也可能导致蓝屏。我们不能指望所有厂商的程序都能妥善处理内存分配失败的情况。

因此,我们在开发自测中,至少应先确定驱动没有明显的内存泄漏。下面我通过编写一个极为恶劣的泄漏案例,来说明如何观察到明显的内存泄漏。

```
// 一个极为恶劣的内存分配函数,可以把 NonPagedPool 消耗干净
void BadAlloc()
```

```
{
    UCHAR tags[4] = { 's', 'E', 'b', 'd' };
    while (1)
    {
        if (ExAllocatePoolWithTag(
            NonPagedPool, 64, *(ULONG*)tags) == NULL)
        {
            break;
        }
    }
}
```

这个函数只要执行，就会把非分页池中的内存全部耗光。鉴于非分页内存是我们在内核编程中分配时最常用的内存类型，这个示例会很有代表性。

测试部门一般会用更精细的工具。我们作为开发人员，用任务管理器即可。打开虚拟机中 Windows 的任务管理器，选择"性能"页，并在左侧中选择"内存"。在驱动加载之前，系统的内存状况如图 3-1 所示。

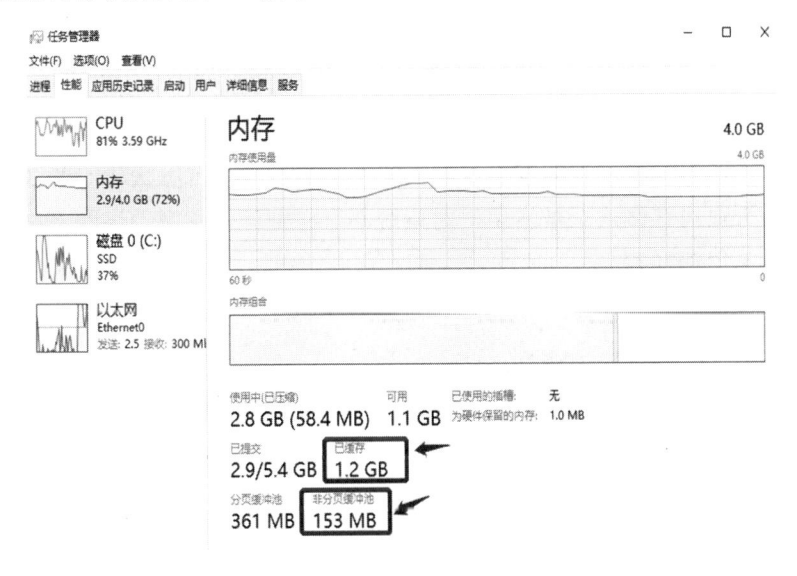

图 3-1 在驱动加载之前系统的内存状况

其中，尤其值得注意的是"非分页缓冲池"，也就是我们最常用的内存分配函数 ExAllocatePoolWithTag 分配内存的时候，类型选择 NonPagedPool 所分配的内存。

可以看到，非分页内存占用为 153MB，这是一个很合理的数字。然后，我加载了我的驱动程序，执行了极为恶劣的内存泄漏函数。肉眼可见任务管理器的性能—内存页面变化。实际内存泄漏发生之后的内存占用状况如图 3-2 所示。

在图 3-2 中可以看到几个明显的特征：首先是内存使用量曲线有一个明显的上升，

在右上角的红框内。

其次是非分页缓冲池的占用暴增到了 1.7GB，这已经明显不正常了。最后"已缓存"内存在急剧减少，说明 Windows 把缓存腾了出来，给非分页内存使用。Windows 缓存和性能有很大关联，缓存越多，性能越好，缓存下降必然导致性能下降。

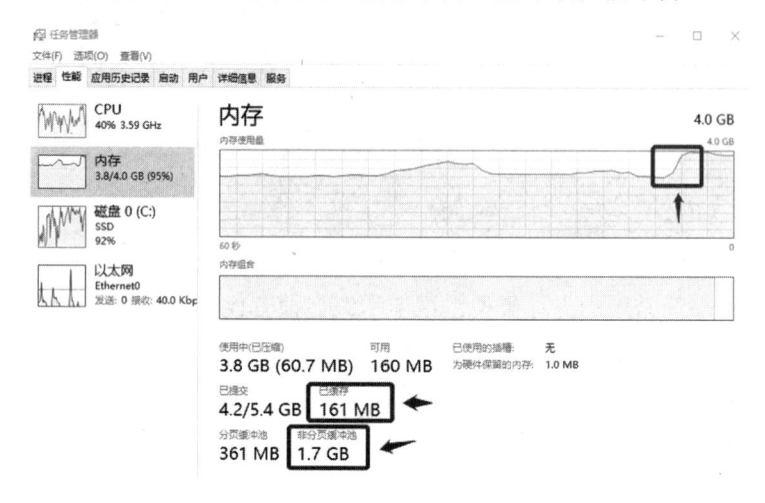

图 3-2　实际内存泄漏发生之后的内存占用状况

但更糟的是，卸载之后手动将驱动卸载，你会发现非分页缓冲池的占用不会随着驱动卸载就释放了，具体内存泄漏发生之后再卸载驱动的内存占用状况如图 3-3 所示。实际上，这些非分页内存将永久被占用，对系统不能起到任何作用，直到下次关机或重启为止。这是不是很糟糕？

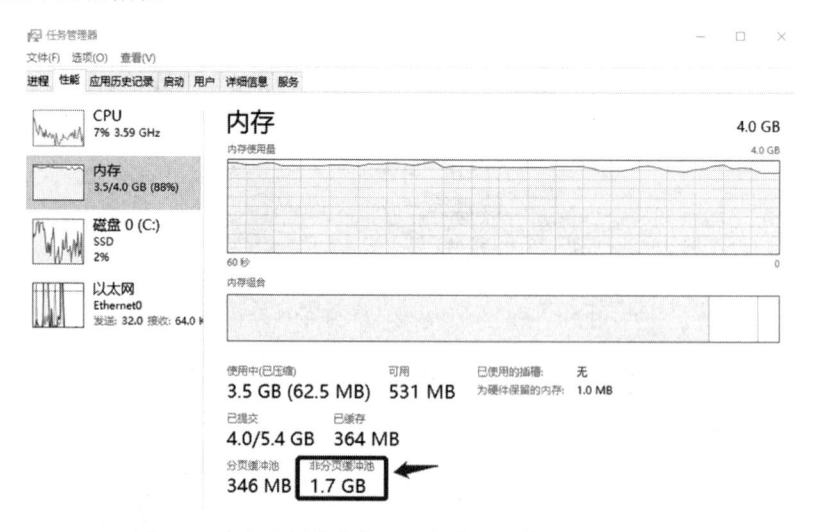

图 3-3　内存泄漏发生之后再卸载驱动的内存占用状况

真正的内存泄漏可能没有这么快，但可以通过反复加载和卸载驱动程序、长期挂机等方法来观察内存占用的数据,从而发现相对明显的内存泄漏问题。无论速度快慢,整体上都会呈现内存使用量曲线不断上升,分页或者非分页缓冲池占用数量上升,而缓存数量下降的情况。

这里要注意的一点是程序自身的某些缓存,比如,一些内核程序会自己缓存日志,等积累到一定的量后再发送或写入文件,此类缓存也会导致内存占用量不断上升,但它和真正的泄漏应该有两个区别:

(1)它有总量控制,上升到某个量之后不会继续上升。

(2)它可能会有一定的自动调节机制,比如,定期释放,或者是在系统需要内存的时候主动释放出来。

如果以上条件都不满足,那么这个缓存机制设计本身就是一个巨大的资源泄漏缺陷。

回到主题。假定我们排除了缺陷,用任务管理器无法观察到明显的内存泄漏,剩下的任务就可以交给测试的同事了。但如果我们用任务管理器发现了泄漏,此时我们需要获得比任务管理器更精确的信息,又怎么办呢?

我们可以连接 WinDbg,使用!vm 命令获得内存概览。在 WinDbg 中输入!vm 命令显示的信息,如图 3-4 所示。

```
3: kd> !vm
Page File: \??\C:\pagefile.sys
   Current:    1441792 Kb  Free Space:    1276916 Kb
   Minimum:    1441792 Kb  Maximum:      12582912 Kb
Page File: \??\C:\swapfile.sys
   Current:      16384 Kb  Free Space:      16376 Kb
   Minimum:      16384 Kb  Maximum:       6289896 Kb
No Name for Paging File
   Current:   16776176 Kb  Free Space:   16211236 Kb
   Minimum:   16776176 Kb  Maximum:      16776176 Kb

Physical Memory:          1048316 (    4193264 kb)
Available Pages:           250184 (    1000736 kb)
ResAvail Pages:            516899 (    2067596 kb)
Locked IO Pages:                0 (          0 kb)
Free System PTEs:      4294986598 (17179946392 kb)

******* 419008 kernel stack PTE allocations have failed *******

******* 1778706944 kernel stack growth attempts have failed *******

Modified Pages:              4609 (      18436 kb)
Modified PF Pages:           4608 (      18432 kb)
Modified No Write Pages:        0 (          0 kb)
NonPagedPool Usage:        405361 (    1621444 kb)
NonPagedPool Nx Usage:      39392 (     157568 kb)
NonPagedPool Max:      4294967296 (17179869184 kb)
PagedPool Usage:            85097 (     340388 kb)
PagedPool Maximum:     4294967296 (17179869184 kb)

********** 1 pool allocations have failed **********

Processor Commit:             829 (       3316 kb)
Session Commit:              7942 (      31768 kb)
Shared Commit:              22818 (      91272 kb)
Special Pool:                   0 (          0 kb)
Kernel Stacks:               7524 (      30096 kb)
Pages For MDLs:              2357 (       9428 kb)
Pages For AWE:                  0 (          0 kb)
NonPagedPool Commit:       445708 (    1782832 kb)
PagedPool Commit:           85097 (     340388 kb)
Driver Commit:              11933 (      47732 kb)
Boot Commit:                 4708 (      18832 kb)
PFN Array Commit:           12833 (      51332 kb)
System PageTables:           2879 (      11516 kb)
ProcessLockedFilePages:        20 (         80 kb)
Pagefile Hash Pages:           99 (        396 kb)
Sum System Commit:         604747 (    2418988 kb)
Total Private:             350744 (    1402976 kb)
Misc/Transient Commit:       1697 (       6788 kb)
Committed pages:           957188 (    3828752 kb)
Commit limit:             1408764 (    5635056 kb)
```

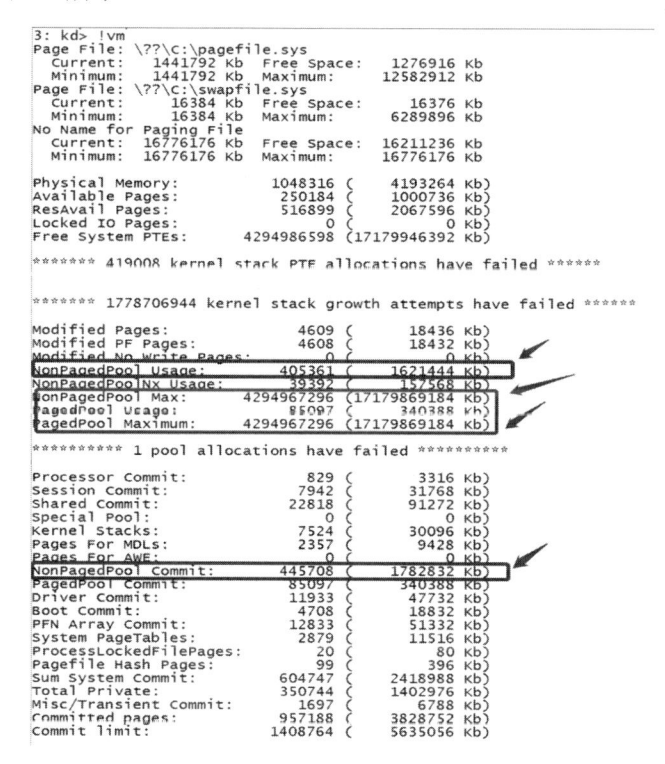

图 3-4 在 WinDbg 中输入!vm 命令显示的信息

WinDbg 显示了各种内存占用的情况,我们第一眼注意到的肯定是 NonPagedPool

Max 和 PagedPool Maximum（中间的红框所示）。这两个数字非常大，但这一点并不重要，因为它们显示的只是非分页和分页两种缓冲池的最大值。

去掉最大值的干扰，我们发现 NonPagedPool Usage 和 NonPagedPool Commit 尤其高（1.6GB～1.7GB），比其他类型的占用高出一到两个数量级（除去一些包含它们的总量，如 Committed pages），如图 3-4 中上下两个方框标出所示。

只观察内存数据的缺点是，虽然能发现存在内存泄漏，但当程序中存在大量的内存分配时，依然难以确定这些内存是从哪里泄漏的。在 3.1.2 节中，我们会介绍如何通过 PoolTag 来排查内存泄漏。

3.1.2 通过 PoolTag 来排查泄漏

相对于用户态编程中五花八门的内存分配形式，如果不是使用 STL 之类的库，那么 Windows 内核编程中的内存分配形式是极为简单的。使用 ExAllocatePoolWithTag 即可解决 90%以上的内存分配需求。我在实际的开发中，极少使用其他的内存分配形式。

ExAllocatePoolWithTag 的好处是在分配时，可以携带一个“标记”，也就是 PoolTag。这个标记在一定程度上表明内存分配的来源，甚至在我们的驱动卸载之后，它依然标记着我们泄漏的内存。

在卸载了 3.1.1 节中提到的分配大量内存的驱动之后，在 WinDbg 中运行!poolused 命令，如图 3-5 所示。

```
2: kd> !poolused 3
Using a machine size of ffefc pages to configure the kd cache
....
 Sorting by NonPaged Pool Consumed

               NonPaged                               Paged
 Tag     Allocs     Frees     Diff        Used    Allocs     Frees    Diff      Used

 sEbd  22833509         0 22833509  1826680720         0         0       0         0  UNKNOWN pooltag 'sEbd', please update pooltag.tx
 EtwB       616       403      213     7180544       230       214      16    442368  Etw Buffer , Binary: nt!etw
 Cont       528       166      362     6279312         0         0       0         0  Contiguous physical memory allocations for devic
 File   9557440   9543096    14344     5725696         0         0       0         0  File objects
 NtxF    457091    442314    14777     5437936         0         0       0         0  FCB_NONPAGED                        NtfsFcbNonpage
 ConT       586       261      325     4796416         0         0       0         0  UNKNOWN pooltag 'ConT', please update pooltag.tx
 Thre     44695     42867     1828     4679680         0         0       0         0  Thread objects , Binary: nt!ps
 smNp     13381     12319     1062     4349952         0         0       0         0  ReadyBoost store node pool allocations , Binary:
 FMsl    590270    571921    18349     3523008         0         0       0         0  STREAM_LIST_CTRL structure , Binary: fltmgr.sys
 EtwR    209971    195417    14554     3217280         0         0       0         0  Etw KM RegEntry , Binary: nt!etw
 smCB      5226      4545      681     2789376         0         0       0         0  ReadyBoost allocations , Binary: nt!store or rdyl
 Vad    4572828   4558815    14013     2242080         0         0       0         0  Mm virtual address descriptors , Binary: nt!mm
 MmPb         3         0        3     2232320         0         0       0         0  Paging file bitmaps , Binary: nt!mm
 AmlH         4         0        4     2097152         0         0       0         0  ACPI AMLI Pooltags
 smBt      6008      5505      503     2060288         0         0       0         0  ReadyBoost various B+Tree allocations , Binary:
 ALPC     44405     41428     2977     1773136         0         0       0         0  ALPC port objects , Binary: nt!alpc
 ScPC        10         1        9     1731104         0         0       0         0  reset bus code
 Even   1937041   1924222    12819     1652448         0         0       0         0  Event objects
 MmCa    372184    367973     4211     1621584         0         0       0         0  Mm control areas for mapped files , Binary: nt!m
 CcSc    383676    381291     2385     1373760         0         0       0         0  Cache Manager Shared Cache Map , Binary: nt!cc
 Pool        13         8        5     1085440         0         0       0         0  Pool tables, etc.
 ViSh      6631      6033      598      959184      1666      1532     134      4288  Video scheduler , Binary: dxgkrnl.sys
 MmCi      7125      5659     1466      927952         0         0       0         0  Mm control areas for images , Binary: nt!mm
 Mdl     218137    216860     1277      909952         0         0       0         0  Io, Mdls
 NtxI    238868    235427     3441      880896         0         0       0         0  FCB_NONPAGED_INDEX                  NtfsFcbNonpage
 EtwG      6687      4766     1921      860608         0         0       0         0  Etw Guid , Binary: nt!etw
 AcpD      2442      1614      828      817280         0         0       0         0  ACPI device data , Binary: acpi.sys
 IE1Q      1587         7     1580      814224         1         1       0         0  UNKNOWN pooltag 'IE1Q', please update pooltag.tx
 CcVa         7         0        7      796672         0         0       0         0  Cache Manager Initial array of Vacbs , Binary: n
```

图 3-5　在内核内存大量泄漏之后运行!poolused 命令

图中所示的表格是按照占用内存数量排序的。注意，排名第一的那个 sEbd 标签，分配达到了两千多万次，释放次数为零，显然存在问题。真正的内存泄漏不会这么清楚，但是从分配次数和释放次数之差（也就是第三列 Diff）确实能看出异常。

另外，左右两部分都有相同的列。其中，左边是 NonPaged Pool，右边是 Paged Pool。

如果是 Windows 系统驱动分配内存的标签，那么在最后右边有说明。这些说明被写在一个名为 pooltag.txt 的文件中。

为了看得更清楚，我们在使用!poolused 命令时，可按需要更改排序方式，这只需要在!poolused 命令后面加上一个数字就可以了，如!poolused 2 表示按 NonPaged Pool 的使用量来排序，而!poolused 4 表示按 PagedPool 的使用量来排序。

你可能会注意到，图 3-5 中实际使用的是!poolused 3。我刚刚提及的参数 2 和 4 都可以再加 1。加 1 不会改变排序方式，但是会附加显示分配次数与释放次数。

找到了有问题的标签之后，我们只关心和自己的驱动有关的内存泄漏，因此在代码中搜索 ExAllocateWithTag，寻找每一处分配的 Tag 即可。你一定记得 3.1.1 节用来分配内存的代码：

```
UCHAR tags[4] = { 's', 'E', 'b', 'd' };
while (1)
{
    if (ExAllocatePoolWithTag(
            NonPagedPool, 64, *(ULONG*)tags) == NULL)
    {
        break;
    }
}
```

可以看到，我们分配内存所用的 Tag 正是 sEbd。找到这里之后我们对代码稍加审视，就能发现这里分配的内存是完全没有释放的。

一般会使用 Tag 分配内存，代码会这样写：

```
#define MEM_TAG 'sEbd'
PVOID buffer = ExAllocatePoolWithTag(
    NonPagedPool, size, MEM_TAG)
```

Tag 看上去是四个字符组成的字符串，但其实也可以看成是一个 ULONG 类型的数据。这是 Windows 留给开发者的绝好的排除内存泄漏的手段，应该用正确的方式来使用。

常见的一种不太科学的方式是，用#define 定义了 Tag 之后，在整个复杂的驱动程序中共用同一个 Tag。这种做法还有一种变体，如下所示：

```
#define MEM_TAG 'sEbd'
// 不太科学的内存分配函数
PVOID AllooMom(size_t length)
{
    return (PVOID)ExAllocatePoolWithTag(
        NonPagedPool, length, MEM_TAG);
}
```

即提供一个"基础的"内存分配函数，并要求协作参与项目的所有同事都使用这个函数替代 ExAllocatePoolWithTag 来分配内存。

这样的出发点其实很好，等于掌控了所有模块分配内存的入口，并可以在其中做一些记录与检测之类的工作。甚至我们打算更改内存分配算法，不再使用内核自身提供的内存分配函数时，替换也会非常方便。

但 AllocMem 调用 ExAllocatePoolWithTag 时，始终使用的是同一个 Tag，如果这个 Tag 发生泄漏，就将无法进一步定位真正的泄漏源。总而言之，如果所有代码共用同一个 Tag，就等于没有 Tag。

我们需要的是区分，在不同的情况下使用不同的 Tag，才能在泄漏的时候方便地定位出发生泄漏的根本原因。在 3.1.3 节将提供一个正确用法的实例。

3.1.3 分三级管理的内存分配

下面我将编写一个实例，用来演示如何良好地编码，以利于排查内存泄漏。这个简单的实例模拟了实际开发中的一个常见的场景。

我们常常需要在某个事件发生时记录下某些信息，而记录信息的过程涉及一系列内存分配，所有分配的内存都需要在适当的时机释放。但难免有开发者会忘记这一点，导致一两处的内存忘记释放了。

为了尽量简化，本节的实例仅仅是当进程创建时，我们会分配一个进程节点并保存在链表中，并在进程退出时删掉它。进程节点中保存有进程 PID，还保存有进程全路径。由于进程路径中的大小写往往给我们造成麻烦，所以这个路径是转成全大写的。

首先，我们编写一个通用的内存分配函数，并建议将来所有的分配都统一使用这个函数，便于管理。

```
// 原始的内存分配函数
PUCHAR AllocMem(size_t length, UCHAR tag1, UCHAR tag2)
{
    UCHAR tags[4] = { 's', 'E', 0, 0 };
    tags[2] = tag1;
    tags[3] = tag2;
    return (PUCHAR)ExAllocatePoolWithTag(
        NonPagedPool, length, *(ULONG*)tags);
}
```

注意这个内存分配函数和 3.1.2 节中的内存分配函数的区别，后者直接使用 MEM_TAG，没有任何变更的余地，而这个函数提供了更细分的参数 tag1 和 tag2，供调用者使用。

我们将这种有两个 tag 可以开放使用的分配函数称为一级分配函数。所谓一级分配函数，是指我们定义的最原始的分配函数。在整个驱动（或者模块）中应该只有一个，便于我们控制所有的内存分配。

接下来考虑到需要一个结构来保存大写化之后的路径,结构定义如下:

```
// UPPERCASE_PATH 是一个不定长的数据结构
// 内含全路径字符串和它的缓冲区,全大写
typedef struct{
    UNICODE_STRING path_str;
    WCHAR path_buf[1];
} UPPERCASE_PATH;
```

这个结构是将一个路径大写化后保存下来的结构,它来源于一个没有大小化过的原始路径。创建(包括内存分配)代码编写如下:

```
#define MY_MAX_PATH 1024
    // 大写化路径分配函数
    // 可以在任何地方分配进程名。输入一个路径,会返回一个大写的版本
    // 内含有unicode string和它的buffer
    static UPPERCASE_PATH* AllocUpperPath(
        PUNICODE_STRING org_path, UCHAR tag)
    {
        NTSTATUS status = STATUS_INVALID_PARAMETER;
        UPPERCASE_PATH* path = NULL;
        size_t need_len = 0;
        do{
            // 参数检查
            if(org_path == NULL ||
                org_path->Buffer == NULL ||
                org_path->Length == 0 ||
                org_path->Length >= MY_MAX_PATH①)
            {
                break;
            }
            // 分配足够多的内存
            need_len = sizeof(UPPERCASE_PATH) + org_path->Length;
            path = (UPPERCASE_PATH *)AllocMem(
                need_len, 'p'②, tag);
            if (path == NULL)
            {
                break;
            }
            // 初始化结构
            RtlInitEmptyUnicodeString(
                &path->path_str,
                path->path_buf,
```

```
                    org_path->Length);
            // 在结构中填入大写化的字符串。注意这里第三个参数
            // 不要使用 TRUE 来分配内存，因为这会引入不受控制的内存分配
            status = RtlUpcaseUnicodeString(
                &path->path_str,
                org_path, FALSE③);
        } while (0);
        if (status != STATUS_SUCCESS && path != NULL)
        {
            ExFreePool(path);
        }
        return path;
    }
```

为了尽量减少不必要的麻烦，建议遵守如下的原则：

- 无论路径是否可以无限长，我们都给它定义一个可能的最长限制，以避免任何耗尽内存，或者是缓冲溢出的可能。因此，你可以看到①处我对 org_path 的长度做了一个最长限度的检查，如果超限就直接返回失败。
- 尽量使用统一的内存分配函数，不要使用各类系统函数"自带"的内存分配。

③处的参数如果设置为 TRUE，那么 RtlUpcaseUnicodeString 是会自己分配内存的。但如果使用它，因为内存分配函数不统一，更可能带入隐蔽的、忘记释放的内存。

这个分配函数的目标是分配一种初级结构（也就是一种不依赖其他结构的结构），我将此类分配函数称为二级分配。注意以上的代码，输入除了原始的没有经过大写化的路径，还有另一个参数 tag。如果在整个系统中有多处需要生成这种大写化的路径，就可以用参数 tag 进行区分。

在调用更基础的一级内存分配函数 AllocMem 时，两个 tag 参数中，我将第一个参数填成了 'p'，用来暗示这是分配 path 时使用了内存。当然，这个标记完全可以由开发者任意指定，只要能显示出区分即可。

另一个 tag 则留给了输入参数。这样，如果项目中会在很多地方生成这种大写化的路径，就可以进一步区分。

接下来我再定义表示进程的结构。因为进程不只有一个，而且是动态增删的，所以适合用链表来保存。每个进程都是链表上的一个节点。

在下面的代码中，我把进程节点定义为 PROCESS_NODE 结构。注意，其中保存的信息有进程 id、大写化的全路径指针和一个 next 指针，指向链表中的下一个节点。

```
    // node 是一个定长的数据结构，有前后指针，作为链表使用
    typedef struct PROCESS_NODE_{
        HANDLE pid;
        UPPERCASE_PATH*name;
```

```
    struct PROCESS_NODE_* next;
} PROCESS_NODE;
```

这个结构中含有已全转换为大写的路径，即 name。name 的内存也是需要分配的，因此这个结构不再是不依赖其他结构的结构。所有内含其他结构分配的此类结构被称为三级分配。下面是三级分配，也就是结构 PROCESS_NODE 分配的例子：

```
// 分配内存创建一个进程节点
PROCESS_NODE* AllocProcessNode(
    HANDLE pid, PCUNICODE_STRING org_path)
{
    UPPERCASE_PATH* path = NULL;
    PROCESS_NODE* process_node = NULL;
    do{
        // 参数检查
        if (org_path == NULL || pid == NULL)
        {
            break;
        }
        // 这里用大写的N表示是在为Process Node
        // 分配内存时使用的路径分配
        path = AllocUpperPath(org_path, 'N');
        if (path == NULL)
        {
            break;
        }
        //分配足够多的内存。这里用'S'暗示Process
        // （因为P和path混淆），用N暗示"Node"
        process_node = (PROCESS_NODE*)AllocMem(
            sizeof(PROCESS_NODE), 'S', 'N') ①;
        if (process_node == NULL)
        {
            break;
        }
        // 初始化结构
        memset(process_node, 0, sizeof(PROCESS_NODE));
        process_node->pid = pid;
        process_node->name = path;
    } while (0);
    if (process_node == NULL && path != NULL)
    {
        ExFreePool(path);
    }
```

```
        return process_node;
}
```

因为这个分配内含大写化路径的分配,所以调用了 AllocUpperPath。其他内容和 AllocUpperPath 的实现大同小异。

PROCESS_NODE 结构本身的内存分配的时候,见上述代码①处,使用了 'S' 和 'N' 作为标记。此外,在调用 AllocUpperPath 时,同样使用了 'N' 作为标记,暗示在分配 PROCESS_NODE 结构的过程中,分配了 UPPERCASE_PATH。

这些标记本质上记录了内存分配从一级分配到二级分配,然后到三级分配的调用栈,虽然这个栈比起真正的调用栈要粗略很多。

为什么要这样做呢?因为蓝屏发生时,我们可以轻而易举地看到调用栈,但当内存发生泄漏时,我们看到的只有 PoolTag,是无法看到发生泄漏的分配过程的"调用栈"的。如果 Tag 本身能保存一部分,哪怕是粗略的分配过程"调用栈"信息,那么也会对我们有巨大的帮助。

下面我们组装上述代码,并演示如何通过 Tag 记录的"调用栈"来快速排查内存的真正泄漏点。主要的组装发生在第 1 章就已经设置好的进程创建通知回调函数中。

注意,为了让代码最简化,聚焦在内存泄漏,我在访问链表时没有加锁。这是绝对错误的!

```
// 链表,用来保存每个进程的信息。注意,这个链表访问时没有加锁,这是绝对错误的
PROCESS_NODE* g_process_list = NULL;

// 注意,以下代码用于演示内存泄漏,实际项目中切勿使用
void MyProcessNotifyRoutine(
    _Inout_ PEPROCESS Process,
    _In_ HANDLE ProcessId,
    _Inout_opt_ PPS_CREATE_NOTIFY_INFO CreateInfo
)
{
    PROCESS_NODE* process_node = NULL;
    Process;
    if (CreateInfo != NULL)
    {
        process_node =AllocProcessNode(
            ProcessId, CreateInfo->ImageFileName);
        if (process_node != NULL)
        {
            // 再次强调,这样修改链表而不加锁是错误的。本实例只是为了简化代码便于
            // 演示才这样做
            process_node->next = g_process_list;
```

```
            g_process_list = process_node;
            KdPrint(("Process [%wZ] is added.\r\n",
                &process_node->name->path_str));
        }
    }
    else
    {
        // 进程退出,在链表中寻找对应的节点删除。注意,本实例是为了演示内存泄漏,
        // 删除链表节点不加锁只是为了简化代码,实际中这样使用是绝对错误的
        PROCESS_NODE* prev_node = NULL;
        process_node = g_process_list;
        while (process_node != NULL)
        {
            if (process_node->pid == ProcessId)
            {
                // 找到了,删除即可
                if (prev_node == NULL)
                {
                    //如果是头节点
                    g_process_list = process_node->next;
                }
                else
                {
                    // 如果不是头节点,那么直接从链表中移除
                    prev_node->next = process_node->next;
                }
                break;
            }
            prev_node = process_node;
            process_node = process_node->next;
        }
        // 最后释放被删除的节点
        if (process_node != NULL)
        {
            KdPrint(("Process [%wZ] is deleted.\r\n",
                &process_node->name->path_str));
            ExFreePool(process_node); ①
        }
    }
}
```

上面的代码被 CreateInfo 是否为 NULL 分成了两个主要的部分。如果 CreateInfo 不为 NULL,就说明是进程创建了,代码中用 AllocProccessNode 分配了进程节点并插入到

063

链表中；如果 CreateInfo 为 NULL，就说明是进程退出了，代码遍历了链表寻找退出进程对应的节点。如果找到了，就删除节点、释放内存。

我相信仅仅阅读这些代码，你就已经能发现内存泄漏的问题。但实际项目的代码往往千头万绪，让你无法下手。在 3.1.4 节中，我将演示在遵循上述分级使用 Tag 的编码规范的前提下，如何快速定位上述代码中的内存泄漏问题。

3.1.4 快速定位内存泄漏

运行附带保存进程全路径大写化的进程监控程序的效果如图 3-6 所示，我们可以清晰地看到每个进程创建和退出的过程。无论是进程创建还是退出都打印出了全路径，而且所有的全路径都是大写化的。

这比没有附带信息储存的监控前进了一大步。在此之前，我们的程序在进程退出时是没有进程全路径信息的，只有进程 ID。

让我们假装这个程序表现得很完美（其实考虑到操作链表没有加锁，完全有随时蓝屏的可能，但请不要太在意），然后来检测它有没有内存泄漏。

考虑到它是一个监控进程的创建和退出的驱动程序，因此可以大量创建和关闭进程，尽量让可能的内存泄漏更明显一些。操作方法很简单，连续不断点击记事本、浏览器、Word 之类的任何可以创建进程的程序，不断创建，并不断关闭它们。

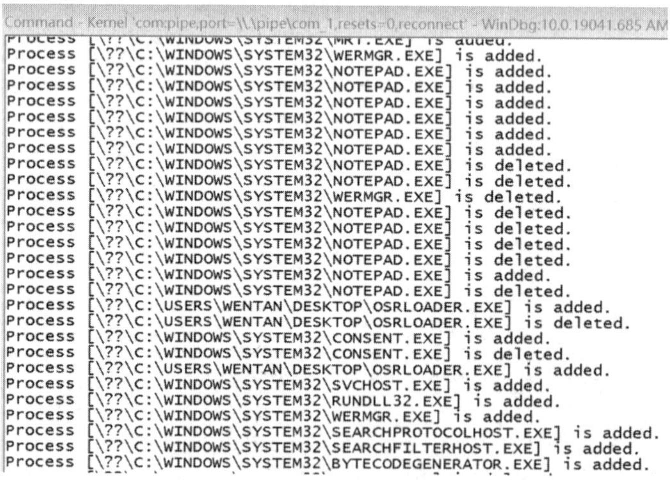

图 3-6　运行附带保存进程全路径大写化的进程监控程序的效果

注意，在正式的项目中，这样的测试只能作为临时的手段。长期而言，强烈建议使用脚本进行每日自动测试。

你一定记得在我们的项目中，所有内存分配函数最终都调用一级分配函数 AllocMem。而 AllocMem 使用的 PoolTag 是以"sE"开头的，因此，在使用 !poolused 命令来显示 PoolTag 时，我们只需要显示 "sE" 开头的 Tag 就可以了，这样可以为我们排除最多的干扰。

我们输入 "!poolused 3 sE*" 然后回车，显示驱动所有相关 Tag 的结果，如图 3-7 所示。其中只显示了 sEpN 和 sESN 两个 Tag。这看起来有点少，是因为我们的项目足够简单。除了唯一的一级分配函数，只有一个二级分配函数和一个三级分配函数。

任何实际项目都不可避免会变得复杂，数据结构变得众多，这些 PoolTag 也会变得更多。但很明显，PoolTag 越多，定位问题越容易。正如我们当前的例子，sESN 这个 Tag 分配了 56 次，释放了 45 次，看起来还是比较合理的。

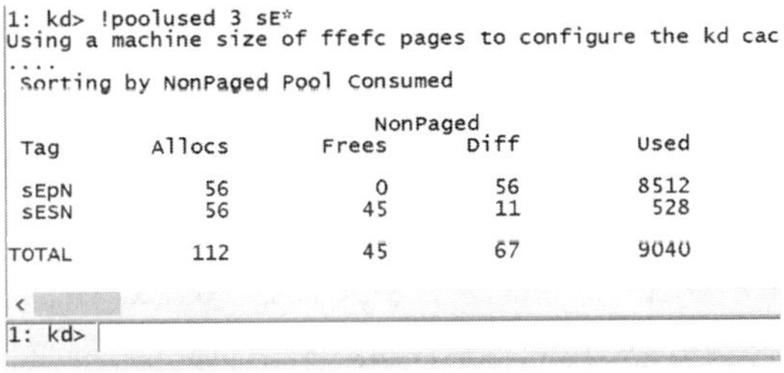

```
1: kd> !poolused 3 sE*
Using a machine size of ffefc pages to configure the kd cac
....
Sorting by NonPaged Pool Consumed

                    NonPaged
Tag      Allocs    Frees    Diff      Used
sEpN         56        0      56      8512
sESN         56       45      11       528

TOTAL       112       45      67      9040

<
1: kd>
```

图 3-7　显示驱动所有相关 Tag 的结果

因为我在创建了大量进程之后，又关闭了大部分进程，但总还是有一些没有关闭的留存着，所以分配次数和释放次数不会完全相等。如果不放心，那么可以继续操作，看这个数值是否持续上升。

但另外一个 Tag，也就是 sEpN 就很可疑了，一共分配了 56 次，释放了 0 次，显然存在内存泄漏。

回想一下我们对 Tag 的使用。"sE" 表示使用了我们定义的唯一的一级分配函数 AllocMem。那么，第三个字母 "p" 呢？其表示 path，是指我们为了创建大写化全路径分配的内存。

那么，是不是我们创建的大写化全路径从来没有释放过呢？

回看一下 3.1.3 节中的代码，其中定义的 PROCESS_NODE 内带有一个大写化的 name 指针。这个 name 被释放过吗？见 3.1.3 节中最后一个代码片段的①处，你会发现 PROCESS_NODE 的释放直接使用了函数 ExFreePool。

这个系统提供的函数仅仅释放指针指向的内存，而不会理会指针指向的内存中的数据结构内含的另一个指针。

因此，正确的做法是专门编写一个用来释放 PROCESS_NODE，其中含有的 name 指针的函数。

这样就结束了吗？并没有。别忘记，在做驱动的内存泄漏测试时，不但要考虑驱动的运行，还需要考虑驱动的卸载。现在手动卸载驱动，在驱动卸载时使用!poolused 命令显示驱动所有相关 Tag，如图 3-8 所示。

065

```
3: kd> !poolused 3 sE*
Using a machine size of ffefc pages to configure the kd ca
....
Sorting by NonPaged Pool Consumed

                      NonPaged
Tag      Allocs    Frees    Diff     Used
sEpN       69        0       69     10688
sESN       69       50       19       912
TOTAL     138       50       88     11600
<
3: kd>
```

图 3-8　在驱动卸载时使用 !poolused 命令显示驱动所有相关 Tag

这个结果再一次让我们感觉到不安。

"sEpN"的泄漏是在预期之内的,这是已知的泄漏,即使卸载驱动也绝不会消失。但是为什么"sESN"也残留了 19 次申请没有释放呢?即使回忆不起来"sESN"中的'S'表示的是"Process",你也可以通过全局搜索很快定位到,"sESN"所标记的内存用于 PROCESS_NODE 结构本身。

那么问题的根源是,在驱动卸载时,PROCESS_NODE 结构本身的内存也并没有释放掉?确实如此。审视代码可知,我们虽然在进程退出时从链表中删除了 PROCESS_NODE 且释放其内存,但并没有在驱动卸载时这样做。

因此,正确的做法是在 DriverUnload 中释放所有的资源。

总结一下我们在防止内存泄漏方面的有用经验。

在开发中,应注意检查是否存在明显的内存泄漏,用任务管理器检查是一种虽然粗糙但很有用的方式。

进一步,可以在 WinDbg 中使用 !vm 命令查看更精细的信息。使用 !poolused 命令可以看到细化到 PoolTag 的详细信息。

在驱动开发中,对内存分配分级,统一的规则使用 PoolTag,尽量不使用在控制之外的内存分配形式,有利于事后检查和快速定位内存泄漏。

在代码审视时,对任何一处进行内存分配都要同时审视对应的释放,并审视是否所有的路径上都有释放。

任何形式的缓存必须有最大限额限制,不能无限增长。必要时最大限额还要根据系统的实际情况进行调整。

考虑驱动是否会反复卸载和加载。如果是,那么必须在卸载前释放所有还没有释放的内存。

如果认真实行以上的操作和规则,再加上质量团队的反复测试,你基本不用为用户机器上的内存泄漏问题而担忧了。

3.2 卡死

卡死是使我们的程序无法通过测试的另一大类症状。即便是通过各项测试的程序，也大有可能会收到用户关于"卡死"的抱怨。卡死有很多种不同的具体症状，但总体可以分为以下两类。

第一类卡死是用户态程序的卡死，表现为 Windows 中的某个窗口失去响应。最典型的是点击鼠标无效，鼠标图标变成"忙"状态，我们可以称为**进程卡死**。这里所谓的进程是指某个用户态进程，同时这一类卡死又可分为两种细分类型。

如使用鼠标右键点击任务栏选择"关闭窗口"，或者调出任务管理器选择"结束任务"可关闭进程，这种情况在本书中称为**弱卡死**。反之，除非重启系统，否则无论怎么做都无法结束卡死的进程，在本书中称为**强卡死**。

第二类卡死是整个 Windows 系统失去响应。无论点击鼠标还是按键盘都不起任何作用，我们称为**系统卡死**。发生系统卡死时，屏幕处于永远不变，或者变为黑屏，或者变为花屏的状态，有时使用 Alt+Ctrl+Del 组合键可以重启，有时须按机箱上的 Reset 键才能重启成功。

此外，有时卡死会与卡顿混淆。如果卡死现象不是持续的，一定时间内能自然缓解，我们就称其为卡顿。卡顿不是真正的卡死，只是短时间内处理器被占用时间过多或某些设备繁忙导致的。卡顿是性能缺陷，不在本章讨论的范围内。

当有用户抱怨时，一定要询问清楚卡死的真正状况。即便是无人值守时用户通过填单反馈问题，也一定要通过选项引导用户说出完整的症状。

究竟是卡死还是卡顿？进程卡死还是系统卡死？如果是进程卡死，那么卡死的是哪个进程？是强卡死还是弱卡死？如果是系统卡死，那么是屏幕保持不动还是变成黑屏？或者是变成花屏？是否存在自动重启的现象？

弱卡死可以认为大概率没有涉及内核态程序的缺陷，而是用户态程序本身的问题（注意，这个判定大概率正确但并不绝对。如果发生了弱卡死，又排除了所有用户态代码问题的原因，那么只能认为是内核问题）。

强卡死基本可以判定是内核程序的问题。因为除非有内核程序的参与，否则操作系统并不允许存在无法关闭的进程。

系统卡死则可以基本断定是内核程序的问题。假定你只编写了一个单纯的用户态程序就导致了 Windows 系统卡死，那么恭喜你，你应该是发现了一个 Windows 内核的严重漏洞。

以上只是初步的问题定位。更多的经验将在关于卡死的经验总结中进行介绍。

3.2.1 死循环导致的进程强卡死

当程序逻辑变得复杂时，我们很有可能在程序中写下死循环。用户态代码的死循环不会导致进程强卡死，只会导致弱卡死。而内核态中的死循环则可能导致进程强卡死和系统卡死。

下面是我根据 3.1 节的代码所修改的例子。你一定记得，在进程退出时，我们会找到进程对应的链表节点并删除它。遍历链表是一个比较容易导致死循环发生的节点。

简单的代码更不容易出问题，即便出问题也容易被发现，但复杂条件下，某些路径上的条件组合导致遍历永远停留在一个节点上是很有可能的。下面我只是简单地把移动到下一个节点的语句进行了注释。代码如下：

```
void MyProcessNotifyRoutine(
    _Inout_ PEPROCESS Process,
    _In_ HANDLE ProcessId,
    _Inout_opt_ PPS_CREATE_NOTIFY_INFO CreateInfo
    )
{
    PROCESS_NODE* process_node = NULL;
    Process;
    if (CreateInfo != NULL)
    {
        ...<省略>...
    }
    else
    {
        // 进程退出，在链表中寻找对应的节点删除。注意，本例是为了演示内存泄漏
        // 删除链表节点不加锁只是为了简化代码，实际中这样使用是绝对错误的
        PROCESS_NODE* prev_node = NULL;
        process_node = g_process_list;
        while (process_node != NULL)
        {
            if (process_node->pid == ProcessId)
            {
                // 找到了，删除即可
                if (prev_node == NULL)
                {
                    //如果是头节点
                    g_process_list = process_node->next;
                }
                else
                {
```

```
                    // 如果不是头节点，那么直接从链表中移除
                    prev_node->next = process_node->next;
                }
                break;
            }
            prev_node = process_node;
            // 如果忘记后移 next，就会进入死循环，形成卡死
            // process_node = process_node->next;①
        }
        // 最后释放被删除的节点
        ...<省略>...
    }
}
```

上面这份代码和 3.1 节的代码一样，是在进程通知回调中的处理。处理内容为如果进程创建，就在链表中增加节点（这一块代码被省略）。如果进程退出，就在链表中遍历寻找并删除对应的节点。

注意，这段代码关键的修改在①处。这里我注释掉了将节点指针指向链表上下一个节点的语句，构成了一个死循环。然后让我们重新编译这个驱动程序并加载运行。

一般人可能认为内核中的死循环大概率会导致系统卡死，但实际测试的现象表明并非如此。驱动加载之后运行得很好，看起来似乎没有什么问题。

因为死循环的代码在进程退出的处理中，所以只有系统中有进程退出，问题才会出现。因此，我连续点击 notepad.exe（记事本），在创建了许多记事本进程之后，逐一关闭。

令人意外的是，这些记事本都可以正常关闭，并且系统并没有出现明显的卡死。只是我注意到，虚拟机整体的响应变慢了。此时打开任务管理器，我们会看到出现了大量记事本进程强卡死，如图 3-9 所示。

在图 3-9 中，我们可以看到大量的记事本进程依然存在，虽然它们的窗口已经被关闭了。如果用鼠标右键在任务管理器中点击任何一个记事本进程并尝试"结束任务"，我们会发现毫无反应。

任何时候如果一个进程无法结束，也不接受任何响应，就可以认为程序已经发生强卡死，并且大概率与内核有关。

强卡死并不一定会导致窗口无法关闭（虽然大部分情况下窗口是无法关闭的）。有时窗口关闭了，但进程实际上没有结束，这也是一种缺陷，只是表现得不那么明显。

在图 3-9 被特别框出的区域中可以看到，这些进程都占用一定的 CPU 时间。因此，当这样的进程很多时，会严重影响系统整体性能，导致响应变慢。此外，进程无法关闭，也会导致某些文件被占用而无法删除等其他缺陷的出现。

在实际的外网用户中，出现个别的此类进程不会引起注意。但问题只要存在，卡死进程会越来越多，最终导致系统卡顿，或者出现其他异常导致用户提起反馈。

069

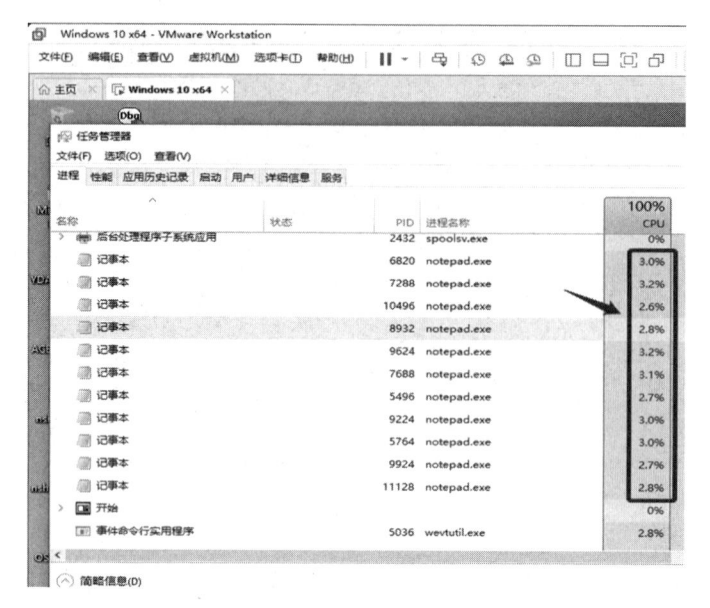

图 3-9　出现大量记事本进程强卡死的系统

如果连接着 WinDbg，当系统出现强卡死的进程时，我们就可以看看这个进程到底被卡在什么地方。首先在 WinDbg 中输入!dml_proc 命令显示所有进程，如图 3-10 所示。

图 3-10　在 WinDbg 中输入!dml_proc 命令显示所有进程

因为进程列表过长，所以我并没有展示被卡死的一系列 notepad.exe 进程，但实际操作中会看到的。找到被卡死的进程之后，用鼠标点击蓝色的进程地址即可展示该进程的详细信息。使用!dml_proc 命令并在空格后增加进程地址也是一样的效果。实际用!dml_proc 命令查看进程 notepad.exe 的效果，如图 3-11 所示。

```
1: kd> !dml_proc 0xffff9c8980c65080
Address              PID    Image file name
ffff9c89 80c65080   1684   notepad.exe       Full details

Select user-mode state         Release user-mode state
Browse kernel module list      Browse user module list
Browse full module list

Threads:
    Address               TID
    ffff9c89 80acd080    10b8
```

图 3-11　用!dml_proc 命令查看进程 notepad.exe 的信息

可以看到很幸运的是，这个进程只有一个线程，那么只要查看这一个线程的信息就可以了。点击蓝色的线程地址，或者使用!thread 命令查看被卡死的线程，结果如图 3-12 所示。注意在图 3-12 的框中，调用栈直接提示了死循环发生的位置。

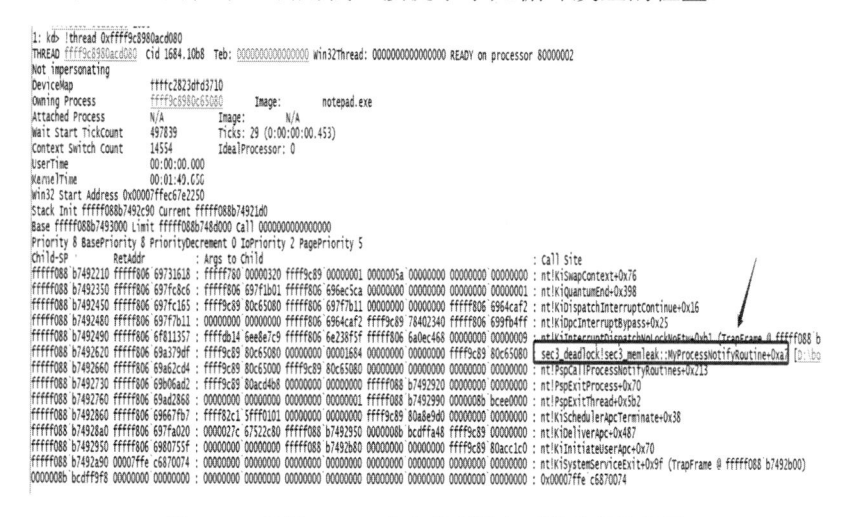

图 3-12　使用!thread 命令查看被卡死的线程的结果

为何已经关闭了窗口，进程依然不能成功退出呢？答案在图 3-12 中被标出箭头和框的位置上。

我们处理进程节点删除的代码刚好在进程通知回调中，在进程退出时被调用。此时窗口已经被成功关闭，但因为处理节点删除的代码忘记了后移指针，过程是一个死循环，永远不会结束，所以进程永远都不会退出成功，成为一个僵尸进程。

在任务管理器中，我们能看到每个进程都占据一定时间的 CPU，说明这些进程都还在"执行"中，并且系统可以对它们进行正常的线程切换。这就是没有发生系统卡死的原因，因为 Windows 依然能对这些进程进行调度，所以整体系统还是可以正常执行的。

3.2.2 节我们会看到与此相反的、因为 Windows 失去调度能力而导致系统卡死的例子。

3.2.2　死循环导致的系统卡死

这一节我们依然复用 3.2.1 节的例子，但这一次我们要弥补这个例子一直以来的一个重大缺陷：对链表操作没有加锁。

因为我们是在进程通知回调中进行的操作，进程通知回调可能发生在任何进程中，这些进程完全有可能是并行的，所以这样操作非常不安全，没有蓝屏完全只是因为我们运气不错（如果运气足够差，就可能已经遇到蓝屏，此时正好可以用第 2 章的知识寻找一下乱指针出现的原因）。

本节中我们为链表操作加上在内核编程中最常用的自旋锁（其结构类型为 KSPINLOCK）。自旋锁可以避免多线程同时操作链表出现问题。但是自旋锁是导致系统完全卡死的最常见的原因。这不是自旋锁的错，而是不正确的使用方法造成的。

自旋锁需要初始化，因此我们必须在 DriverEntry 函数中加入如下①处所示的代码：

```
extern "C" NTSTATUS DriverEntry(
    PDRIVER_OBJECT driver, PUNICODE_STRING reg_path)
{
    ...<省略>...
    KeInitializeSpinLock(&g_lock) ①;
    ...<省略>...
 return status;
}
```

此外，参考 3.2.1 节中的代码，加入自旋锁之后，代码如下所示。请注意下面代码中的①处增加了获取自旋锁，多个并行的线程只有一个能获得自旋锁继续往下执行，其他的线程会停在这里等待，直到获得锁的线程在③处释放自旋锁。这样可以确保对链表的操作不会发生多线程冲突。

```
// 自旋锁，用来给操作 g_process_list 时加锁
KSPIN_LOCK g_lock;
PROCESS_NODE* g_process_list = NULL;

void MyProcessNotifyRoutine(
    _Inout_ PEPROCESS Process,
    _In_ HANDLE ProcessId,
    _Inout_opt_ PPS_CREATE_NOTIFY_INFO CreateInfo
)
{
    KIRQL irql;
    PROCESS_NODE* process_node = NULL;
    Process;
    if (CreateInfo != NULL)
    {
        ...<省略>...
    }
    else
    {
```

```
// 进程退出，在链表中寻找对应的节点删除
PROCESS_NODE* prev_node = NULL;
KeAcquireSpinLock(&g_lock, &irql) ①;
process_node = g_process_list;
while (process_node != NULL)
{
    if (process_node->pid == ProcessId)
    {
        // 找到了，删除即可
        if (prev_node == NULL)
        {
            //如果是头节点
            g_process_list = process_node->next;
        }
        else
        {
            // 如果不是头节点，那么直接从链表中移除
            prev_node->next = process_node->next;
        }
        break;
    }
    prev_node = process_node;
    // 如果忘记后移 next，就会进入死循环形成卡死
    // process_node = process_node->next②;
}
KeReleaseSpinLock(&g_lock, irql) ③;
// 最后释放被删除的节点
if (process_node != NULL)
{
    KdPrint(("Process [%wZ] is deleted.\r\n",
        &process_node->name->path_str));
    ExFreePool(process_node);
}
```

需要注意的是，自旋锁会提升中断级[1]。正常情况下，这段代码运行的中断级为 PASSIVE_LEVEL，绝大部分内核函数都可以调用。但中断级提升之后，就不符合部分内核函数的调用要求了。

此外，自旋锁在等待时会不断"自旋"，从而消耗 CPU。因此，得到自旋锁之后，应该尽快释放，而不要做任何消耗时间不可控的事情。为此，我不在自旋锁中调用任何系

---

[1] 在 Windows 内核中，当前中断级决定了当前的执行流是否能被中断。Windows 内核提供的大部分内核函数都有特定的中断级要求。

统提供的内核函数，包括类似 KdPrint 的日志输出、ExFreePool 这样的内存释放。这类操作都放在了自旋锁外。

但不幸的是，因为我"忘记"了在遍历链表时指针要后移（见上述代码的②处），所以自旋锁中将会进入死循环。

现在加载这个驱动来看看效果，操作方法同 3.2.1 节。先加载驱动，然后不断点击 notepad.exe，开启数十个记事本进程，然后逐一关闭。实际上，可能来不及点击 notepad.exe，这个驱动在加载几秒钟后，全系统就可能失去响应。

与进程卡死不同，在系统卡死时，我们不太可能猜测是哪个进程导致了问题，因此使用!dml_proc 命令去看所有进程就没有意义了。但这时我们可以看看实际 CPU 的每个内核的运行状态。现在我们输入另一个命令!running -it，这个命令真的很有用，尤其是在系统卡死时。使用!running -it 命令查看当前 CPU 的运行状态，如图 3-13 所示。

图 3-13　使用!running -it 命令查看当前 CPU 的运行状态

图 3-13 的显示分为 0、1、2、3 四个部分，每个部分代表一个 CPU 核心。这也说明这个虚拟机 CPU 有四个核，数字之后有四列数据。

第一列是这个 CPU 核对应的 PRCB 结构。这是 Windows 内核为每个核保存状态所用的处理器核心数据块结构。在此暂可不用关心它。

第二列是当前线程地址（是 ETHREAD 指针），它指向了这个核心的当前进程。

第三列是即将切换的下一个线程。

第四列是 Idle 线程。

然后这行之下你可以看到一个调用栈，这就是这些核的当前线程在被 WinDbg 中断时，所运行代码的调用栈。

仔细观察代码中箭头加细线框标出的三处，可以发现 0、2、3 三个 CPU 内核都在调用 KeAcquireSpinLockRaiseToDpc，在等待自旋锁的释放。唯独 1 这个内核不同，它运行在我们编写的 MyProcessNotifyRoutine（椭圆框标出处），正在处在死循环中。

在 3.2.1 节我们说过，即便大量进程发生卡死也并不必然导致系统卡死，因为此时 Windows 还能正常调度进程。大部分系统卡死的直接原因是 Windows 失去了调度能力。为了证实这一点，你可以输入 g 命令让系统再运行一会儿，然后再度中断，再次输入 !running 命令。

这时你会发现所有 CPU 内核上的线程并没有任何变化，也就是说，没有调度发生，Windows 此时已经失去了调度能力。

之所以失去调度能力，是因为 Windows 无法在高中断级（这里特指 DISPATCH_LEVEL）下进行线程调度。线程调度是依赖中断来打断正在执行的线程，并切换到其他线程的。而线程运行在 DISPATCH_LEVEL 时，无法进行线程切换。

KeAcquireSpinLock 无论是在已经获得锁，还是尚未获得锁仅自旋等待的状况，都会让当前线程中断级提升到 DISPATCH_LEVEL。此时这个线程不可能再被调度，因此将始终占据该 CPU 内核。而退出进程不断发生的情况下，此类线程会越来越多，迟早占满所有核心。当所有 CPU 核心都被某个无法调度的线程"锁定"后，系统就进入了卡死状态。

从本节中我们学到的经验是：系统卡死往往是由于 Windows 失去了线程调度能力，每个 CPU 内核都被某个线程锁定了。**实际上，自旋锁因为在内核编程中极为常用，往往是导致系统卡死的最常见原因。**

3.2.3 自旋锁未释放导致的系统卡死和蓝屏

除了自旋锁中出现了死循环而导致自旋锁无法释放，其他的疏忽也有可能导致自旋锁被"忘记"释放。这主要是因为代码逻辑过于复杂，有些难以察觉的路径上自旋锁还没有释放，函数就返回了。

下面假设我们修改了 3.2.2 节的例子来解决死循环问题。修正后,虽然链表可以正确移动了,但运行后还是导致了系统卡死。卡死之后,在 WinDbg 中输入!running -it,可以看到有三个核心处于空闲状态的卡死,如图 3-14 所示。

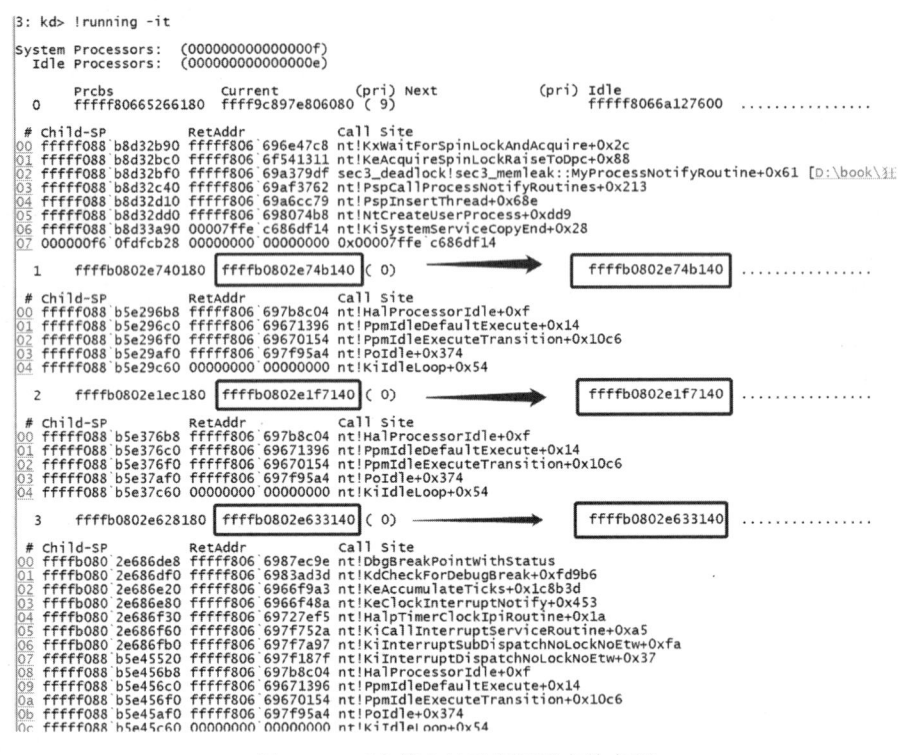

```
3: kd> !running -it
System Processors:  (000000000000000f)
  Idle Processors:  (000000000000000e)
     Prcbs           Current             (pri) Next              (pri) Idle
  0  fffff80665266180 fffff9c897e806080 ( 9)                           fffff8066a127600 ...............
  # Child-SP          RetAddr           Call Site
  00 fffff088 b8d32b90 fffff806 696e47c8 nt!KxWaitForSpinLockAndAcquire+0x2c
  01 fffff088 b8d32bf0 fffff806 6f541311 nt!KeAcquireSpinLockRaiseToDpc+0x88
  02 fffff088 b8d32bf0 fffff806 69a379df sec3_deadlock!sec3_memleak::MyProcessNotifyRoutine+0x61 [D:\book\狂
  03 fffff088 b8d32c40 fffff806 69af3762 nt!PspCallProcessNotifyRoutines+0x213
  04 fffff088 b8d32d10 fffff806 69a6cc79 nt!PspInsertThread+0x68e
  05 fffff088 b8d32dd0 fffff806 698074b8 nt!NtCreateUserProcess+0xdd9
  06 fffff088 b8d33a90 00007ffe c686df14 nt!KiSystemServiceCopyEnd+0x28
  07 000000f6 0fdfcb28 00000000 00000000 0x00007ffe c686df14

     1  ffffb0802e740180  ffffb0802e74b140  ( 0)         ━━▶  ffffb0802e74b140  ...............
  # Child-SP          RetAddr           Call Site
  00 fffff088 b5e296b8 fffff806 697b8c04 nt!HalProcessorIdle+0xf
  01 fffff088 b5e296c0 fffff806 69671396 nt!PpmIdleDefaultExecute+0x14
  02 fffff088 b5e296f0 fffff806 69670154 nt!PpmIdleExecuteTransition+0x10c6
  03 fffff088 b5e29af0 fffff806 697f95a4 nt!PoIdle+0x374
  04 fffff088 b5e29c60 00000000 00000000 nt!KiIdleLoop+0x54

     2  ffffb0802e1ec180  ffffb0802e1f7140  ( 0)         ━━▶  ffffb0802e1f7140  ...............
  # Child-SP          RetAddr           Call Site
  00 fffff088 b5e376b8 fffff806 697b8c04 nt!HalProcessorIdle+0xf
  01 fffff088 b5e376c0 fffff806 69671396 nt!PpmIdleDefaultExecute+0x14
  02 fffff088 b5e376f0 fffff806 69670154 nt!PpmIdleExecuteTransition+0x10c6
  03 fffff088 b5e37af0 fffff806 697f95a4 nt!PoIdle+0x374
  04 fffff088 b5e37c60 00000000 00000000 nt!KiIdleLoop+0x54

     3  ffffb0802e628180  ffffb0802e633140  ( 0)         ━━▶  ffffb0802e633140  ...............
  # Child-SP          RetAddr           Call Site
  00 fffff080 2e686de8 fffff806 6987ec9e nt!DbgBreakPointWithStatus
  01 fffff080 2e686df0 fffff806 6983ad3d nt!KdCheckForDebugBreak+0xfd9b6
  02 fffff080 2e686e20 fffff806 6f541311 nt!KeAccumulateTicks+0x1c8b3d
  03 fffff080 2e686e80 fffff806 6966f48a nt!KeClockInterruptNotify+0x453
  04 fffff080 2e686f30 fffff806 69727ef5 nt!HalpTimerClockIpiRoutine+0x1a
  05 fffff080 2e686f60 fffff806 697f752a nt!KiCallInterruptServiceRoutine+0xa5
  06 fffff080 2e686fb0 fffff806 697f7a97 nt!KiInterruptSubDispatchNoLockNoEtw+0xfa
  07 fffff088 b5e45520 fffff806 697f187f nt!KiInterruptDispatchNoLockNoEtw+0x37
  08 fffff088 b5e456b8 fffff806 697b8c04 nt!HalProcessorIdle+0xf
  09 fffff088 b5e456c0 fffff806 69671396 nt!PpmIdleDefaultExecute+0x14
  0a fffff088 b5e456f0 fffff806 69670154 nt!PpmIdleExecuteTransition+0x10c6
  0b fffff088 b5e45af0 fffff806 697f95a4 nt!PoIdle+0x374
  0c fffff088 b5e45c60 00000000 00000000 nt!KiIdleLoop+0x54
```

图 3-14 三个核心处于空闲状态的卡死

图 3-14 的卡死状态中有趣的一点是,真正卡死的只有一个核心,也就是 0 号核心。因为这个核心正在调用 nt!KxWaitForSpinLockAndAcquire,只要考虑这个调用会提升中断级导致线程无法切换,就明白这个核心已经被卡死了。

而其他三个核,如图中的箭头所示,其当前线程(图中的 Current 一列)全部是空闲线程(Idle 线程),表示该核心处于空闲状态。

输入 g 命令后等待一会儿,再次中断,运行 "!running",得到的是大同小异的结果,说明 Windows 的线程切换已经彻底失效,四个核都将一直保持现在的状态不会再改变。

尝试操作 Windows 界面也是一样的。整个界面完全处于时间停止的画面,无论如何操作都不会有反应。

其中,0 号核心的调用栈的 02 行提示了尝试获取自旋锁的代码在 MyProcessNotifyRoutine 中。看到这样的情况,我们自然会想到:这是尝试获取自旋锁,但永远无法获取成功导致的。

这时我们可以重新审视任何尝试获取这个自旋锁的代码——其中必有一处未能执行

到释放。然后我找到了如下的代码：

```
// 自旋锁，用来给操作 g_process_list 时加锁
KSPIN_LOCK g_lock;
PROCESS_NODE* g_process_list = NULL;

void MyProcessNotifyRoutine(
    _Inout_ PEPROCESS Process,
    _In_ HANDLE ProcessId,
    _Inout_opt_ PPS_CREATE_NOTIFY_INFO CreateInfo
)
{
    KIRQL irql;
    PROCESS_NODE* process_node = NULL;
    Process;
    if (CreateInfo != NULL)
    {
        ...<省略>...
    }
    else
    {
        // 进程退出，在链表中寻找对应的节点删除
        PROCESS_NODE* prev_node = NULL;
        KeAcquireSpinLock(&g_lock, &irql) ①;
        process_node = g_process_list;
        while (process_node != NULL)
        {
            if (process_node->pid == ProcessId)
            {
                // 找到了，删除即可
                if (prev_node == NULL)
                {
                    //如果是头节点
                    g_process_list = process_node->next;
                }
                else
                {
                    // 如果不是头节点，那么直接从链表中移除
                    prev_node->next = process_node->next;
                }
                break;
            }
```

```
            prev_node = process_node;
            // 如果忘记后移 next，就会进入死循环，形成卡死
            process_node = process_node->next;
        }
     // KeReleaseSpinLock(&g_lock, irql) ②;
     // 最后释放被删除的节点
     if (process_node != NULL)
     {
         KdPrint(("Process [%wZ] is deleted.\r\n",
             &process_node->name->path_str));
         ExFreePool(process_node);
     }
    }
}
```

注意，其中的①处尝试获取自旋锁；获取之后遍历完链表，然而②处原本要释放自旋锁的代码被注释了。这样这个驱动在没有释放自旋锁的情况下，就会返回到 Windows 内核的其他代码中，发生难以预知的问题。

更重要的是，下次再调到这个回调时，尝试获取自旋锁的行为不可能成功，必然卡死。

为何这一节中，Windows 在还有三个可使用的核心的状态下就进入卡死状态？而 3.2.2 节中，三个核心都进入尝试获取自旋锁才进入卡死状态？其中的具体原因我没有继续调试深究，但这里可以合理想象一下。

在 3.2.2 节中，我们获取了自旋锁之后进入死循环。获取了自旋锁之后，我们一直都在做同样一件简单的事情，没有进入任何未知领域。

这一节的差异是，获取自旋锁之后，我们循环结束，然后直接返回了。后续内核还会做很多事情。由于中断级过高，内核中这些未知代码的运行与正常会有很大区别，完全有可能导致系统调度能力失效，其他核心永远只能处于空闲状态。

以上纯属臆测，一切请以微软的实际代码为准。

这一次我们学到的经验是，自旋锁未释放就直接返回是极端危险的，有概率会导致系统卡死。卡死表现出来的现象不一定是每个核心都在等待自旋锁，其中部分核处于空闲状态也是完全有可能的。

上面说的卡死是"有概率"的，因为实际上自旋锁未释放可能导致更多的问题，并不只是卡死，比如，还有蓝屏。虽然蓝屏不是卡死，但此类问题和自旋锁密切相关，因此我也把它放在这一节中作为补充。

下面是一个自旋锁忘记释放后，直接返回到 Windows 内核代码中，迅速发生蓝屏（而不是卡死）的例子。使用 !analyze 命令可以看到自旋锁未释放导致的 IRQL 过高蓝屏，如图 3-15 所示。这个缺陷更加诡异，难以调试。特别要注意，问题明显出在箭头所示的地方，IRQL（中断级）过高。

```
1: kd> !analyze
*******************************************************************************
*                                                                             *
*                        Bugcheck Analysis                                    *
*                                                                             *
*******************************************************************************

IRQL_GT_ZERO_AT_SYSTEM_SERVICE (4a)
Returning to usermode from a system call at an IRQL > PASSIVE_LEVEL.
Arguments:
Arg1: 00007ffec686df14, Address of system function (system call routine)
Arg2: 0000000000000002, Current IRQL
Arg3: 0000000000000000, 0
Arg4: ffff088b871eb80, 0

Debugging Details:
------------------

BUGCHECK_CODE:  4a

BUGCHECK_P1: 7ffec686df14

BUGCHECK_P2: 2

BUGCHECK_P3: 0

BUGCHECK_P4: ffff088b871eb80

PROCESS_NAME:  explorer.exe

SYMBOL_NAME:  ntdll!NtCreateUserProcess+14

MODULE_NAME: ntdll

IMAGE_NAME:  ntdll.dll

FAILURE_BUCKET_ID:  RAISED_IRQL_FAULT_explorer.exe_ntdll!NtCreateUserProcess

FAILURE_ID_HASH:  {b0c9f9b5-b661-4e80-d41d-95fbfbccc1c6}

Followup:     MachineOwner
---------
```

图 3-15　自旋锁未释放导致的 IRQL 过高蓝屏

Windows 要求系统调用[1]在调用的时候，中断级必须是 PASSIVE_LEVEL（对应数值 0），但因为当前 IRQL 是 2，也就是 DISPATCH_LEVEL，所以发生了异常。

棘手之处在于，我们常规的调试方法，即通过调用栈来追溯问题的根源，对于这个缺陷的调查毫无作用。

输入 k 命令，显示的 IRQL 过高导致崩溃时的调用栈如图 3-16 所示。我们会很无奈地看到，虽然明知道是驱动加载导致了蓝屏，但整个调用栈中完全看不到和驱动有关的调用。

在这种情况下，推卸责任绝对不是好的做法。没有线索本身就是一种线索。Windows 是久经考验的稳定系统，执行流从 RtlUserThreadStart 出发，直奔 NtCreateUserProcess，其中没有任何"外力"的参与，中断级莫名提升到了 DISPATCH_LEVEL。

这是不可能的，途中一定有外力参与其中，只不过这个外力从调用栈中消失不见了。调用栈记录的是尚未返回的函数，并不能记录所有的执行流。比如，那些已经返回的函数就不会留在调用栈中。

面对这样的症状，回顾我们的代码，我们应该思考项目中哪些代码会被 Windows 内核调用？哪些代码会在返回之后依然残留着对系统的改变（尤其是中断级）？

---

[1] 这里的系统调用是指 SysCall，即 Windows 用户态调用内核态的接口。

```
1: kd> k
 # Child-SP          RetAddr           Call Site
00 fffff088`b871e198 fffff806`69912082 nt!DbgBreakPointWithStatus
01 fffff088`b871e1a0 fffff806`69911666 nt!KiBugCheckDebugBreak+0x12
02 fffff088`b871e200 fffff806`697f5b87 nt!KeBugCheck2+0x946
03 fffff088`b871e910 fffff806`69807a69 nt!KeBugCheckEx+0x107
04 fffff088`b871e950 fffff806`69807933 nt!KiBugCheckDispatch+0x69
05 fffff088`b871ea90 00007ffe`c686df14 nt!KiSystemServiceExitPico+0x1fe
06 00000000`1376c628 00007ffe`c4592d2c ntdll!NtCreateUserProcess+0x14
07 00000000`1376c630 00007ffe`c45d6516 KERNELBASE!CreateProcessInternalW+0xfdc
08 00000000`1376db70 00007ffe`c48fcbb4 KERNELBASE!CreateProcessW+0x66
09 00000000`1376dbe0 00007ffe`c22222fd KERNEL32!CreateProcessWStub+0x54
0a 00000000`1376dc40 00007ffe`c21de9c8 windows_storage!CInvokeCreateProcessVerb::CallCreateProcess+0x13d
0b 00000000`1376dee0 00007ffe`c21da1a4 windows_storage!CInvokeCreateProcessVerb::_PrepareAndCallCreateProcess+0x29c
0c 00000000`1376df60 00007ffe`c21d8adb windows_storage!CInvokeCreateProcessVerb::_TryCreateProcess+0x3c
0d 00000000`1376df90 00007ffe`c21d875d windows_storage!CInvokeCreateProcessVerb::Launch+0xef
0e 00000000`1376e030 00007ffe`c21dd805 windows_storage!CInvokeCreateProcessVerb::Execute+0x5d
0f 00000000`1376e070 00007ffe`c21d9f7c windows_storage!CBindAndInvokeStaticVerb::InitAndCallExecute+0x161
10 00000000`1376e0f0 00007ffe`c21def37 windows_storage!CBindAndInvokeStaticVerb::TryCreateProcessDdeHandler+0x60
11 00000000`1376e170 00007ffe`c21dc12d windows_storage!CBindAndInvokeStaticVerb::Execute+0x1e7
12 00000000`1376e490 00007ffe`c21dc045 windows_storage!RegDataDrivenCommand::_TryInvokeAssociation+0xad
13 00000000`1376e4f0 00007ffe`c5a0e11a windows_storage!RegDataDrivenCommand::_Invoke+0x141
14 00000000`1376e5a0 00007ffe`c5a0e20a SHELL32!CRegistryVerbsContextMenu::_Execute+0xce
15 00000000`1376e5d0 00007ffe`c59a489c SHELL32!CRegistryVerbsContextMenu::InvokeCommand+0xaa
16 00000000`1376e940 00007ffe`c59a471d SHELL32!HDXA_LetHandlerProcessCommandEx+0x10c
17 00000000`1376e9e0 00007ffe`c25f7cc8 SHELL32!CDefFolderMenu::InvokeCommand+0x13d
18 00000000`1376ed40 00007ffe`c25f8676 windows_storage!CShellLink::_InvokeDirect+0x1d0
19 00000000`1376f060 00007ffe`c25f531a windows_storage!CShellLink::_ResolveAndInvoke+0x202
1a 00000000`1376f220 00007ffe`c59a489c SHELL32!CShellLink::InvokeCommand+0x1aa
1b 00000000`1376f300 00007ffe`c59a471d SHELL32!HDXA_LetHandlerProcessCommandEx+0x10c
1c 00000000`1376f410 00007ffe`c5b9e1c5 SHELL32!CDefFolderMenu::InvokeCommand+0x13d
1d 00000000`1376f770 00007ffe`c5e52939 SHELL32!SHInvokeCommandOnContextMenu2+0x1f5
1e 00000000`1376f9b0 00007ffe`c575e689 SHELL32!s_DoInvokeVerb+0xc9
1f 00000000`1376fa20 00007ffe`c48f7034 shcore!_WrapperThreadProc+0xe9
20 00000000`1376fb00 00007ffe`c681d241 KERNEL32!BaseThreadInitThunk+0x14
21 00000000`1376fb30 00000000`00000000 ntdll!RtlUserThreadStart+0x21
```

图 3-16　IRQL 过高导致崩溃时的调用栈

你一定会想到各类回调，以及最容易改变中断级，又最常用的自旋锁。检查所有的回调和自旋锁的调用，大概率会发现问题的根源是某个获取了的自旋锁没有释放。

> 到这里要特别注意。
>
> 如果你觉得 "这个调试这么简单，还有什么我不会的呢？" 那就糟了。
>
> 以上所有调试过程都是基于你把会卡死的机器开着调试模式，而且能连着一条插在其主板上的调试线的时候。
>
> 在开发阶段发现的问题进行这样的调试是完全没有问题的。但糟糕的是，真正出问题的往往是千里之外的用户。你不太可能扛着机器买机票飞过去。
>
> 也许你可以试图远程引导他们协助调试，但别指望教会他们把 Windows 打开调试模式并另找一台机器安装好 WinDbg 联调。
>
> 我将此类远程调试的情况归于 "用户环境缺陷的调试"，并放在后续的章节中讲解。

3.3　重入

在 Windows 内核编程中有一条戒律是，永远也不要使用递归。这主要是因为递归会不断消耗栈。内核中的栈不像用户态的栈有足够的空间可以扩展，一旦栈空间耗尽就会导致崩溃。此外，在某些代码（如加锁）之后，如果进行了递归，那么极有可能会再次获取锁，然后被卡死。

虽然很少有人会在内核中编写一个递归的函数,但我们常常会发现,类似递归的问题在内核中屡屡出现。此类问题被称为重入,真实的重入问题发生时,机制往往都比较复杂,需要费一番心思去调试。而编写一个递归的函数是比较简单的。

本节将从一个递归的函数开始演示问题,然后再展示真正的编程中可能会遇到的情况。

3.3.1 递归导致的双重失败崩溃

为了演示递归导致的崩溃,我编写了如下函数。如果你想自己尝试,那么可以把下面的代码输入并保存,然后在 DriverEntry 函数中调用。

```
// 一个故意递归的函数
int RecursiveFunc(int deep)
{
    //在递归中使用更多的栈,这样崩溃得更快
    UCHAR data[1024] = { 0 };①
    int i;
    ULONG total = 0;
    KdPrint(("RecursiveFunc: deep = %d\r\n", deep));②
    // 进行一些没有什么意义的运算
    for (i = 0; i < 1024; ++i)
    {
        data[i] = data[i] + (UCHAR)deep;
        total += data[i];
    }

    //我想试试 Windows 内核能不能经得起 32 重递归,如果这样未发生崩溃,你就可以把
    //这个数字改得更大,直到崩溃为止
    if (deep < 32)③
    {
        // 递归调用自身
        total += RecursiveFunc(++deep);
    }
    return total;
}
```

为了了解 Windows 内核在何种情况下会耗尽栈,我在每次调用时使用了大约 1KB 的栈空间保存局部变量(见①处),并用 KdPrint 打印了递归的深度(见②处)。

注意上述递归有层数限制,因为无限制的递归即便是在用户态下编程也是不被允许的。虽然我认为崩溃率为 100%,但如果你实际运行未发生崩溃,就可以不断将③处的数字 32 修改为更大的值,直到崩溃为止。

我在实际执行之后，确实发生了蓝屏。根据我打印的结果，崩溃大约发生在第十六重递归的时候。递归函数导致的内核崩溃实际结果如图 3-17 所示。考虑到每一重消耗的栈空间是 1KB 多，崩溃的情况刚好和内核编程中"使用内核栈不要超过 16KB"的规则吻合。

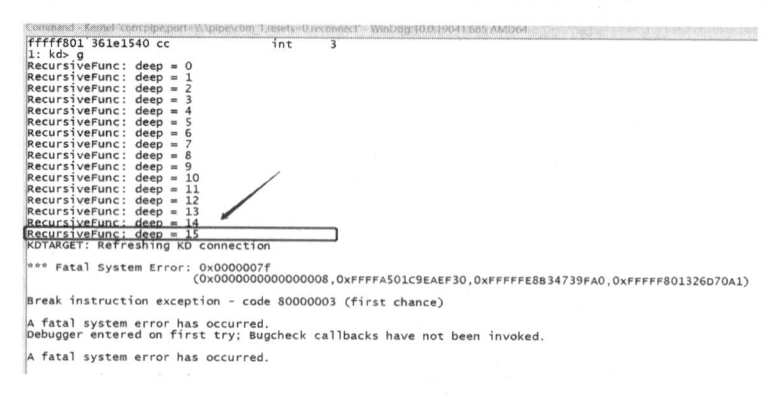

图 3-17　递归函数导致的内核崩溃实际结果

在 WinDbg 中输入 !analyze 命令后，看到的递归后导致的双重失败如图 3-18 所示。令人意外的是，栈空间耗尽后，发生的异常不是普通的非法地址访问，而是双重失败（DoubleFault）。

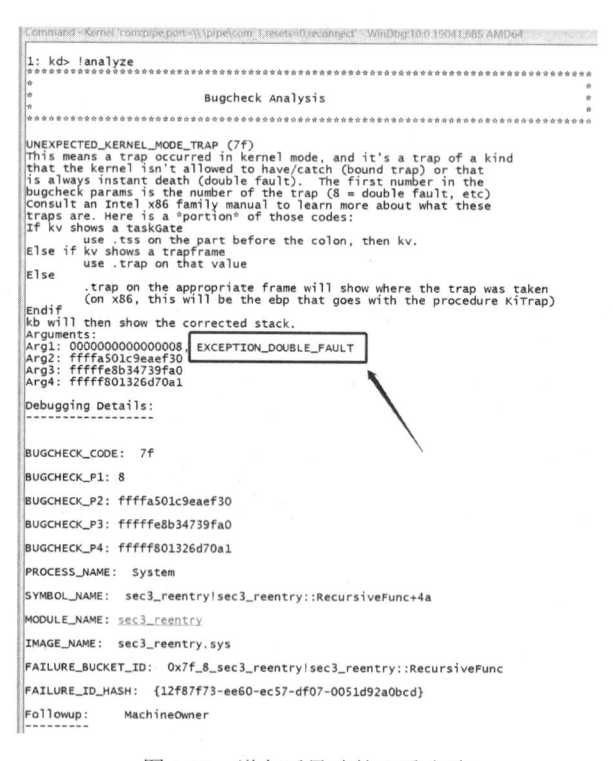

图 3-18　递归后导致的双重失败

这给我们一个重要经验。如果是遇到 DOUBLE_FAULT，那么不妨考虑一下递归重入，或是局部变量过大、调用层次多导致的栈空间耗尽。为什么会如此呢？下面输入 k 命令，看看调用栈，立刻真相大白。实际操作的结果是，我们能看到一个典型内核递归引起的双重失败的调用栈，如图 3-19 所示。

```
Command - Kernel 'com:pipe,port=\\.\pipe\com_1,resets=0,reconnect' WinDbg:10.0.19041.685 AMD64
1: kd> k
 # Child-SP          RetAddr           Call Site
00 ffffa501`c9eae648 fffff801`31ebe2a2 nt!DbgBreakPointWithStatus
01 ffffa501`c9eae650 fffff801`31ebd992 nt!KiBugCheckDebugBreak+0x12
02 ffffa501`c9eae6b0 fffff801`31dd61a7 nt!KeBugCheck2+0x952
03 ffffa501`c9eaedb0 fffff801`31de7ee9 nt!KeBugCheckEx+0x107
04 ffffa501`c9eaedf0 fffff801`31de2d45 nt!KiBugCheckDispatch+0x69
05 ffffa501`c9eaef30 fffff801`326d70a1 nt!KiDoubleFaultAbort+0x2c5
06 ffffffe8b`34739fa0 fffff801`31ec3e18 hal!HalSendNMI+0x31
07 ffffffe8b`3473a140 fffff801`31ec354e nt!KiSendFreeze+0xb0
08 ffffffe8b`3473a1a0 fffff801`325696ac nt!KeFreezeExecution+0x20e
09 ffffffe8b`3473a2d0 fffff801`3256bdb7 nt!KdEnterDebugger+0x64
0a ffffffe8b`3473a300 fffff801`3256d0d5 nt!KdpPrint+0x133
0b ffffffe8b`3473a350 fffff801`31cdce70 nt!KdpTrap+0x11d
0c ffffffe8b`3473a3a0 fffff801`31cdcadf nt!KdTrap+0x2c
0d ffffffe8b`3473a3e0 fffff801`31de801d nt!KiDispatchException+0x15f
0e ffffffe8b`3473aa90 fffff801`31de6d24 nt!KiExceptionDispatch+0x11d
0f ffffffe8b`3473ac70 fffff801`31dddf55 nt!KiDebugServiceTrap+0x324
10 ffffffe8b`3473ae08 fffff801`31d32cde nt!DebugPrint+0x15
11 ffffffe8b`3473ae10 fffff801`31d32b5c nt!vDbgPrintExWithPrefixInternal+0x13e
12 ffffffe8b`3473af10 fffff801`361e147a nt!DbgPrint+0x3c
13 ffffffe8b`3473af50 fffff801`361e14f3 sec3_reentry!RecursiveFunc+0x4a
14 ffffffe8b`3473b3a0 fffff801`361e14f3 sec3_reentry!RecursiveFunc+0xc3
15 ffffffe8b`3473b7f0 fffff801`361e14f3 sec3_reentry!RecursiveFunc+0xc3
16 ffffffe8b`3473bc40 fffff801`361e14f3 sec3_reentry!RecursiveFunc+0xc3
17 ffffffe8b`3473c090 fffff801`361e14f3 sec3_reentry!RecursiveFunc+0xc3
18 ffffffe8b`3473c4e0 fffff801`361e14f3 sec3_reentry!RecursiveFunc+0xc3
19 ffffffe8b`3473c930 fffff801`361e14f3 sec3_reentry!RecursiveFunc+0xc3
1a ffffffe8b`3473cd80 fffff801`361e14f3 sec3_reentry!RecursiveFunc+0xc3
1b ffffffe8b`3473d1d0 fffff801`361e14f3 sec3_reentry!RecursiveFunc+0xc3
1c ffffffe8b`3473d620 fffff801`361e14f3 sec3_reentry!RecursiveFunc+0xc3
1d ffffffe8b`3473da70 fffff801`361e14f3 sec3_reentry!RecursiveFunc+0xc3
1e ffffffe8b`3473dec0 fffff801`361e14f3 sec3_reentry!RecursiveFunc+0xc3
1f ffffffe8b`3473e310 fffff801`361e14f3 sec3_reentry!RecursiveFunc+0xc3
20 ffffffe8b`3473e760 fffff801`361e14f3 sec3_reentry!RecursiveFunc+0xc3
21 ffffffe8b`3473ebb0 fffff801`361e14f3 sec3_reentry!RecursiveFunc+0xc3
22 ffffffe8b`3473f000 fffff801`361e14f3 sec3_reentry!RecursiveFunc+0xc3
23 ffffffe8b`3473f450 fffff801`361e1548 sec3_reentry!RecursiveFunc+0xc3
24 ffffffe8b`3473f8a0 fffff801`361e17bb sec3_reentry!DriverEntry+0x28 [D:\book\代码\...]
25 ffffffe8b`3473f8e0 fffff801`361e16f0 sec3_reentry!FxDriverEntryWorker+0xbf [minkern...]
26 ffffffe8b`3473f920 fffff801`32322e76 sec3_reentry!FxDriverEntry+0x20 [minkernel\wdf...]
27 ffffffe8b`3473f950 fffff801`323228ae nt!IopLoadDriver+0x4c2
28 ffffffe8b`3473fb30 fffff801`31cd2645 nt!IopLoadUnloadDriver+0x4e
29 ffffffe8b`3473fb70 fffff801`31d3f715 nt!ExpWorkerThread+0x105
2a ffffffe8b`3473fc10 fffff801`31ddd6ea nt!PspSystemThreadStartup+0x55
2b ffffffe8b`3473fc60 00000000`00000000 nt!KiStartSystemThread+0x2a
```

图 3-19 一个典型内核递归引起双重失败时的调用栈

在图 3-19 中，我们可以注意到递归导致出错时的调用栈的一个显著特征：重复的函数反复出现。如图框中的 RecursiveFunc 函数。在重入导致的崩溃中也有类似的特征。这一点，后面会再次提及。

下面解释为何会导致双重失败。一般双重失败是在失败的异常处理中再度发生失败，而得名为双重失败。

从调用栈可以看出，第一重失败发生在 RecursiveFunc 调用 DebugPrint 的时候。因为 DebugPrint 要使用栈，但此时已经无栈空间可用，所以发生了一次异常，导致了从 KiExceptionDispatch 到 KdTrap 的调用。但 KdTrap 中再次调用了一系列其他函数，从 KdpPrint 到 KdEnterDebugger 等，这些函数也是要使用栈的，因此再度发生失败。

因此，栈空间耗尽，大概率最终导致的是 DOUBLE_FAULT，而不是其他的错误。

3.3.2 回调重入导致的崩溃

在真实情况中发生的重入，不会是直接一个函数的递归。但绝大部分情况可以归结为：在某个回调中执行了某种操作，这种操作会触发同一个回调，并且触发执行完毕之前不会返回。

道理看起来似乎很简单，但因为 Windows 内核中的各种回调非常复杂，你不一定能意识到"执行了操作 A，会触发回调 B"的因果关系，从而犯下错误。

如果错误能百分之百暴露，那么在开发自测阶段或测试阶段就会被发现，从而解决掉。但如果暴露条件非常复杂，就有可能只在某个用户那里偶尔出现蓝屏（双重失败）或卡死（因为重入而重复获取锁的情况）。这显然又给调试增加了难度。

下面我们将构造一个回调再度触发回调的例子。虽然这个例子依然不是很真实，但从这个例子中我们能把握真实世界里发生此类缺陷的规律。

首先，回到我们原来的例子中，我把注册的进程创建回调修改成了线程创建回调：

```c
extern "C" NTSTATUS DriverEntry(
    PDRIVER_OBJECT driver, PUNICODE_STRING reg_path)
{
    NTSTATUS status = STATUS_SUCCESS;
    driver, reg_path;
    BypassCheckSign(driver);
    KdBreakPoint();

    // 打开这个恶劣递归函数可以导致立刻崩溃
    // RecursiveFunc(0);
    driver->DriverUnload = DriverUnload;
    do{
        KeInitializeSpinLock(&g_lock);
        status = PsSetCreateThreadNotifyRoutine(
            MyThreadNotifyRoutine);①
        if (status != STATUS_SUCCESS)
        {
            break;
        }
    } while (0);
    if (status != STATUS_SUCCESS)
    {
        Cleanup();
    }
    return status;
}
```

如上代码的①处，我注册了一个名为 MyThreadNotifyRoutine 的线程回调。这个回调函数的特点是，只要系统中有任何线程生成，Windows 立刻会回调这个函数。

之所以把进程创建回调修改为线程创建回调，是因为我要演示的是重入。如果使用进程创建回调，那么势必要在回调函数中创建进程。然而，在内核中创建进程是一件相当麻烦的事情，改为创建线程则要简单很多。

下面请关注 MyThreadNotifyRoutine 这个函数的实现。

```
VOID MyThreadNotifyRoutine(
    _In_ HANDLE ProcessId,
    _In_ HANDLE ThreadId,
    _In_ BOOLEAN Create
    )
{
    HANDLE thread_handle = NULL;
    OBJECT_ATTRIBUTES ob = { 0 };
    // 用一个静态变量记录重入的次数
    static ULONG reentry_cnt = 0;
    NTSTATUS status;
    ProcessId, ThreadId;
    InitializeObjectAttributes(
        &ob, NULL, OBJ_KERNEL_HANDLE, NULL, NULL);

    // 在这里打印发生了多少次重入
    KdPrint(("in callback: reentry cnt = %d\r\n",
        reentry_cnt));  ①
reentry_cnt++;
    do
    {
        if (!Create)
        {
            break;
        }
        // 如果是线程创建，我们就创建一个线程。这是一个显而易见会导致重入的行为。在
        // 真实项目中绝对不可以这样做
        status = PsCreateSystemThread(
            &thread_handle,
            THREAD_ALL_ACCESS,
            &ob,
            NULL,
            NULL,
            (PKSTART_ROUTINE)MyThread,
            &reentry_cnt);  ②
        if (thread_handle == NULL || status != STATUS_SUCCESS)
        {
            break;
        }
```

```
    } while (0);

    if (thread_handle != NULL)
    {
        ZwClose(thread_handle);
    }
    reentry_cnt--;
}
```

在这个函数中,在①处打印了一下当前可能重入的次数(考虑到多个线程创建本来就可能并发,这个数据是不精确的,但是并发导致的计数上升是极为有限的),然后在②处创建线程,强行触发重入。

需要注意的是,在真实项目中,错误不会这么明显,因为不会有人在线程回调中直接创建一个线程。但是,我们很难排除在复杂的项目中,某人在线程回调中调用了一个看似很"普通"的函数,结果这个函数在一系列调用中创建了一个线程。这种情况和这份示例代码中的错误没有本质区别,却很难避免。

此代码执行之后会瞬间崩溃。这是重入导致的崩溃,如图 3-20 所示。我们发现和图 3-18 如出一辙,这是因为内核的重入本质就是递归,只不过不是某个函数直接递归,而是中间经过了一系列调用。

```
1: kd> !analyze
*******************************************************************************
*                                                                             *
*                        Bugcheck Analysis                                    *
*                                                                             *
*******************************************************************************

UNEXPECTED_KERNEL_MODE_TRAP (7f)
This means a trap occurred in kernel mode, and it's a trap of a kind
that the kernel isn't allowed to have/catch (bound trap) or that
is always instant death (double fault).  The first number in the
bugcheck params is the number of the trap (8 = double fault, etc)
Consult an Intel x86 family manual to learn more about what these
traps are. Here is a *portion* of those codes:
If kv shows a taskGate
        use .tss on the part before the colon, then kv.
Else if kv shows a trapframe
        use .trap on that value
Else
        .trap on the appropriate frame will show where the trap was taken
        (on x86, this will be the ebp that goes with the procedure KiTrap)
Endif
kb will then show the corrected stack.
Arguments:
Arg1: 0000000000000008, EXCEPTION_DOUBLE_FAULT
Arg2: ffffae0069036a70
Arg3: ffffae006be57d30
Arg4: fffff80086ea59e7

Debugging Details:
------------------

BUGCHECK_CODE:  7f

BUGCHECK_P1: 8

BUGCHECK_P2: ffffae0069036a70

BUGCHECK_P3: ffffae006be57d30

BUGCHECK_P4: fffff80086ea59e7

PROCESS_NAME:  svchost.exe

SYMBOL_NAME:  sec3_reentry!sec3_reentry::MyThreadNotifyRoutine+be

MODULE_NAME: sec3_reentry

IMAGE_NAME:  sec3_reentry.sys

FAILURE_BUCKET_ID:  0x7f_8_sec3_reentry!sec3_reentry::MyThreadNotifyRoutine

FAILURE_ID_HASH:   {38d6bd0f-e9a6-e991-9f7a-5fc86b2efb13}

Followup:     MachineOwner
---------
```

图 3-20 内核回调重入导致的崩溃

如果获得了重入导致的崩溃状态，那么通过 WinDbg，使用 k 命令查看调用栈，往往能够看到整个重入的过程，从而为解决问题提供明确的指引。重入导致的崩溃，调用栈上同样有循环现象，如图 3-21 所示。

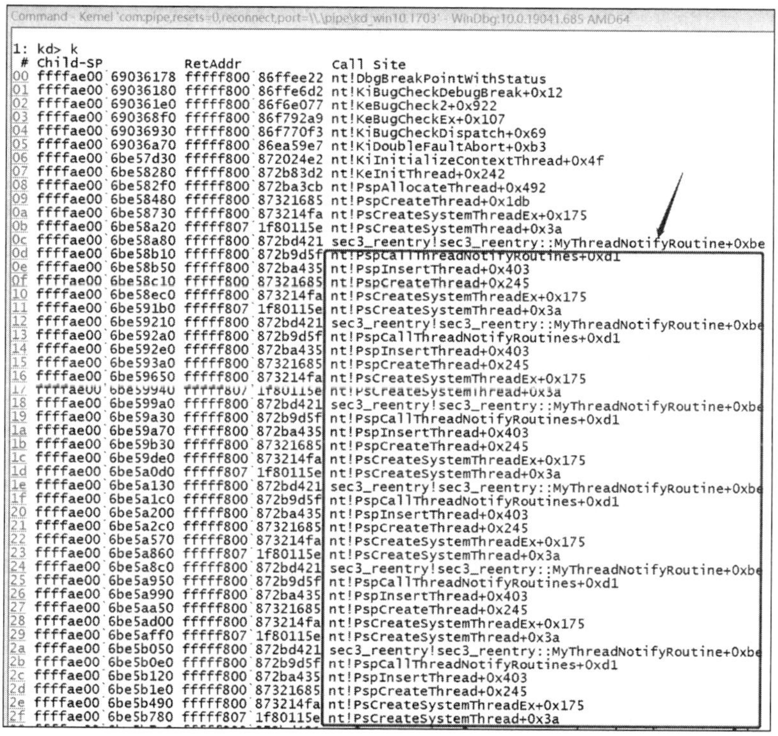

```
Command - Kernel 'com:pipe,resets=0,reconnect,port=\\.\pipe\kd_win10.1703' - WinDbg:10.0.19041.685 AMD64

1: kd> k
 # Child-SP          RetAddr           Call Site
00 ffffae00`69036178 fffff800`86ffee22 nt!DbgBreakPointWithStatus
01 ffffae00`69036180 fffff800`86ffe6d2 nt!KiBugCheckDebugBreak+0x12
02 ffffae00`690361e0 fffff800`86f6e077 nt!KeBugCheck2+0x922
03 ffffae00`690368f0 fffff800`86f792a9 nt!KeBugCheckEx+0x107
04 ffffae00`69036930 fffff800`86f770f3 nt!KiBugCheckDispatch+0x69
05 ffffae00`69036a70 fffff800`86ea59e7 nt!KiDoubleFaultAbort+0xb3
06 ffffae00`6be57d30 fffff800`872024e2 nt!KiInitializeContextThread+0x4f
07 ffffae00`6be58280 fffff800`872b83d2 nt!KeInitThread+0x242
08 ffffae00`6be582f0 fffff800`872ba3cb nt!PspAllocateThread+0x492
09 ffffae00`6be58480 fffff800`87321685 nt!PspCreateThread+0x1db
0a ffffae00`6be58730 fffff800`873214fa nt!PsCreateSystemThreadEx+0x175
0b ffffae00`6be58a20 fffff807`1f80115e nt!PsCreateSystemThread+0x3a
0c ffffae00`6be58a80 fffff800`872bd421 sec3_reentry!sec3_reentry::MyThreadNotifyRoutine+0xbe
0d ffffae00`6be58b10 fffff800`872b9d5f nt!PspCallThreadNotifyRoutines+0xd1
0e ffffae00`6be58b50 fffff800`872ba435 nt!PspInsertThread+0x403
0f ffffae00`6be58c10 fffff800`87321685 nt!PspCreateThread+0x245
10 ffffae00`6be58ec0 fffff800`873214fa nt!PsCreateSystemThreadEx+0x175
11 ffffae00`6be591b0 fffff807`1f80115e nt!PsCreateSystemThread+0x3a
12 ffffae00`6be59210 fffff800`872bd421 sec3_reentry!sec3_reentry::MyThreadNotifyRoutine+0xbe
13 ffffae00`6be592a0 fffff800`872b9d5f nt!PspCallThreadNotifyRoutines+0xd1
14 ffffae00`6be592e0 fffff800`872ba435 nt!PspInsertThread+0x403
15 ffffae00`6be593a0 fffff800`87321685 nt!PspCreateThread+0x245
16 ffffae00`6be59650 fffff800`873214fa nt!PsCreateSystemThreadEx+0x175
17 ffffae00`6be59940 fffff807`1f80115e nt!PsCreateSystemThread+0x3a
18 ffffae00`6be599a0 fffff800`872bd421 sec3_reentry!sec3_reentry::MyThreadNotifyRoutine+0xbe
19 ffffae00`6be59a30 fffff800`872b9d5f nt!PspCallThreadNotifyRoutines+0xd1
1a ffffae00`6be59a70 fffff800`872ba435 nt!PspInsertThread+0x403
1b ffffae00`6be59b30 fffff800`87321685 nt!PspCreateThread+0x245
1c ffffae00`6be59de0 fffff800`873214fa nt!PsCreateSystemThreadEx+0x175
1d ffffae00`6be5a0d0 fffff807`1f80115e nt!PsCreateSystemThread+0x3a
1e ffffae00`6be5a130 fffff800`872bd421 sec3_reentry!sec3_reentry::MyThreadNotifyRoutine+0xbe
1f ffffae00`6be5a1c0 fffff800`872b9d5f nt!PspCallThreadNotifyRoutines+0xd1
20 ffffae00`6be5a200 fffff800`872ba435 nt!PspInsertThread+0x403
21 ffffae00`6be5a2c0 fffff800`87321685 nt!PspCreateThread+0x245
22 ffffae00`6be5a570 fffff800`873214fa nt!PsCreateSystemThreadEx+0x175
23 ffffae00`6be5a860 fffff807`1f80115e nt!PsCreateSystemThread+0x3a
24 ffffae00`6be5a8c0 fffff800`872bd421 sec3_reentry!sec3_reentry::MyThreadNotifyRoutine+0xbe
25 ffffae00`6be5a950 fffff800`872b9d5f nt!PspCallThreadNotifyRoutines+0xd1
26 ffffae00`6be5a990 fffff800`872ba435 nt!PspInsertThread+0x403
27 ffffae00`6be5aa50 fffff800`87321685 nt!PspCreateThread+0x245
28 ffffae00`6be5ad00 fffff800`873214fa nt!PsCreateSystemThreadEx+0x175
29 ffffae00`6be5aff0 fffff807`1f80115e nt!PsCreateSystemThread+0x3a
2a ffffae00`6be5b050 fffff800`872bd421 sec3_reentry!sec3_reentry::MyThreadNotifyRoutine+0xbe
2b ffffae00`6be5b0e0 fffff800`872b9d5f nt!PspCallThreadNotifyRoutines+0xd1
2c ffffae00`6be5b120 fffff800`872ba435 nt!PspInsertThread+0x403
2d ffffae00`6be5b1e0 fffff800`87321685 nt!PspCreateThread+0x245
2e ffffae00`6be5b490 fffff800`873214fa nt!PsCreateSystemThreadEx+0x175
2f ffffae00`6be5b780 fffff807`1f80115e nt!PsCreateSystemThread+0x3a
```

图 3-21　重入导致的崩溃，调用栈上的循环现象

如果函数之间的调用关系更加复杂，那么我们看到的“调用链”也会更长，但它一定是在调用栈上不断循环的。从这种循环状的调用栈上，我们可以确认发生了不应该发生的重入。

3.3.3　文件系统设备栈引起的重入

本节中，我们将列举出一个更加贴近真实项目的例子。

假定有一个相对复杂的多人协作项目，一直运行得很好。但项目组的同事们也在不断增强功能，提交代码。在某日编译之后，项目运行时忽然崩溃了。获得崩溃转储文件[1]，用 WinDbg 调试，我们输入!analyze 命令发现该文件系统过滤项目蓝屏的缺陷检查信息，如图 3-22 所示。

[1] 本书第 4 章将详细介绍 Windows 的崩溃转储文件。

Windows 内核调试技术

```
Command - Kernel 'com:pipe,resets=0,reconnect,port=\\.\pipe\kd_win10_1703' - WinDbg:10.0.19041.685 AMD64
1: kd> !analyze
*******************************************************************************
*                                                                             *
*                        Bugcheck Analysis                                    *
*                                                                             *
*******************************************************************************

KERNEL_SECURITY_CHECK_FAILURE (139)
A kernel component has corrupted a critical data structure.  The corruption
could potentially allow a malicious user to gain control of this machine.
Arguments:
Arg1: 0000000000000003, A LIST_ENTRY has been corrupted (i.e. double remove).
Arg2: ffffae006bf773c0, Address of the trap frame for the exception that caused the bugcheck
Arg3: ffffae006bf77318, Address of the exception record for the exception that caused the bugcheck
Arg4: 0000000000000000, Reserved

Debugging Details:
------------------

BUGCHECK_CODE:  139

BUGCHECK_P1: 3

BUGCHECK_P2: ffffae006bf773c0

BUGCHECK_P3: ffffae006bf77318

BUGCHECK_P4: 0

PROCESS_NAME:  MsMpEng.exe

ERROR_CODE: (NTSTATUS) 0xc0000409 - <Unable to get error code text>

SYMBOL_NAME:  ui8k_drv!kbs::logp::LogpInitializeBufferInfo+c0

MODULE_NAME: ui8k_drv

IMAGE_NAME:  ui8k_drv.sys

FAILURE_BUCKET_ID:  0x139_3_CORRUPT_LIST_ENTRY_ui8k_drv!kbs::logp::LogpInitializeBufferInfo

FAILURE_ID_HASH:  {c9bd3aa6-a8f9-bdc0-4137-3d9bd8f5f66c}

Followup:     MachineOwner
---------
```

图 3-22 某文件系统过滤项目蓝屏的缺陷检查信息

这个缺陷检查的信息很明确地说明，这次崩溃是一个链表节点（LIST_ENTRY）被破坏导致的。但在这种情况下如果你根据说明提示信息去寻找根源，往往会一头雾水。我们先用 k 命令查看调用栈，结果发现本节蓝屏所对应的调用栈如图 3-23 所示。

```
Command - Kernel 'com:pipe,resets=0,reconnect,port=\\.\pipe\kd_win10_1703' - WinDbg:10.0.19041.685 AMD64
1: kd> k
 # Child-SP          RetAddr           Call Site
00 ffffae00`6bf768e8 fffff800`86ffee22 nt!DbgBreakPointWithStatus
01 ffffae00`6bf768f0 fffff800`86ffe6d2 nt!KiBugCheckDebugBreak+0x12
02 ffffae00`6bf76950 fffff800`86f6e077 nt!KeBugCheck2+0x922
03 ffffae00`6bf77060 fffff800`86f792a9 nt!KeBugCheckEx+0x107
04 ffffae00`6bf770a0 fffff800`86f79610 nt!KiBugCheckDispatch+0x69
05 ffffae00`6bf771e0 fffff800`86f785f7 nt!KiFastFailDispatch+0xd0
06 ffffae00`6bf773c0 fffff800`86fa3be7 nt!KiRaiseSecurityCheckFailure+0xf7
07 ffffae00`6bf77550 fffff807`1ebe2fb0 nt!ExInitializeResourceLite+0x1e3e7
08 ffffae00`6bf77590 fffff807`1ebe254e ui8k_drv!kbs::logp::LogpInitializeBufferInfo+0xc0
09 ffffae00`6bf775d0 fffff807`1ebe1327 ui8k_drv!kbs::logp::LogpInitialization+0x5e [D:\wor
0a ffffae00`6bf77640 fffff807`1cf84b4c ui8k_drv!kpages::MyCreateIrpProcess+0x37 [D:\work
0b ffffae00`6bf776c0 fffff807`1cf846ec FLTMGR!FltpPerformPreCallbacks+0x2ec
0c ffffae00`6bf777a0 fffff807`1cfb6117 FLTMGR!FltpPassThroughInternal+0x8c
0d ffffae00`6bf777d0 fffff807`872600c5 FLTMGR!FltpCreate+0x2d7
0e ffffae00`6bf77880 fffff800`8726b47b nt!IopParseDevice+0x815
0f ffffae00`6bf77a60 fffff800`8726edf0 nt!ObpLookupObjectName+0x46b
10 ffffae00`6bf77c30 fffff800`87272d6a nt!ObOpenObjectByNameEx+0x1e0
11 ffffae00`6bf77d70 fffff800`87273df9 nt!IopCreateFile+0x3aa
12 ffffae00`6bf77e10 fffff800`86f78e13 nt!NtCreateFile+0x79
13 ffffae00`6bf77ea0 fffff800`86f71150 nt!KiSystemServiceCopyEnd+0x13
14 ffffae00`6bf780a8 fffff807`1ebe328e nt!KiServiceLinkage
15 ffffae00`6bf780b0 fffff807`1ebe3100 ui8k_drv!kbs::logp::LogpInitializeLogFile+0x13e [D
16 ffffae00`6bf78180 fffff807`1ebe254e ui8k_drv!kbs::logp::LogpInitializeBufferInfo+0x21
17 ffffae00`6bf781c0 fffff807`1ebe1327 ui8k_drv!kbs::logp::LogpInitialization+0x5e [D:\wor
18 ffffae00`6bf78230 fffff807`1cf84b4c ui8k_drv!kpages::MyCreateIrpProcess+0x37 [D:\work
19 ffffae00`6bf78270 fffff807`1cf846ec FLTMGR!FltpPerformPreCallbacks+0x2ec
1a ffffae00`6bf782f0 fffff807`1cfb6117 FLTMGR!FltpPassThroughInternal+0x8c
1b ffffae00`6bf783c0 fffff807`872600c5 FLTMGR!FltpCreate+0x2d7
1c ffffae00`6bf78470 fffff800`8726b47b nt!IopParseDevice+0x815
1d ffffae00`6bf78650 fffff800`8726edf0 nt!ObpLookupObjectName+0x46b
1e ffffae00`6bf78820 fffff800`87272d6a nt!ObOpenObjectByNameEx+0x1e0
1f ffffae00`6bf78960 fffff800`87273df9 nt!IopCreateFile+0x3aa
20 ffffae00`6bf78a00 fffff800`86f78e13 nt!NtCreateFile+0x79
21 ffffae00`6bf78a90 00007fff`ff825e54 nt!KiSystemServiceCopyEnd+0x13
22 00000045`44dfe488 00007fff`fcad0383 ntdll!NtCreateFile+0x14
23 00000045`44dfe490 00007fff`fcad0076 KERNELBASE!CreateFileInternal+0x2f3
24 00000045`44dfe600 00007fff`eee2b1e1 KERNELBASE!CreateFileW+0x66
25 00000045`44dfe660 00000000`00000000 mpengine!MpBootStrap+0x3204e1
windbg> .open -a fffff8071ebe2fb0
```

图 3-23 本节蓝屏所对应的调用栈

先要假定我们缺乏经验，完全无视下面两个椭圆圈住的拥有循环特征的调用栈，而集中精力去寻找到底哪里的 LIST_ENTRY 被破坏了。那么，只能先看方框的部分，即栈上 nt!ExInitializeResourceLite+0x11e3e7 的位置。

在这之上就是 nt!KiRaiseSecurityCheckFailure 这个函数的调用。即便我们没有源码可阅读，仅从函数名也能判断出，这个函数只负责抛出安全检查错误（SecurityCheckFailure）。到了这一步，错误已经发生。真正的错误只能发生在这之前。

因此，先假定问题出在 nt!ExInitializeResourceLite+0x11e3e7 这里。点击这一行调用栈前的 07 这个数组，快速回溯栈帧，我们可以在反汇编窗口中看到 nt!ExInitializeResourceLite+0x11e3e7 处的汇编指令，如图 3-24 所示。

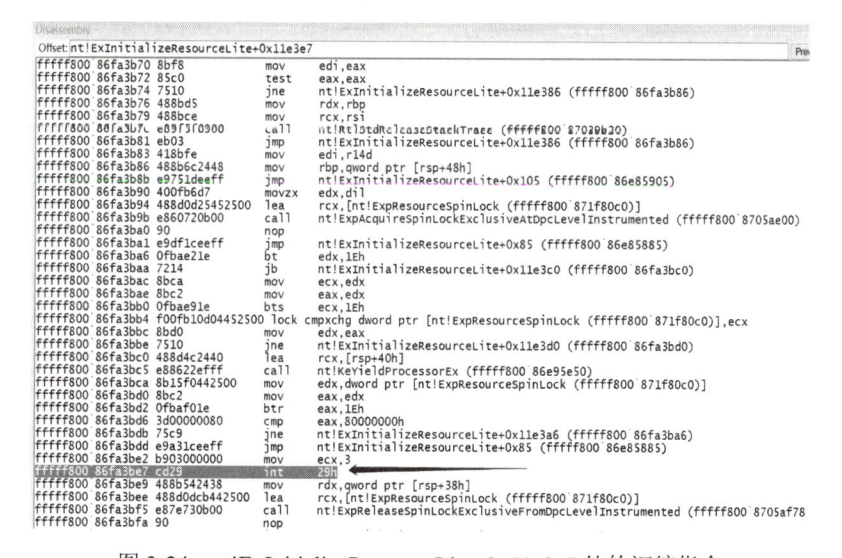

图 3-24　nt!ExInitializeResourceLite+0x11e3e7 处的汇编指令

但实际上图 3-24 的汇编很让人绝望。调用栈上提示异常的地址上的指令是一条 int 29h。这是 Windows 中专门用来快速抛出异常的一个中断。前一行 mov ecx,3 指令更说明了这块代码就是用来抛出前面图 3-17 中的名为 KERNEL_SECURITY_CHECK_FAILURE 的缺陷检查报告的，因为图 3-22 中的缺陷检查第一个参数（Arg1）就是 3。

这说明即便是回溯到了这里，异常也已经发生了。此时想要进一步追溯根源，只有两个选择。

第一个选择是继续反汇编前面的代码，查看哪里出现的什么问题会导致跳到这里来。但阅读和分析大量汇编代码非常困难且低效，并且这些代码是微软的成熟代码，即便我们可以全面解读，也很可能徒劳无功。

第二个选择是再回溯一层，点击上面调用栈中的 08 行，到我们自己项目 ui8k_drv[1]

---

[1] ui8k_drv 是我虚构的一个项目，其中引用了一些开源的代码。

的代码中。这时我们可以看到如图 3-25 所示的 C 语言代码。

```
Fail:;
    if (log_file_path) {
        LogpFinalizeBufferInfo(&g_logp_log_buffer_info);
    }
    return status;
}

// Initialize a log file related code such as a flushing thread.
_Use_decl_annotations_ static NTSTATUS LogpInitializeBufferInfo(
    const wchar_t* log_file_path, LogBufferInfo* info) {
    PAGED_CODE()
    NT_ASSERT(log_file_path);
    NT_ASSERT(info);

    KeInitializeSpinLock(&info->spin_lock);

    auto status = RtlStringCchCopyW(
        info->log_file_path, RTL_NUMBER_OF_FIELD(LogBufferInfo, log_file_path),
        log_file_path);
    if (!NT_SUCCESS(status)) {
        return status;
    }

    status = ExInitializeResourceLite(&info->resource);
    if (!NT_SUCCESS(status)) {
        return status;
    }
    info->resource_initialized = true;

    // Allocate two log buffers on NonPagedPool.
```

图 3-25 在项目代码中对 ExInitializeResourceLite 的调用

这份相关的 C 语言代码[1]是一个用来输出日志的库。如果仔细检查这份代码，就会发现它对于 ExInitializeResourceLite 的调用毫无问题，在项目代码中对 ExInitializeResourceLite 的调用如图 3-25 所示。

这是我们在 Bug 调试中常常遇到的问题：**如果一件事十分艰难，就说明很可能是努力的方向不对**。如果暂时放下执念，再回顾手头所有的线索，那么也许会注意到图 3-23 的调用栈中有明显的循环现象。虽然只有两重，但是可以很明显地看到重入，而且关系清晰。

MyCreateIrpProcess 调用了 LogInitialization。但是 LogInitialization 最终调用了 LogpInitializeLogFile，然后 LogpInitializeLogFile 调用了 NtCreateFile。而 NtCreateFile 最终又导致了 MyCreateIrpProcess 的调用。一切回到了原点，开始了重入的无限循环！

事情到这里就已经明了。而我们只不过是注意了一下调用栈上的循环，关注这个难道不比分析大堆汇编指令要轻松很多吗？

当然，也许你想知道为什么这里的重入不像 3.3.2 节的双重失败一样，而是出现了一个让人摸不着头脑的链表节点错误？

我猜测原因如下：微软在设计 ExInitializeResourceLite 这个函数的时候，对 ERESOURCE 的初始化只限一次，根本没有考虑重复初始化的情况。如果初始化两次，这个函数中某个链表就会意外崩溃，从而出现上面的错误。

为了验证这一点，我写了一个简单的函数：把一个 ERESOURCE 结构初始化两次，代码如下：

```
void ExInitializeResourceLiteTwice()
{
```

---

[1] 这部分 C 语言代码来自 Satoshi Tanda 在 GitHub 上的开源项目。

```
    static ERESOURCE resource;
    ExInitializeResourceLite(&resource);
    ExInitializeResourceLite(&resource);
}
```

运行上述函数就会发现，如此简单的代码，出现的错误居然和前面复杂的重入一模一样。

回到项目上。为什么这个项目一贯运行良好，忽然就出问题了呢？打开上述提到的 MyCreateIrpProcess 的代码：

```
FLT_PREOP_CALLBACK_STATUS FLTAPI MyCreateIrpProcess(
    __inout PFLT_CALLBACK_DATA Data,
    __in PCFLT_RELATED_OBJECTS FltObjects,
    __deref_out_opt PVOID* CompletionContext
)
{
    FLT_PREOP_CALLBACK_STATUS ret =
        FLT_PREOP_SUCCESS_NO_CALLBACK;
    Data, FltObjects, CompletionContext;
    if (!g_log_started)
    {
        static const wchar_t kLogFilePath[] =
            L"\\SystemRoot\\ui8k.log";
        static const auto kLogLevel =
kLogPutLevelDebug | kLogOptDisableFunctionName;
        logp::LogInitialization(kLogLevel, kLogFilePath);
        g_log_started = TRUE;
    }
    LOG(("MyCreateIrpProcess"));
    return ret;
}
```

这是一个文件过滤驱动项目中的义件创建时的处理过程。换句话说，只要 Windows 系统中有任何文件被创建或打开，都会调用这个函数。注意，其中的主体功能是用 LOG 输出日志。但在输出日志之前，检查了一下日志系统是否初始化过。

那么，这份代码是否可能导致日志系统的重复初始化呢？看起来完全不会。因为一旦初始化了，全局变量 g_log_started 就会被设置为 TRUE。而 g_log_started 为 TRUE 的情况下，LogInitialization 函数根本不会被执行。那么重复初始化又是如何产生的呢？

想象一下，如果 LogInitialization 中会创建或者打开一个日志文件，而本驱动程序又是一个文件系统过滤驱动程序，能捕获打开文件并调用这个函数来处理，那又会怎么样呢？

因此，在 LogInitialization 这个函数返回前，g_log_started 还来不及设置为 TRUE，系统就因为尝试打开日志文件而被系统捕获，再度重入到这里，LogInitialization 又一次被执行了。

那么，为什么这个项目以前一直没有问题，只在最近的代码提交之后才出现问题呢？那是因为以前的日志系统从不向文件输出日志，自然也不会存在有导致文件系统设备栈重入的问题。

但有一天，管理人员可能忽然要求将日志保存到文件中，于是负责日志系统的同事加上了代码，在日志系统初始化时，创建或打开日志文件，这看上去很无害，但实际上会导致文件过滤系统崩溃。

当然，另一个问题是负责文件过滤的同事不应该在不正确的地方进行模块的初始化。模块初始化应该在整个项目统一的初始化中进行，但即便这样做了，也不一定能完全避免此类重入，比如，在文件写请求的回调处理中写入日志文件。

总之，重入这种问题似乎很罕见，但实际上防不胜防。我们必须小心编写代码，时刻提醒自己在编写每行代码时，要注意是否可能引发重入。

第 4 章
用户环境缺陷的调试

在开发阶段发现的缺陷调试起来最容易。因为重现环境、调试工具和熟悉代码的调试人员三者皆备，一切教科书上的手段和方法都可以用上。这也是为什么所有的软件工程方法都在强调，一定要在开发阶段解决足够多的缺陷。

但即便如此，当我们的代码放到外网上，为无数用户提供服务的时候，完全不出问题依然是不可能的——除非我们是"神"。那么就面临一个问题：如果缺陷出现在用户的机器上，而不是摆在我们办公桌上的调试机上，应该如何调试呢？

> 说到这里，我不得不提起十多年前在某外企工作时的经历。
>
> 一套安全系统在一家国外客户的计算机上总是蓝屏，国外的同事调试了很久都没办法解决，最后他们决定把我和另一个同事请到现场调试。
>
> 国外客户对我们这种能同时讲述多国语言（其实除了中文，其他语言我都只能说几个单词）、千里迢迢赶来调试的中国人崇拜不已。
>
> 虽然说这对我们来说是轻松、愉快又增长见识的经历，但对位于国外的总公司来说就不那么开心了。毕竟这必然产生不小的开销，而整个过程也耗时很长。
>
> 总之，问题能远程解决就远程解决，用飞机运送调试人员只是不得已的最后方案。

4.1 与用户保持联系

4.1.1 无法及时联系用户的原因

在进行缺陷调试时，需要铭记于心的一条公理是：在无法联系的用户的机器上暴露的缺陷是无法被调试和被解决的。

各种网络上愤怒抱怨的帖子、传说或流言："又蓝屏了！""这系统根本没法使用！""我每三天要卡死两回！"往往引起老板们最大的关注。但对缺陷调试人员来说，这些捕风捉影的信息是最没有意义的。蓝屏？是谁的计算机蓝屏？怎么联系上他？如果不能联系到他，怎么证实问题存在？怎么调试？

只说缺陷存在，但无法找到现实中真正的人、真正发生缺陷的机器。找不到任何实证，问题又怎么可能解决呢？关注软件在网络上的口碑很重要，但更重要的是，要设法与用户保持联系，确保一旦用户那里出现问题，就很容易联系到用户。

用户遇到蓝屏或卡死，或者其他稀奇古怪的错误，为什么不立刻拨打开发人员的电话，当场开始调试呢？因为要查到开发者的电话不容易。拨打公开的公司电话，不知道分机号码、不知道找哪个部门也会一头雾水。

就算找到了又如何？问题又不会马上解决。作为用户，在忍受不了之后，就会在网上"吐槽"一番，让公司也感受到痛苦。这个后果就是我们看到的：网上"吐槽"越来越多，软件口碑损坏，公司声名狼藉，用户日活量不断下降。

而调试人员遗憾地表示，他们完全束手无策。他们的系统在测试机上永远都没有问题（出现的问题都解决了）。他们必须先找到那些"吐槽"的用户，然后才能开始调试。不过就算找到了，用户是否还记得蓝屏是怎么出现的，甚至是否还在用这个软件都是问题。

与其到时候再陷入这样的困境，何不一开始就提供好快捷反馈的接口，让用户能够方便地反馈问题并提供自己的联系方式呢？

4.1.2　简单快速获取反馈

要想简单快速地获取用户反馈，我们必须做到两点。

（1）我们要能知道用户发生了缺陷。

（2）要提供一个用户能够轻松发送信息的接口。

有很多方法可以检测系统是否发生缺陷。对内核驱动来说，这一点相对更加容易。因为内核驱动导致的错误大部分是蓝屏和卡死，或者严重的性能问题。虽然此外其他问题也有可能出现，但我们可以先聚焦解决主要问题。

通过 Windows 的日志可以获得很多信息，但最好还是我们自己来解决。一个简单的例子如下。

在驱动加载的时候写入一个标记并保存到注册表中。当驱动卸载或系统关机的时候，总是删除这个标记。如果系统因为蓝屏或卡死而非法关机，那么下次用户启动这个软件的时候，我们就可以检测非法标记是否还存在。

如果存在，就说明上次系统运行是异常关闭的。异常问题当然不一定是我们的程序导致的，但是，上报问题总是比不上报问题要好。在检测到上次退出为异常退出的时候，我们可以在用户态的程序中，给用户发送一条友好的信息："检测到您的系统异常关闭。请问您是否愿意提供联系方式呢？稍后我们的开发人员会联系您解决问题。"

对用户来说，输入微信、手机号或是邮箱地址都是顺手而为的事情。而一旦用户输入了他的联系方式，缺陷就不再是不可捉摸的了。对老板而言，给调试人员分配任务也变得更明确："解决某用户某月某日提单的缺陷！"

启动与结束的标记仅是内核程序正常运行标志的一种。实际上，设置运行标记是非常重要的调试手段。我们可以给程序运行的每个步骤都打上运行标记（但不一定以写注册表的方式），这样，一旦问题发生，很大概率可以直接定位问题发生的具体代码片段。第 5 章会专门详述这样的手段。

4.1.3　用正确的方式和用户接触

因为公司的项目有良好的用户反馈设计，所以在实际工作中，我很少遇到很难联系到发生缺陷的用户的问题。但是我常常碰到的一个问题是：用户认为我是骗子而不愿意配合，导致调试无法进行。

在电信诈骗如此高发的今天，要论证对方的身份确实不是一件容易的事。即便是使用企业微信号、企业 QQ 号也未必真的能让用户相信，因为那些标志性的头像、公司的说明等都可以伪造。

因此，在反馈接口设计的时候就应该充分考虑这一点。在用户填写联系方式的同时，就提示用户："我们会通过电话××××-××××与您联系，请您注意接听"，或者是提供微信号、QQ 号、邮箱地址等，必须使用户在反馈的时候就能够得到验证方法。

在用户对以上信息均不相信的情况下，提供分机号码给用户，让用户通过搜索引擎查询公司的总机号码，主动拨打号码联系你也是证明自己是谁的办法之一，毕竟用户更愿意相信自己的搜索结果。

不要觉得这些手段很麻烦。我们需要铭记于心的是：反馈问题的用户不是在制造麻烦。不能说是我们在帮助用户解决问题，事实是完全反过来的，**是用户在帮助我们解决问题**。用户免费代替我们进行了测试的工作，并且暴露了缺陷，提供了解决的机会。

当用户表示较忙而拒绝协助的时候，不要泄气，可以询问用户合适的、空闲的时间，并且可以给予一定的报酬。

大多数情况下，用户愿意在空闲时间配合调试。软件中的缺陷不断得到解决，软件日臻完美，软件开发商积极解决问题的良好口碑也会在用户群体中流传。

4.2　建议用户使用转储文件协助调试

当无法直接在发生缺陷的机器上连接调试器的时候，利用该机器产生的崩溃转储文件（业内常称为 dump 文件或 dmp 文件，本书称为转储文件）是一个很好的替代措施。

转储文件用于保存发生缺陷时机器所处的状态。WinDbg 可以解析转储文件，从中获得缺陷发生时的信息。

4.2.1 手动开启崩溃转储的设置

机器在系统崩溃的时候是否生成转储，以及生成什么样的转储是可以设置的。

我们无法预判用户的机器是否开启了崩溃转储。如果有用户反馈软件经常蓝屏，但此用户的机器并未开启崩溃转储的设置，那么我们即便与其取得联系，也不可能立刻获得他的转储文件。此时可以和用户说明情况，并建议他开启崩溃转储设置。

开启之后，后续用户的机器如果再出现蓝屏，机器上就会生成一个转储文件。用户把转储文件提交给开发人员，开发人员就可以进一步定位缺陷了。

需要注意的是，转储文件要得到用户的同意才能使用，在沟通中需要向用户充分说明转储文件中可能存在的信息，并且在使用后必须及时删除转储文件，避免用户敏感信息泄漏。

如果用户难以自己设置崩溃转储，那么我们可以和用户协商，利用 QQ 进行远程协助。崩溃转储文件的手动设置如图 4-1 所示。

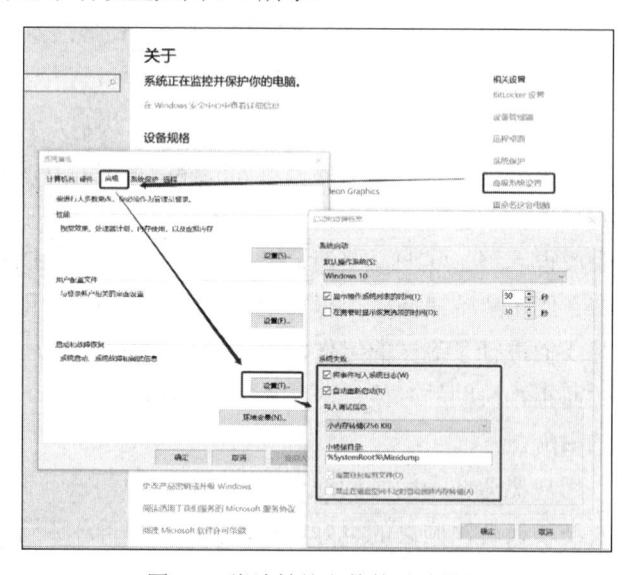

图 4-1　崩溃转储文件的手动设置

首先在"开始"菜单找到"此电脑"（Windows 7 是"我的电脑"）并右键点击，在菜单中选择"属性"。Windows 10 下会出现"关于"窗口，点击右侧的"高级系统设置"，会出现"系统属性"窗口。Windows 7 则无须进行这一步，直接出现"系统属性"。

其次在"系统属性"窗口中选择"高级"，点击最下方"启动和故障恢复"一栏中的

"设置",点击之后出现"启动和故障恢复"窗口。在最下方"系统失败"一栏的"写入调试信息"中选择转储方式。

转储方式有多种。其中,"完全内存转储"能保留最多的信息,包括异常发生时所有的内存,多达数 GB。这要占用用户大量的磁盘空间,同时通过网络传输也很不方便。但如果这两个障碍都可以被克服,那么最好让用户进行这样的设置。

如果不希望转储文件占用较大空间,"核心内存转储"是一个不错的折中方法。这种转储只保存内核内存,转储文件一般为数百 MB。如果希望传输速度最快,就使用"小内存转储",生成的转储文件只有几百 KB。

"小内存转储"在大规模商业软件中应用得最多。因为我们常常需要处理大量的转储文件,转储文件越小,需要的传输时间就越少,存储空间就越小。在小内存转储文件的信息不足以解决问题的时候,可以再联系用户获取更大的转储文件。

4.2.2　默认开启崩溃转储并上传转储文件

当然,用户最好在一开始使用软件的时候,就一直开启崩溃转储设置,这样每次软件启动的时候都可以检查是否存在转储文件。如果存在转储文件,就通过软件将其自动上传到系统后台,分派给调试人员处理。

但要注意的是,自动"帮"用户开启崩溃转储设置,属于修改用户的系统配置的行为,在实际进行之前必须**获得用户的同意**。此外,由于转储文件中含有内存内容,存在含有用户敏感信息的可能,所以在上传用户的转储文件之前,也必须**获得用户的同意**。

这些征求用户同意的条款可以放在用户协议中,在软件安装的时候提示用户并询问是否同意。但即使提供了足够的协议条款,用户也点击了同意,你依然必须确认这些条款是否符合用户所在国家的法律。具体实施前请咨询公司法务人员。

在进行具体编程的时候,我们不太可能使用代码操控用户的"系统属性"设置窗口,但可以通过修改用户的注册表来达到同样的目的。转储文件的注册表设置如图 4-2 所示。

注意,以上注册表的路径是:HKEY_LOCAL_MACHINE\SYSTEM\CurrentControlSet\Control\CrashControl。其中大部分值的意义是一目了然的,但最重要的 CrashDumpEnabled 需要特别说明:0x0 表示不生成转储文件;0x1 表示生成完全内存转储文件;0x2 表示生成核心内存转储文件;0x3 是我们常用的,表示生成小内存转储文件。

修改注册表之后,实际的设置要在系统重启之后才会生效。如果我们急于使进行的设置在用户第一次使用软件的时候就生效,就在安装软件的时候修改注册表,并提示用户重启系统之后再开始使用软件。这样,每次软件运行时,系统出现蓝屏之后就会生成转储文件。下次再运行软件时,可以在设置的指定目录下搜索是否存在转储文件。如果转储文件存在,软件就询问用户是否允许将这些转储文件上传到系统后台。

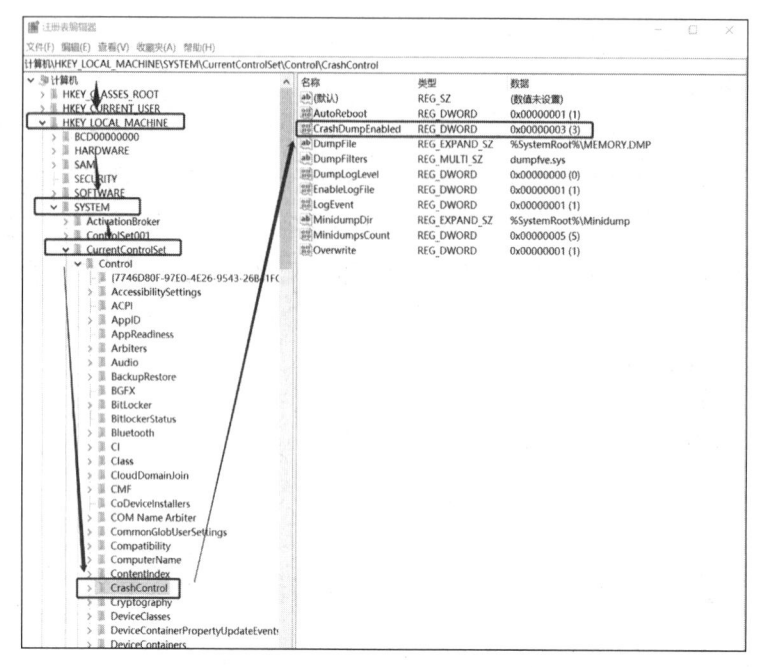

图 4-2 转储文件的注册表设置

大多数情况下，我们甚至可以不用再次联系用户，就能够自动获得分门别类的转储文件进行调试，确定缺陷的根源并解决它们。

当然，在解决问题的时候，我们不可能依次解决所有转储文件提示的缺陷。我们要根据缺陷发生的次数排序，优先解决发生次数多的缺陷。有了自动提交转储文件的机制之后，缺陷发生的"次数"很容易通过具有同样崩溃特征的转储文件的数量来确定。

内核编程另一个公理是："在**解决完所有的问题后，让转储文件的上传完全消失**"，这是一个永远不可能达成的目标。

即便我们对与软件相关的所有转储文件都进行了分析，定位了根源且解决了缺陷，用户的机器也一定还存在一些与我们完全无关的系统崩溃，转储文件还是会源源不断地上报。

那么，如何根据转储文件上报的数量来确定"软件的内核组件的崩溃缺陷已经基本解决完毕"呢？这可以通过红蓝对比来确定。

如果有 10000 名用户，对这些用户我们只开启转储文件的上报，而不开启我们的内核驱动程序，那么平均每日会有 100 个转储文件上报。这说明外网正常用户每日转储文件上报率应该为 1%。

另外 10000 名用户开启了我们的内核驱动程序，平均每日有 200 个转储文件上报，用户每日转储文件上报率达到了 2%，说明我们的内核驱动程序崩溃率为 2%-1% = 1%。这是不正常的，应该设法解决问题。

反之，如果这些用户每日上报的转储文件接近 100 个，也就是说用户每日转储文件上报率接近 1%，就说明我们的内核程序崩溃率接近 0%。这是很难达到的目标，但至少是我们努力的方向。

此类方法会在第 5 章中被广泛应用，这里简单提及是为了说明转储文件上报的意义。

4.2.3 强制生成转储文件

在实际进行转储文件分析之前，我们必须知道使用转储文件来排除缺陷所存在的局限性：只有触发了 Windows 缺陷检查的异常才会产生转储文件，并非所有的内核缺陷都能导致转储文件的生成。

举个例子：内核中的某段代码导致某个文件意外锁死，用户使用任何方式都无法删除该文件。这的确暴露了一个缺陷，但 Windows 无法认定这种情况一定是缺陷，并不会因此自动生成转储文件。

同样，严重的性能问题，以及第 3 章中介绍的内存泄漏、系统卡死等也不会自动生成转储文件。

但有一点是可以肯定的：我们自己编写的代码，我们会比 Windows 更提前、更清楚究竟发生了什么问题。在 Windows 不报告问题的情况下，我们可以主动报告问题。

比如，我们可以不断检测和记录自身分配的内存。一旦总量和持续增长时间超过某个限度，我们就认为发生了内存泄漏。我们也可以检查引用的对象、打开的句柄、各个锁的状态等，以此判断自身代码的健康性。如果认定发生了问题，就可以提早崩溃并生成转储文件。

在自身代码中调用 KeBugCheck 或 KeBugCheckEx 就能强制产生蓝屏。建议使用 KeBugCheckEx，因为 Ex 带有四个参数，可以保存更多的信息。

还有一种情况，那就是用户反馈发生了奇怪的异常（如文件无法删除、出现错误的提示、进程无法退出等），或者是性能异常低下，怀疑与内核驱动有关，但又没有产生蓝屏。

此时如果与用户取得联系，就可以给用户发送一个工具，让用户在异常发生的时候执行该工具，强制系统蓝屏，从而获得转储文件。注意，进行此操作时必须确保双方有足够的认证手段，因为"社会工程学骗子"常常利用此类方法让用户安装病毒木马，以此窃取账号或盗取其他资源。

此工具的内核部分的编写极为简单，只需编写一个驱动程序，在 DriverEntry 中调用 KeBugCheck 函数即可。而此工具的另一个部分，也就是用户态程序，则需要加载驱动程序，代码稍微有些烦琐，具体细节将在 4.3 节中进行讲解。

4.3 编写一个强制蓝屏工具

4.3.1 使用代码安装一个驱动程序

第 1 章曾介绍了使用 OSR Driver Loader 来安装我们编写的驱动程序的例子,同样的方法也可以对用户使用。可以编写一个强制蓝屏的驱动程序,与 OSR Driver Loader 一起打包发送给认为存在问题的用户,并建议用户执行以此强制生成转储文件。

但 OSR Driver Loader 的各种选项和按钮可能会让没有相关知识储备的用户无所适从,然后产生更多的问题。为何不编写一个可以一键安装执行并强制蓝屏的工具发给用户呢?这就需要使用代码来安装驱动程序。安装驱动程序的过程并不复杂,主要为写入注册表。驱动程序安装之后的注册表状况如图 4-3 所示。

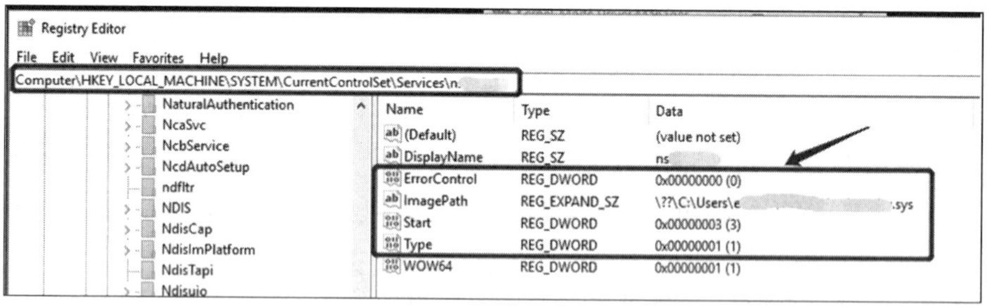

图 4-3 驱动程序安装之后的注册表状况

驱动程序安装之后,观察注册表就可以发现主要路径为\HKEY_LOCAL_MACHINE\SYSTEM\CurrentControlSet\Services\<驱动服务名>。其中,驱动服务名由我们自己指定,只要和系统中其他的服务不重名即可。建立这个注册表子键之后,往其中写入内容就可以安装驱动程序。

图 4-3 右边箭头所指的方框中的四项是必备的。只要填写这四项,驱动程序即可正确安装。

- ErrorControl:填写 0 即可。
- ImagePath:这是驱动程序的 sys 文件所在的路径。注意,路径前面要添加"\??\"。
- Start:启动的类型。填写 3 表示手动启动,这样驱动程序不会在 Windows 启动时立刻启动,而是必须使用程序加载才会启动。
- Type:填写 1 即可。

下面我们来实际编写一个强制蓝屏工具进行举例。它由两部分组成,一部分是一个用户态的 exe 程序,用来写入注册表及加载驱动程序;另一部分是简单的仅用来调用

KeBugCheck 的驱动程序。

注意，我的代码中因为错误的处理而含有很多 if-break 的结构，这会占据很多版面。书中的代码越紧凑越好，因此从本节开始，我编写了两个简单的宏来缩减代码的行数。

```
// 为了方便从 do 循环中检测错误并跳出而定义的宏
#define IF_BREAK(a) if (a) break;
#define IF_BREAK2(a, b) if (a) {b; break;};
```

有了上面的两个宏，安装驱动程序的代码变得更加紧凑，具体代码清单如下。需要注意的是，这些代码都不是 Windows 内核代码，而是普通的用户态代码。编译结果为用户态的 exe 程序。

```
// 将服务写入注册表
BOOL InstallDriverService(
    const WCHAR*service_name,
    size_t service_name_len,
    const WCHAR* driver_path,
    size_t driver_path_len)
{
    BOOL ret = FALSE;
    LSTATUS ns = ERROR_SUCCESS;
    LPWSTR reg_service_path = NULL;
    LPWSTR reg_driver_path = NULL;
    DWORD data = 1;
    HKEY hkey = NULL;

    // 定义需要用到的字符串
    WCHAR reg_path[] = { L"System\\CurrentControlSet\\Services\\" };
    WCHAR prefix[] = { L"\\??\\" };
    WCHAR key_type[] = { L"Type" };
    WCHAR key_error_control[] = { L"ErrorControl" };
    WCHAR key_start[] = { L"Start" };
    WCHAR key_image_path[] = { L"ImagePath" };

    do{
        // 仔细检查输出参数，避免缓冲溢出问题
        IF_BREAK(service_name_len > MAX_PATH ||
            wcsnlen_s(service_name, service_name_len) >
                MAX_PATH ||
            driver_path_len > MAX_PATH ||
            wcsnlen_s(driver_path, driver_path_len) >
                MAX_PATH);
        reg_service_path = (LPWSTR)malloc(
```

```c
        MAX_PATH * sizeof(WCHAR));
reg_driver_path = (LPWSTR)malloc(
    MAX_PATH * sizeof(WCHAR));
IF_BREAK(!reg_service_path || !reg_driver_path);
memset(reg_service_path, 0,
    MAX_PATH * sizeof(WCHAR));
memset(reg_driver_path, 0, MAX_PATH * sizeof(WCHAR));
IF_BREAK(reg_service_path == NULL ||
    reg_driver_path == NULL);
// 构造服务注册表项的路径
wcscat_s(reg_service_path, MAX_PATH, reg_path);
wcscat_s(reg_service_path, MAX_PATH, service_name);
// 构造image路径（后面用来填入注册表）
wcscat_s(reg_driver_path, MAX_PATH, prefix);
wcscat_s(reg_driver_path, MAX_PATH, driver_path);
// 删除原有注册表（如果有）
SHDeleteKey(HKEY_LOCAL_MACHINE, reg_service_path);
// 生成服务注册表项
ns = RegCreateKey(
    HKEY_LOCAL_MACHINE,
    reg_service_path, &hkey);
IF_BREAK(ns != ERROR_SUCCESS);
// Type 填写为 1
ns = RegSetValueEx(
        hkey, key_type, 0,
        REG_DWORD, (BYTE*)&data, 4u);
IF_BREAK(ns != ERROR_SUCCESS);
// ErrorControl 填写为 1
ns = RegSetValueEx(hkey,
        key_error_control,
        0, REG_DWORD,
        (BYTE*)&data, 4u);
IF_BREAK(ns != ERROR_SUCCESS);
// 使用手动方式启动
data = 3;
ns = RegSetValueEx(
        hkey, key_start, 0,
        REG_DWORD, (BYTE*)&data, 4u);
IF_BREAK(ns != ERROR_SUCCESS);
// 写入驱动程序的sys文件所在的路径
ns = RegSetValueEx(hkey, key_image_path, 0, REG_SZ,
```

```
                (const BYTE*)reg_driver_path,
                (DWORD)(wcslen(reg_driver_path) +1)*
                    sizeof(WCHAR));
        IF_BREAK(ns != ERROR_SUCCESS);
    } while (0);

    if (ns != ERROR_SUCCESS)
    {
        // 不成功，删除已经生成好的注册表
        SHDeleteKey(HKEY_LOCAL_MACHINE, reg_service_path);
    }
    else
    {
        ret = TRUE;
    }
    // 释放分配的内存资源
    if (reg_service_path != NULL)
    {
        free(reg_service_path);
    }
    if (reg_driver_path != NULL)
    {
        free(reg_driver_path);
    }
    return ret;
}
```

此代码的本质就是利用 RegCreateKey 和 RegSetValueEx 写入注册表。当图 4-3 中所示的注册表项写入完成，驱动程序也就安装完毕了。

这里唯一需要注意的是，InstallDriverService 这个函数主要的两个参数为服务名（service_name）和驱动程序路径（driver_path），二者都是字符串。其中，服务名是 Windows 用来管理驱动程序并作为服务加载和卸载的标识。服务名和驱动文件名没有什么关系，既可以随意指定，也可以设置得与驱动文件名一样以便记忆，但不能和这台机器上已有的其他服务名重复。而驱动程序路径是驱动程序的 sys 文件所对应的全路径。

4.3.2 以管理员模式运行及提权

虽然 4.3.1 节中已经提供了安装驱动程序的代码，但这些代码不一定能够直接运行，因为在 Windows 中安装驱动程序需要特殊的权限，具体的要求有以下两项。

- 程序必须以管理员模式运行，这是下一步进行权限提升的条件。

- 安装驱动程序的程序必须调用 API 函数来提升权限，获得可安装驱动程序的能力。

其中，第一项就是期待程序在运行时会自动出现 UAC 的弹框。申请以管理员模式运行时出现的 UAC 弹框如图 4-4 所示。

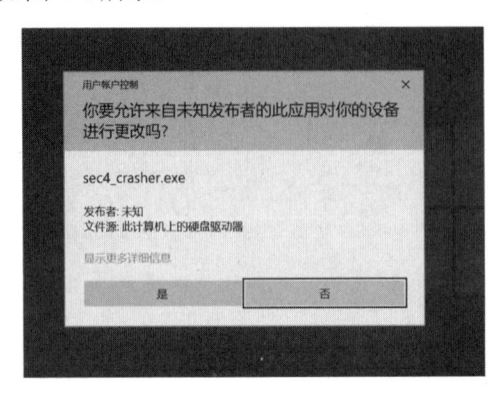

图 4-4 申请以管理员模式时运行出现的 UAC 弹框

解决的方法是，通过在 Visual Studio 工程中进行设置。但我更建议使用代码来实现。使用代码来实现的好处是，管理员权限仅在需要时申请，而不是程序一旦运行就必定弹框打扰用户。

确定必须申请管理员权限时（如安装驱动程序），调用下面代码中的函数 TryToRunAsAdmin 即可弹出图 4-4 中的弹框。

```
BOOL IsRunAsAdmin()
{
    BOOL ret = FALSE;
    PSID admins_group = NULL;
    SID_IDENTIFIER_AUTHORITY authority =
        SECURITY_NT_AUTHORITY;
    do{
        IF_BREAK(!AllocateAndInitializeSid(
            &authority,
            2,
            SECURITY_BUILTIN_DOMAIN_RID,
            DOMAIN_ALIAS_RID_ADMINS,
            0, 0, 0, 0, 0, 0,
            &admins_group));
        IF_BREAK(!CheckTokenMembership(
            NULL,
            admins_group,
            &ret));
    } while (0);
    if (admins_group)
```

```
        {
            FreeSid(admins_group);
            admins_group = NULL;
        }
        return ret;
    }

    void TryToRunAsAdmin()
    {
        do
        {
            WCHAR path[MAX_PATH];
            // 如果已经运行在管理员模式下,就直接返回
            IF_BREAK(IsRunAsAdmin());
            // 否则,获取全局路径,然后通过 runas 来获得管理员权限
            IF_BREAK(!GetModuleFileName(NULL, path, MAX_PATH));
            SHELLEXECUTEINFO sei = { sizeof(sei) };
            sei.lpVerb = L"runas";
            sei.lpFile = path;
            sei.hwnd = NULL;
            sei.nShow = SW_SHOWDEFAULT;
            IF_BREAK(!ShellExecuteEx(&sei));
        } while (0);
    }
```

上述代码显然分为两个部分。

第一部分是函数 IsRunAsAdmin 利用 Windows 的 API 函数 CheckTokenMembership 来判定当前的执行模式。

第二部分是函数 TryToRunAsAdmin。它首先调用了函数 IsRunAsAdmin 来确定是否已经在管理员模式。在判定当前不处于管理员模式的情况下,它利用 ShellExecuteEx,设置关键参数"runas",用管理员模式运行程序。

为什么 ShellExecuteEx 的参数是"runas",而不是"runas Administrator"?这一点没有明确的文档说明,我猜测是由于历史原因约定俗成的。

接下来,即便进程已经运行在管理员模式下,还需要进行特殊的提权才能安装驱动程序,代码如下:

```
// 为进程开启安装驱动的权限,必须是管理员进程才可能成功
static BOOL EanbleLoadDriverPrivilege()
{
    HANDLE hToken = NULL;
    BOOL bErr = FALSE;
```

```
        TOKEN_PRIVILEGES tp = { 0 };
        LUID luid;
        BOOL ret = FALSE;
        do{
            bErr = LookupPrivilegeValue(
                NULL, SE_LOAD_DRIVER_NAME①, &luid);
            IF_BREAK(bErr != TRUE);
            bErr = OpenProcessToken(GetCurrentProcess(),
                        TOKEN_ADJUST_PRIVILEGES, &hToken);
            IF_BREAK(bErr != TRUE);
            IF_BREAK(ANYSIZE_ARRAY != 1)
            tp.PrivilegeCount = 1;
            tp.Privileges[0].Luid = luid;
            tp.Privileges[0].Attributes = SE_PRIVILEGE_ENABLED;
            bErr = AdjustTokenPrivileges(hToken,
                    FALSE, &tp,
                    sizeof(TOKEN_PRIVILEGES),
                    NULL, NULL);
            IF_BREAK(bErr != TRUE ||
                GetLastError() != ERROR_SUCCESS);
            ret = TRUE;
        } while (0);
        if (hToken != NULL)
        {
            CloseHandle(hToken);
        }
        return ret;
    }
```

上述代码最关键的信息在①处，我们的程序必须获得一个名为 SE_LOAD_DRIVER_NAME 的权限才可以安装驱动程序，然后我们使用 Windows 的 API 函数 AdjustTokenPrivileges 进行权限的调整。需要再次强调的是，如果当前进程不具有管理员权限，那么调整不能成功。

4.3.3　加载驱动程序

即便已经在系统中安装了驱动程序对应的服务，服务也不会自动运行。对应注册表中子项 Start 为 3 的驱动程序，必须手动执行。

通过编程来实现"手动"的方法有很多种，最简单快捷的方法是调用一个由 Windows 的 ntdll.dll 中实现的函数 NtLoadDriver。其麻烦之处是，NtLoadDriver 这个函数并没有公开，因此我们必须自己在 ntdll.dll 中寻找它的入口。

好在 Windows 中正常的进程都会加载 ntdll.dll，我们编写的蓝屏工具中也有它。找到它的地址，然后调用 GetProcAddress 即可定位函数 NtLoadDriver 的地址，然后调用 ntdll.dll 即可。

此外，还有一个小问题是，NtLoadDriver 的参数并不是驱动文件的路径，而是"服务路径"。所谓的"服务路径"是指，安装好的驱动程序对应的服务在注册表中的路径，并且这个路径的起始必须是"Registry"。

具体见下面的代码例子：

```cpp
// 为进程开启安装驱动的权限。必须是管理员进程才可能成功
static BOOL EanbleLoadDriverPrivilege()
// ntdll.dll 中的一个未公开函数，可以用来加载驱动
typedef long (NTAPI* NtLoadDriverFn)(
    PUNICODE_STRING service_name);

// 在已经安装好驱动的情况下加载驱动
static BOOL StartDriver(const wstring &service_name)
{
    NtLoadDriverFn NtLoadDriver = NULL;
    HMODULE hntdll = NULL;
    wstring service_path;
    UNICODE_STRING us_service_path = { 0 };
    long ns = 0;
    BOOL ret = FALSE;
    // 在注册表中的路径
    WCHAR reg_path[] =  ①
            { L"\\Registry\\Machine\\System\\"
            "CurrentControlSet\\Services\\" };
    // ntdll.dll 的名字
    WCHAR ntdll_name[] = { L"ntdll.dll" };
    // NtLoadDriver
    char func_name[] = { "NtLoadDriver" };
    // 组合出服务名字符串
    service_path += reg_path;
    service_path += service_name;
    do{
        //如果服务名过长，我们就直接放弃。这是一个确保安全的兜底手段
        IF_BREAK(service_path.length() > MAX_PATH);
        // 构造一个 UNICODE_STRING
        us_service_path.Buffer = (PWSTR)service_path.c_str();
        us_service_path.MaximumLength =
                (USHORT)service_path.length() * sizeof(WCHAR);
```

```cpp
            us_service_path.Length =
                (USHORT)service_path.length() * sizeof(WCHAR);
        // 找到未公开函数 NtLoadDriver 的地址
        hntdll = GetModuleHandle(ntdll_name);
        IF_BREAK(hntdll == NULL);
        NtLoadDriver = (NtLoadDriverFn)GetProcAddress(
            hntdll, func_name); ②
        IF_BREAK(NtLoadDriver == NULL);
        // 调用函数 NtLoadDriver 加载驱动
        ns = NtLoadDriver(&us_service_path);
        // 0xC000010E 是 STATUS_IMAGE_ALREADY_LOADED
        // 这种情况表明驱动已经加载
        IF_BREAK(ns != 0 && ns != 0xC000010E);
        ret = TRUE;
    } while (0);
    if (hntdll != NULL)
    {
        CloseHandle(hntdll);
    }
    return ret;
}
```

注意，上面代码中的①处表明了函数 NtLoadDriver 的服务路径字符串要如何拼凑，②处的代码则展示了如何获取未公开函数 NtLoadDriver 的地址来作为函数指针。

4.3.4 完成并加载蓝屏驱动程序

这里我只提供一个触发蓝屏的小驱动程序，下面是该程序在内核模式下的代码。请自建工程，编译成 sec4_crasher.sys 的驱动程序。

```cpp
#include <fltKernel.h>

// 用一个有纪念意义的数字作为我们固有的 BugCheck Code
#define MY_BUGCHECK_CODE 0x110530

extern "C" NTSTATUS DriverEntry(
    PDRIVER_OBJECT driver, PUNICODE_STRING reg_path)
{
    driver, reg_path;
    KeBugCheck(MY_BUGCHECK_CODE);
    // 因为前面已经调用了 BugCheck，所以这里返回什么不再重要
}
```

这是一个非常简单的驱动程序，唯一的作用是使用 KeBugCheck 产生蓝屏。

编译成 sec4_crasher.sys 之后，我们还需要写一个用户态的 exe 程序来加载它。前面我们已经做了足够的准备，这个工作进行起来不会太难。

首先，假定对应的 sys 文件在同个目录下，我们要获得 exe 程序所在的路径，并加上 sys 文件名来拼凑一个 sys 文件的全路径。

```cpp
//获得驱动的全路径。默认 sys 文件和 exe 文件在同一个路径下
// 先获得 exe 程序的路径，然后找到最后一个\\，将后面的内容替换为 sys
static wstring GetDriverPathFromName(
    const wstring &driver_name)
{
    WCHAR file_path[MAX_PATH] = { 0 };
    wstring str_file_path;
    do{
        // 获得程序的运行路径，包含本程序名
        IF_BREAK(GetModuleFileName(NULL, file_path, MAX_PATH)
            == 0);
        str_file_path = file_path;
        size_t slash_index = str_file_path.rfind('\\');
        str_file_path.erase(slash_index + 1);
        // 拼接要加载的驱动的完整名字
        str_file_path += driver_name;
    } while (0);
    return str_file_path;
}
```

接下来，安装驱动程序，然后使用 NtLoadDriver 运行它。我把这两个功能合并成一个，代码如下：

```cpp
BOOL InstallAndStart(
    const WCHAR* service_name,
    size_t service_name_len,
    const WCHAR* driver_name,
    size_t driver_name_len)
{
    BOOL ret = FALSE;
    HANDLE device = NULL;
    wstring driver_path;
    do{
        // 尝试安装驱动，首先要获得权限
        ret = EanbleLoadDriverPrivilege();
        IF_BREAK(!ret);
        // 获取驱动程序完整路径
```

```
            driver_path = GetDriverPathFromName(driver_name);
            IF_BREAK(driver_path.empty());
            // 和 OSR Driver Loader 一样，先要尝试安装服务
            ret = InstallDriverService(
                service_name,
                service_name_len,
                driver_path.c_str(),
                driver_path.length());
            IF_BREAK(!ret);
            // 如果安装成功，就尝试启动驱动程序
            ret = StartDriver(service_name);
            IF_BREAK(!ret);
            ret = TRUE;
    } while (0);
    return ret;
}
```

上述代码是我们前面编写的系列函数的组合。完成提权后，会获得安装驱动权限、驱动程序路径、安装驱动服务、加载驱动执行，实现全过程完整的操作。

最后，在 main 函数中的实现已变得非常简单，代码如下。考虑到每个人写的头文件不一样，这里省略了所有头文件的部分。

```
// 强制蓝屏工具。简单地加载 sec4_crasher.sys，导致蓝屏
int main()
{
    // 运行这个代码需要获取管理员权限。如果没有权限，就无法加载驱动程序
    TryToRunAsAdmin();
    // 安装并运行 sec4_crasher_drv（假定 sec4_crasher.exe 和
    // sec4_crasher_drv.sys 在同一目录下）
    if(InstallAndStart(
        L"sec4_crasher_drv",
        sizeof(L"sec4_crasher_drv") / sizeof(WCHAR),
        L"sec4_crasher_drv.sys",
        sizeof("sec4_crasher_drv.sys") / sizeof(WCHAR)))
    {
        printf("Failed to install and load the driver.\r\n");
    }
}
```

在实际项目中，除了硬件驱动程序，很少有驱动程序是按照微软提供的标准方法，也就是使用 inf 文件来进行安装的。绝大部分需要使用驱动程序的软件都会使用代码来安装和加载驱动程序，因此本章的代码非常有实用价值。

4.4 转储文件分析示例

4.4.1 非法内存访问的转储文件

下面展示一个实际的内存访问导致蓝屏，然后分析转储文件的例子。

首先是在用户的机器上发生了蓝屏。如果系统是 Windows 10，那么用户会看到蓝屏界面。一次典型的 Windows 10 蓝屏界面如图 4-5 所示。

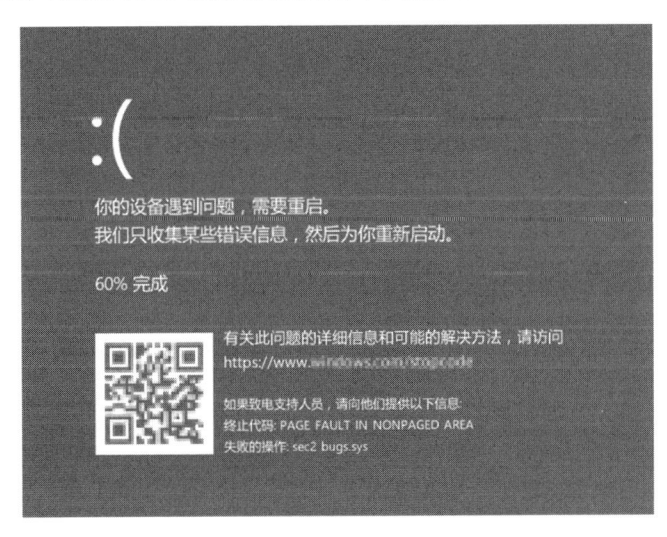

图 4-5　一次典型的 Windows 10 蓝屏界面

图 4-5 中最有价值的信息出现在界面的最下部，即"失败的操作：×××.sys"，直接提示了用户发生蓝屏的驱动的文件名。

毫无疑问，如果发生了这样的蓝屏，那么×××.sys 这个驱动程序的代码是最可疑的，但这并不绝对。我们绝不可以在用户声称安装了我们的软件之后出现蓝屏时，因为蓝屏上没有出现我们的驱动的名字，就表示与我们无关。整个 Windows 内核是一体的，中间并无用户进程那样的隔离。一个有缺陷的驱动程序导致另一个驱动程序出现蓝屏是完全有可能的，第 6 章中会有关于此类问题的详细论述。

此外，"终止代码"就是前面提到的缺陷检查码，这里使用有意义的语言进行描述。假定用户之前已经进行了生成小转储文件的设置，则出现蓝屏的时候会自动产生转储文件。但如果缺乏自动上传转储文件的机制，我们就必须指导用户找到转储文件。现在，我们应该先让用户显示隐藏文件和系统文件，以及文件扩展名，否则很难找到对应的文件。显示隐藏文件、系统文件和文件扩展名的操作如图 4-6 所示。

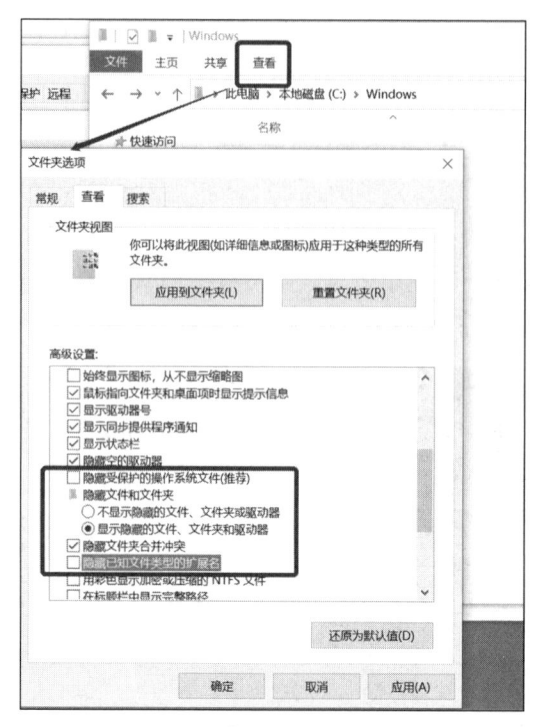

图 4-6　显示隐藏文件、系统文件和文件扩展名的操作

需要注意的是，在 Windows 10 上，点击资源管理器上的"查看"之后，必须在最右侧选择"选项"，才会出现"文件夹选项"窗口。

将"隐藏受保护的操作系统文件（推荐）"前面的勾选去掉，选中"显示隐藏的文件、文件夹和驱动器"，取消勾选"隐藏已知文件类型的扩展名"，就可以看到转储文件了。已有的小转储文件保存在 Windows\Minidump 目录下，如图 4-7 所示。

图 4-7　小转储文件保存在 Windows\Minidump 目录下

我们注意到，转储文件并不只有一个。如果不是有意删除（有些软件会在提交转储文件后将其删除），那么历史上出现过的崩溃所对应的小转储文件都会存放在这里。我们可以按文件修改日期进行排序，这样就能明确获知最近发生的崩溃所对应的转储文件是哪一个。

在使用虚拟机调试的时候，你可能会发现这些文件无法从虚拟机中复制出来，其实只要先将其复制到虚拟机的桌面上，再往外复制就不成问题了。当然，你必须拥有管理员权限。

在得到转储文件之后，我们可以打开一个 WinDbg，直接把转储文件拖到 WinDbg 中。最初显示出来的是一些系统版本之类的信息，我们可以输入"!analyze -v"，对转储文件进行初步分析，如图 4-8 所示。

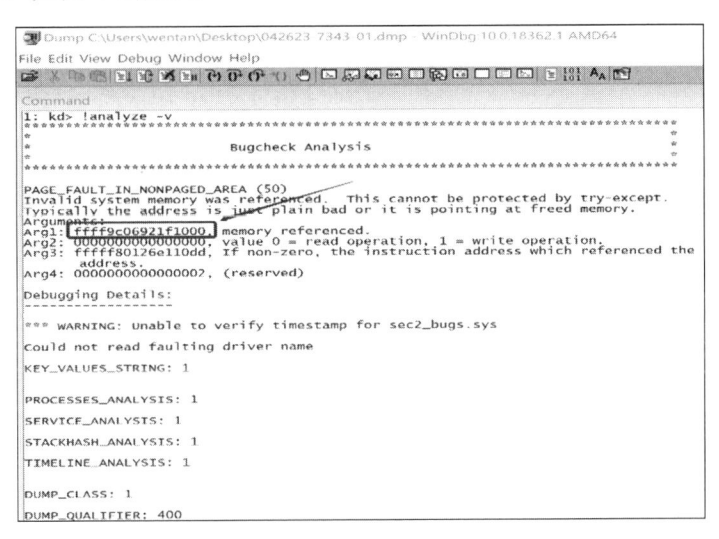

图 4-8　对转储文件进行初步分析

针对这个转储文件，PAGE_FAULT_IN_NONPAGED_AREA 告诉我们这是一个非法地址访问，并且使用方框标出的地址以"000"结尾，说明这大概率是一个跨页的越界。

下面我输入 k 命令来查看调用栈。在无符号表的情况下对小转储文件做栈回溯，效果如图 4-9 所示。因为没有符号表，所以即便我们知道问题与驱动 sec2_bugs（这是我写来专门演示 Bug 的驱动）有关，也无法知道具体对应的代码行。

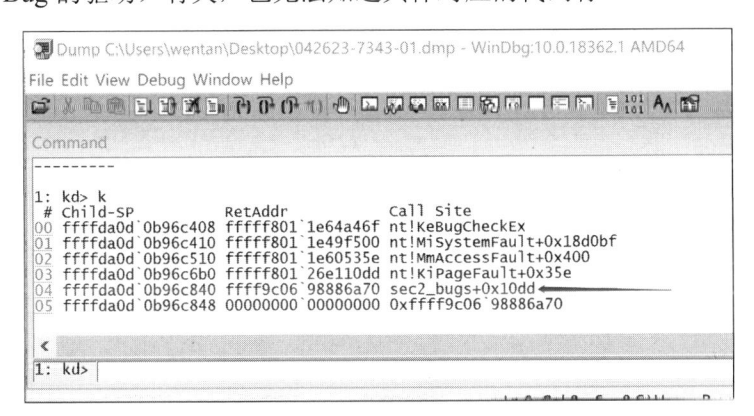

图 4-9　在无符号表的情况下对小转储文件做栈回溯

这是因为我们的文件和 Windows 的内核组件不同。我们的文件需要自己确认版本，并设置好符号表搜索路径。当然，这样做的前提是，针对每个用户机器上的驱动版本，我们都得能够找到对应的符号表。因此，我们要在平时打包发布版本的时候，就留存符号表并正确存档。

如果符号表丢失了，那么试图再重新编译获得与当时完全一样的符号表是不可能的，只能尽量保证在源码和编译器一致的情况下获取近似版本。

现在假设我们有符号表，打开 WinDbg 的主菜单"File"，选择"Symbol path"，把符号表路径添加到最前面，并使用分号将其和后面的隔开。设置符号表的操作如图 4-10 所示。

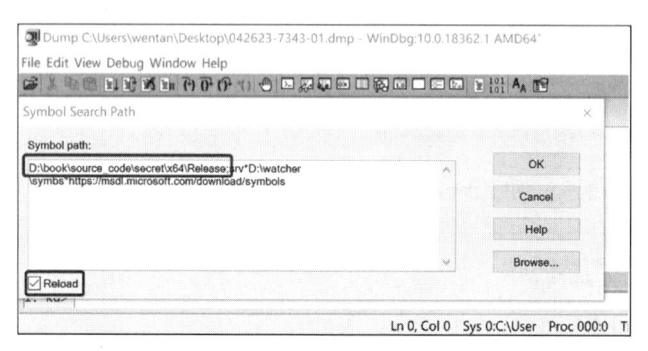

图 4-10　设置符号表的操作

设置完成后，记得要勾选左下角的"Reload"，再点击右侧的"OK"按钮，之后 WinDbg 会自动解析符号表。最后再次输入 k 命令，我们就可以看到调用栈被对应到了代码行上，如图 4-11 所示。

图 4-11　转储文件分析中调用栈被对应到了代码行上

这时，使用鼠标点击图 4-11 中调用栈每行右边对应的源码提示就可以立刻跳转到相应的代码行。我们能看到这是对 UNICODE_STRING.Buffer 调用 wcslen 导致的越界，如图 4-12 所示。

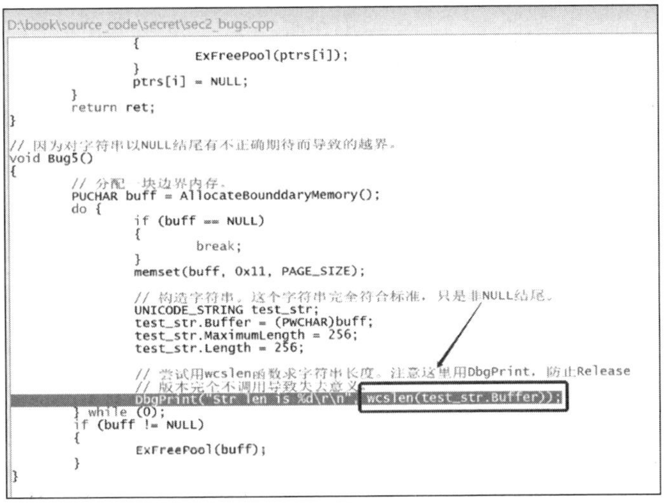

```
D:\book\source_code\secret\sec2_bugs.cpp
                {
                        ExFreePool(ptrs[i]);
                }
                ptrs[i] = NULL;
        }
        return ret;
}

// 因为对字符串以NULL结尾有不正确期待而导致的越界。
void Bug5()
{
        // 分配一块边界内存。
        PUCHAR buff = AllocateBounddaryMemory();
        do {
                if (buff == NULL)
                {
                        break;
                }
                memset(buff, 0x11, PAGE_SIZE);

                // 构造字符串。这个字符串完全符合标准，只是非NULL结尾。
                UNICODE_STRING test_str;
                test_str.Buffer = (PWCHAR)buff;
                test_str.MaximumLength = 256;
                test_str.Length = 256;

                // 尝试用wcslen函数求字符串长度。注意这里用DbgPrint，防止Release
                // 版本完全不调用导致失去意义。
                DbgPrint("Str len is %d\r\n", wcslen(test_str.Buffer));
        } while (0);
        if (buff != NULL)
        {
                ExFreePool(buff);
        }
}
```

图 4-12　对 UNICODE_STRING.Buffer 调用 wcslen 导致的越界

原因是我们使用了一个不以 NULL 结尾的 UNICODE_STRING。对这个字符串调用 wcslen()这种 C 语言风格的求长度函数，在寻找结尾的 NULL 过程中，读取越过了页面边界，因为下一个页面并不存在，所以出现了崩溃。

这样，我们从用户发来的转储文件中定位到了自己的错误代码，就能成功解决用户机器上实际发生的缺陷。

4.4.2　进程强卡死的转储文件

必须再次说明的是，并不是任何情况我们都可以取得转储文件。比如，当整个系统卡死的时候，有时 Windows 能自己检测到蓝屏并生成转储文件，有时不能。此时用户除了重启或关机，别无他法。

但在只是一些进程强卡死，而 Windows 还可以运作的时候，是可以取得转储文件的。如果用户反馈了这种情况并同意配合，那么你可以把在 4.3 节中编写的强制蓝屏工具发送给他，这样当他的机器出现蓝屏之后，就可以获得一个蓝屏转储文件。

这里我们通过实际操作来演示一次。请翻阅第 3 章，其中给出了一个进程卡死的例子，现在将代码实现并编译。这里需要注意的是，如果想要避免系统完全卡死，就不要使用自旋锁。

首先，我们选择 3.2 节实现的、任何进程退出的时候都会卡死而无法成功退出的例子，将其编译为 sec2_deadlock.sys（我注释了其中使用自旋锁的部分）。

其次，通过把虚拟机启动成非调试模式（启动的时候请按 F8 键关闭签名强制，因为本书示例编译的驱动都没有签名，非调试模式无法加载）来模拟真实用户机器上的情况。

最后，我们把 4.3 节已经实现的强制崩溃工具 sec4_crasher.exe 和 sec4_crasher_drv.sys

一并复制进虚拟机。这就构成了一个演示进程强卡死的环境，如图 4-13 所示。

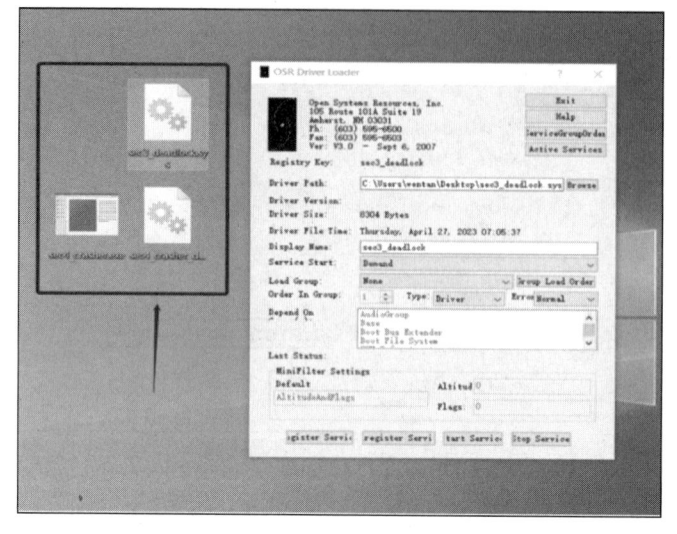

图 4-13　一个演示进程强卡死的环境

注意，此时的 Windows 是正常运行的，没有连接 WinDbg，我们无法调试它。使用 OSR Driver Loader 加载 sec2_deadlock.sys 之后，再打开一个记事本，然后将其关闭。

此时查看任务管理器，会发现使用任务管理器无法杀死这些记事本，而且 CPU 占用率较高。记事本已变成僵尸进程，如图 4-14 所示。

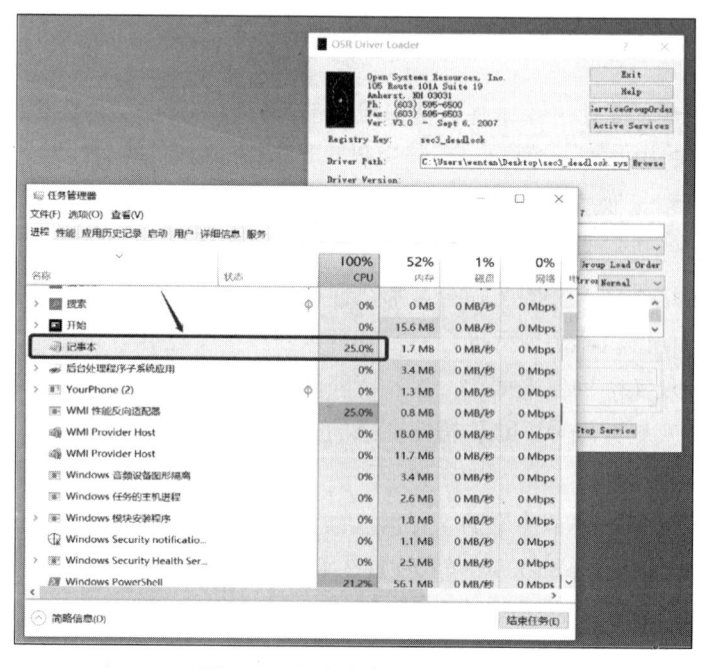

图 4-14　记事本变成僵尸进程

此时双击 sec4_crasher.exe 就会强制发生蓝屏，如图 4-15 所示。在蓝屏提示的最后一行文字中，我们可以看到 0x00110530，这正是我们自定义的缺陷检查码。此后，按图 4-7 给出的位置找到小转储文件。

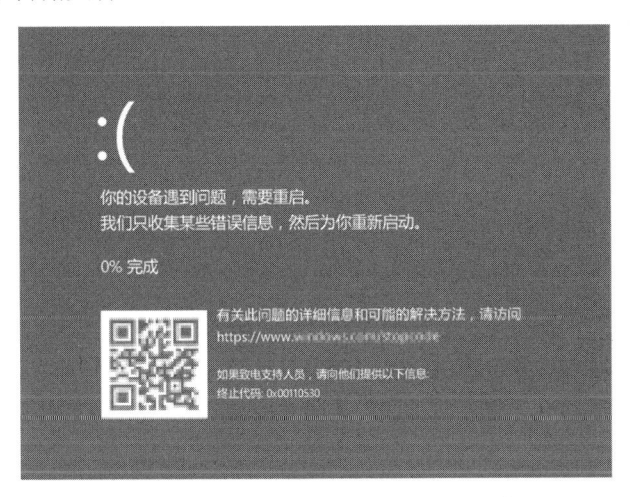

图 4-15　双击 sec4_crasher.exe 强制发生蓝屏

但在 WinDbg 中打开小转储文件的时候，我发现了一个意外。在卡死的情况下，我们正常状态下会使用!dml_proc 命令查看进程，并选择一个进程来查看线程状态，或者直接使用!running -it 命令来查看 CPU 状况。

但实际上，我在使用这两个命令时都遇到了障碍，小内存转储文件中的!dml_proc 命令和!running -it 命令均不可用，如图 4-16 所示。这两个命令都提示有内存无法读取，导致无法显示结果，唯一可显示的信息是崩溃时的调用栈。

图 4-16　小内存转储文件中的!dml_proc 命令和!running -it 命令均不可用

而现在，有关调用栈的信息对我来说是最无用的，因为调用栈显示的是我们使用强制崩溃工具引起蓝屏时的调用栈，而真正的缺陷是卡死。

造成这个问题的原因是，我们使用的是小内存转储文件。Windows 系统为了保证转储文件足够小，只会保留和崩溃有关的内存，而在使用强制蓝屏工具的时候，和崩溃有关的部分内存恰恰是最无用的。

如果想要使用强制蓝屏工具从用户的机器上提取转储文件，就至少必须设置"核心内存转储"，在这种情况下整个内核的内存都会被保存下来。选择"核心内存转储"的操作如图 4-17 所示。

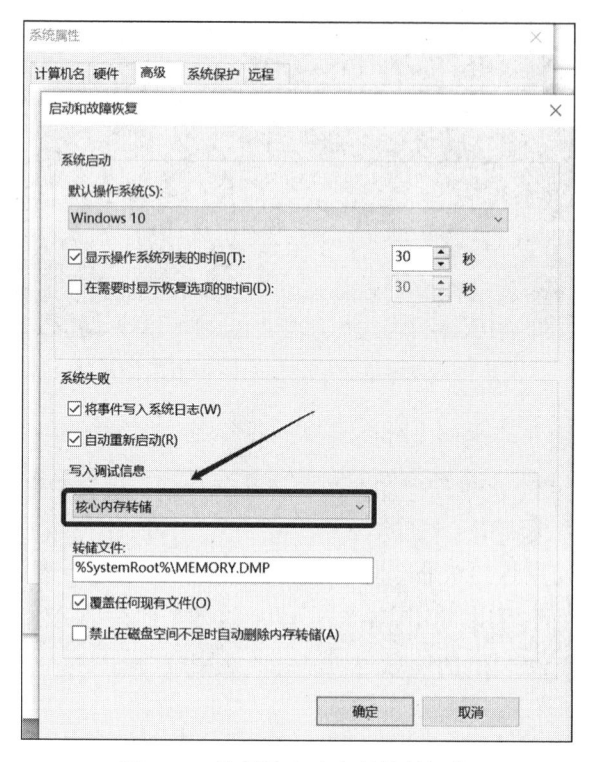

图 4-17　选择核心内存转储的操作

如果调试这个缺陷不但需要观察内核内存，还需要查看某个进程的内存空间，就必须选择"完全内存转储"。此时转储文件会比较大，一般都会超过 1GB。

在选择了"核心内存转储"之后，可以重复进行上述测试。

需要注意的是，核心内存转储文件的名字和小内存转储文件不同，其文件名永远是 memory.dmp，总是存放在 Windows 目录下，并且在使用核心内存转储的时候，下一次崩溃发生时前一次崩溃产生的文件就会被覆盖。因此，转储文件一定要及时取出，避免被覆盖而损失掉。

在按前面的操作重现卡死之后，我发现之前无法使用的!dml_proc 命令、!running -it 命令现在都可以正常使用了。使用!running -it 命令能直接看到，虚拟机的四个 CPU 核心中有两个核心陷在一个进程通知回调函数的死循环中，如图 4-18 所示。

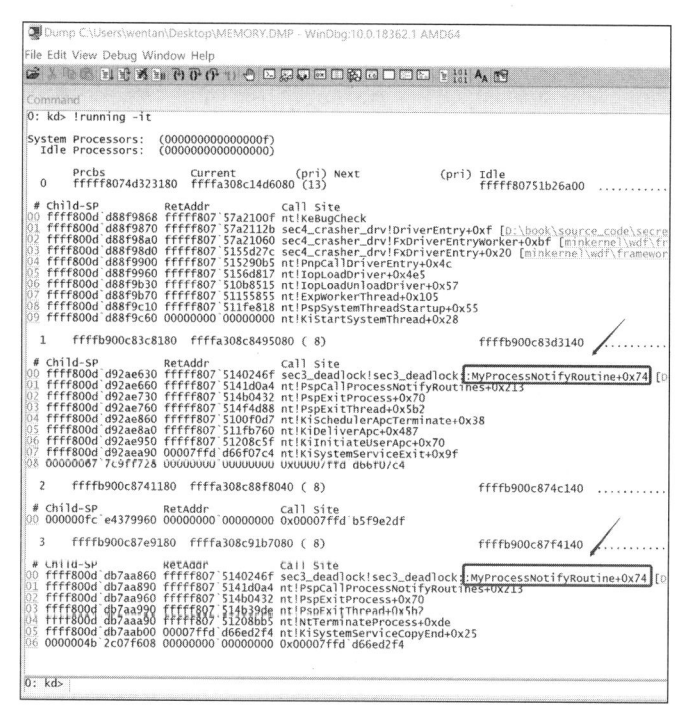

图 4-18　两个核心陷在一个进程通知回调函数的死循环中

就这样，我们轻松地协助用户（其实是用户协助我们）定位了卡死的真正原因。

4.4.3　内存泄漏的转储文件

在大多数情况下，不存在需要分析用户提交内存泄漏的转储文件的情况。自测或测试部门报告的内存泄漏都可以直接进行调试，不需要使用转储文件。而在大规模外网应用时，我们可以通过日志上报来监控是否存在内存泄漏的情况。

用户可能会抱怨性能低下、安装软件后导致机器变慢等，但除非是非常专业的用户，否则很少有用户会投诉抱怨内存泄漏的问题。

我们在远程协助用户定位问题的时候，可以通过任务管理器或其他系统性能监视工具来观察是否存在内存泄漏的情况。一旦确认了用户的机器上存在内存泄漏，就可以使用 PoolTag.exe[1] 之类的工具直接在用户的机器上观察可能泄漏的原因。

但如果因种种情况，用户不能长时间配合（如用户是某明星或某公司董事长），我们就可以使用蓝屏工具快速生成一个转储文件，并把转储文件取回分析，以此节约时间。

本节的内容比较简单，因为我无须再次演示内存泄漏，只需要验证转储文件和实际

---

[1] 这是微软提供的可免费下载的工具，和图 3-5 的效果一样，可以展示各个不同 Tag 的内存分配和释放状况。如果需要，你可以通过搜索引擎找到下载地址。

连接被调试机一样可以查看内存使用状况即可。唯一需要注意的是，这种情况和卡死的情况一样，无法使用小内存转储文件。我尝试使用一个小转储文件，对小转储文件使用!vm 命令，如图 4-19 所示。

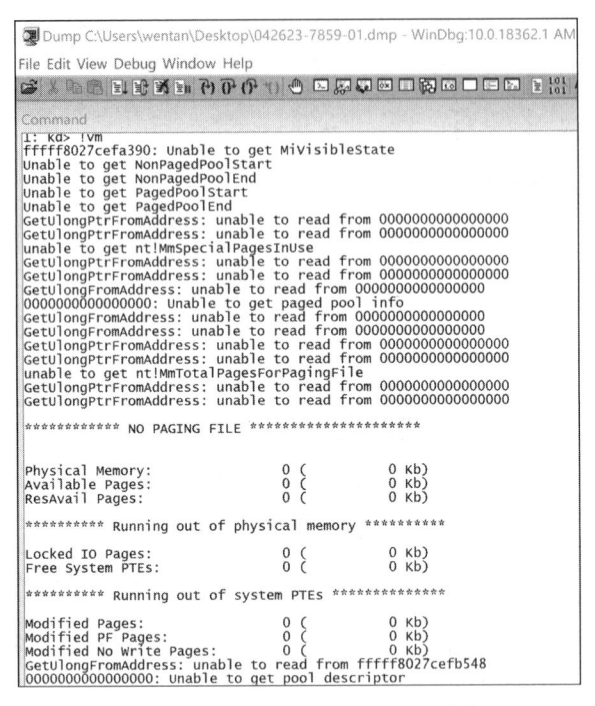

图 4-19　对小转储文件使用!vm 命令

大量信息无法获取，各种参数输出的都是 0。但在我改用核心内存转储文件之后，这个问题得到了解决。对核心内存转储文件使用!vm 命令可以正常获取信息，如图 4-20 所示。

图 4-20　对核心内存转储文件使用!vm 命令可以正常获取信息

可以发现，不但全局信息可以正常获取，而且使用!vm 命令输出了各个进程的内存使用量信息，如图 4-21 所示。

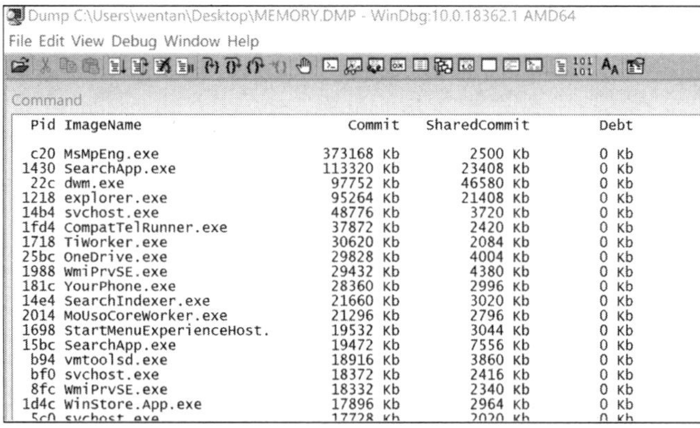

Pid	ImageName	Commit	SharedCommit	Debt
c20	MsMpEng.exe	373168 Kb	2500 Kb	0 Kb
1430	SearchApp.exe	113320 Kb	23408 Kb	0 Kb
22c	dwm.exe	97752 Kb	46580 Kb	0 Kb
1218	explorer.exe	95264 Kb	21408 Kb	0 Kb
14b4	svchost.exe	48776 Kb	3720 Kb	0 Kb
1fd4	CompatTelRunner.exe	37872 Kb	2420 Kb	0 Kb
1718	TiWorker.exe	30620 Kb	2084 Kb	0 Kb
25bc	OneDrive.exe	29828 Kb	4004 Kb	0 Kb
1988	WmiPrvSE.exe	29432 Kb	4380 Kb	0 Kb
181c	YourPhone.exe	28360 Kb	2996 Kb	0 Kb
14e4	SearchIndexer.exe	21660 Kb	3020 Kb	0 Kb
2014	MoUsoCoreWorker.exe	21296 Kb	2796 Kb	0 Kb
1698	StartMenuExperienceHost.	19532 Kb	3044 Kb	0 Kb
15bc	SearchApp.exe	19472 Kb	7556 Kb	0 Kb
b94	vmtoolsd.exe	18916 Kb	3860 Kb	0 Kb
bf0	svchost.exe	18372 Kb	2416 Kb	0 Kb
8fc	WmiPrvSE.exe	18332 Kb	2340 Kb	0 Kb
1d4c	WinStore.App.exe	17896 Kb	2964 Kb	0 Kb
5c0	svchost.exe	17728 Kb	2020 Kb	0 Kb

图 4-21　使用!vm 命令输出了各个进程的内存使用量信息

此外，使用!poolused 命令也完全没有问题，建议读者自行尝试。

本章内容主要解决了如何在无法连接调试器，但可以从用户机器上获得转储文件的情况下进行缺陷调试的问题。无论如何，还有很多情况是既无法连接调试器，又不可能取得转储文件，甚至根本无法联系到用户的。对于此类问题，我将介绍如同万能钥匙一般，可以应用于任何情况的万能的缺陷调试方法，详见第 5 章。

第 5 章
海量用户项目开发与调试

本章主要介绍海量用户项目的开发与调试，将从缺陷出发，并逐步使用开发的手段为解决这些缺陷提供方法。其中涉及两类缺陷：一类是"无法调试"的缺陷，另一类是"未知"的缺陷。

所谓"无法调试"的缺陷，是指无法使用调试器调试或无法分析转储文件的缺陷。这种情况在实际的项目中很常见。

所谓"未知"的缺陷，是指在外网虽然可能发生，但我们并没有直接感知到（无有效反馈，无有效上报，无转储文件上报），或者说我们根本不知道是否存在的缺陷。这种情况仅存在于拥有海量用户的项目中。

毫无疑问，作为软件商，我们都希望用户的数量越多越好。但是和为少量用户服务或根本没有用户使用的软件产品不同，海量的用户会给开发者带来意想不到的问题。

很多开发者会考虑到大量用户拥塞给服务器带来的考验，但会忽略客户端方面的潜在问题，这是错误的。大量用户会在几个方面给客户端的开发和运营带来沉重压力。

- 庞大的用户数量会导致微小概率被极大地提高。也就是说，测试时根本不可能遇到的情况会在实际中发生，导致缺陷暴露。几乎百分之百会出现大量蓝屏、卡死，或者其他系统异常的反馈。
- 各种缺陷的暴露，加之用户数量众多，小缺陷也很容易被舆论发酵。巨大的反馈单量会淹没有价值的信息，让试图解决问题的开发者无所适从。
- 外网情况复杂，用户在使用我们的软件的同时，也在大量使用其他软件。外网到底有没有发生问题，发生的问题是否与我们的软件有关，本身很难判断。
- 即便修复缺陷，软件更新也会变得意外地麻烦。大量用户意味着大量更新不同步，外网版本碎片化，解决过的旧缺陷不断被尚未更新的用户反馈，开发者要浪费大量人力反复调查。

我发现如果没有经历过实际的项目运营，我遭遇的很多情况就根本不会预想到，因此在本章中，我会尽量总结获得的教训和经验，并提出解决办法，帮助读者未雨绸缪地减少问题的出现。

5.1 "无法调试"的缺陷

第 4 章中曾经提到，只有进程卡死的时候，强制蓝屏工具才是有效的。如果发生了系统卡死，那么用户只能重启计算机，没有别的选择，这时无法获得转储文件。

如果无法连接调试器，也无法获得转储文件，那么我们在前面学习过的所有调试手段都无法使用。如果把连接调试器或分析转储文件作为狭义的调试[1]，那么这也算是"无法调试"的缺陷了。

本节首先将介绍如何解决此类"无法调试"的缺陷。这看起来和"海量用户项目"无太多关系，但事实上二者关系很紧密。

"海量用户"意味着用户分布在五湖四海，调试者根本不可能前往用户所在地，而且用户也不一定同意上传转储文件。在面对海量用户的时候，首要的问题就是要能解决大量"无法调试"的缺陷。

本节要讲述的解决方法将是定位任何缺陷和提出解决方案的基础。

5.1.1 缺陷到底能否被解决

有一种情况：缺陷发生的时候，系统记录了足够多的信息，可以明确定位这个缺陷的根源，此时修复方式同时也可确定，即"首现即解决"。可惜的是，这种情况非常罕见。常见的情况是，缺陷并未"首现即解决"。对于已出现但未能解决的缺陷，我们常常被问到的问题是，这个缺陷能否被解决？这个缺陷究竟需要多久才能解决？

未解决的缺陷能否被解决并不取决于能否进行狭义的调试，而是取决于调试者能否重现缺陷。这里所说的重现缺陷是指让缺陷再次发生。重现缺陷所需要的时间决定了解决缺陷所需要的时间，重现所需要的时间越长，解决缺陷所需要的时间也越长，反之亦然。

当然，重现缺陷并不意味着调试者一定要亲手操作，由用户重现缺陷并通知调试者，并且配合调试者的调查工作，效果也是一样的。

无法重现的未解决缺陷是不能被解决的。想象这样一种情况：某年某月某用户反馈出现了一次系统卡死，但当调试者试图调查时，用户回应此问题只出现过一次，之后再也没有出现。调试者调查了用户的系统，没有得到有价值的线索，无法实现"首现即解决"。他按用户回忆的操作进行了大量尝试，但一直无法再现用户所说的问题。其他用户

---

[1] 反之，我们也可以把任何试图解决缺陷的行为都定义为广义的调试。

也没有反馈过类似的情况。

那么，这个问题可以得到解决吗？简而言之，用户和调试者都无法重现的缺陷可以被解决吗？答案是不能，因为我们缺乏解决问题的足够信息。

有些管理者坚持认为："虽然这个问题无法重现，但你也必须要解决！"或者是"你怎么知道这个问题未来不会再次出现？你们一定要在它再次出现之前解决它！"

要求开发者或调试者去解决一个无法重现的缺陷，这不符合客观规律且强人所难。即便是真的"解决"了，我们又如何证明现在"解决"的缺陷，就是当初用户反馈的那一个呢？

但反过来，如果缺陷可以重现，那么问题必然是可以解决的。考虑一个极端情况：缺陷可以通过固定的操作在几秒内或几分钟内重现。此类缺陷被称为必现缺陷。必现缺陷无论是否能够进行狭义的调试，往往只需要遵循固定的分段排除法，就一定可以在短时间内解决。

在还在使用 Windows 98 的时代，我在开发 DLP（数据防泄漏保护）的文件过滤驱动的时候曾碰到过一个情况：安装了我们的系统之后，用户在使用 Microsoft Office 办公软件（以下简称 Office）编辑某个固定位置的文件时，必然出现 Office 的弹框错误。这种情况虽然可以调试，但直接调试 Office 非常困难。Office 是复杂而庞大的用户态软件，而我们的代码运行在内核态。症状与根源相距过于遥远，这种调试往往耗尽精力而一无所获。

但我可以肯定的是，问题出在我们的文件过滤驱动上。当我把文件过滤驱动移除后，这个错误弹框就立刻消失了；而在将其恢复之后，错误弹框又重新出现了。之后，我就把文件过滤驱动中的代码分成许多部分，通过一部分一部分地添加注释进行排除，也就是采用了前面提到的**分段排除法**。当时这个文件过滤驱动无法动态卸载，每次安装和卸载都必须重启系统。经过一下午，大概五十多次注释代码，然后重启的循环操作后，我找到了问题。

问题的根源出在文件过滤驱动中对文件名进行了变换处理。程序很好地处理了长文件名，但在 Windows 下还存在一种非常离谱的 5.3 格式的短文件名。文件过滤驱动对短文件名的变换处理是错误的，因此 Office 在某个时刻使用短文件名访问文件时就出现了错误。

这个实例展示了在无法或很难使用调试器进行调试的时候，我们依然可以使用一些手段解决问题。同时，当重现时间很短的时候，解决问题的时间同样随之缩短。

另一个极端情况是：典型的"偶现缺陷"。某用户平均数月或一年可以重现一次某个缺陷。那么，在不考虑程序、用户，以及调试者的寿命的情况下，解决问题可能需要数年甚至数十年的时间。但只要调试者努力坚持去做，终究还是能解决的。

对一般的用户来说，一年或几个月出现一次蓝屏根本不会引起注意，产生此类反馈的往往是对稳定性要求比较高的服务器。在我的职业生涯中，我只遇到过一次，某个服务器平均六个月崩溃一次，当时是我的同事进行了"调试"，但因为他不可能在服务器上连接一年调试器，所以使用的方法依然是分段排除法。只是他必须很小心地调整功能，让服务器还能维持基本工作，但其中部分功能被关闭和替代。中途，他意外发现问题的根源其实是内存泄漏，只是泄漏得非常缓慢，需要大约六个月的时间才能让内存耗尽导致问题暴露，而代码量又非常庞大，很难找到泄漏点。

好在确认问题是内存泄漏之后，定位速度变快了，因为只要检测到内存消耗有不可逆的缓慢增长，就等于重现了问题。于是，他通过排除法最终找到了泄漏点。修复之后，用户的服务器运行了一年都未再崩溃。从解决到问题验证完，这一过程历经好几年。

这个实例同样展示了缺陷重现时间和解决时间之间的关系。当缺陷重现周期非常长的时候，解决其所需要的时间也随之拉长。但如果重现缺陷的时间缩短了，解决其所需要的时间也随之缩短。

5.1.2 解决缺陷的通用手段和模式

本节将要介绍的是解决一切缺陷的固有模式，如图 5-1 所示。

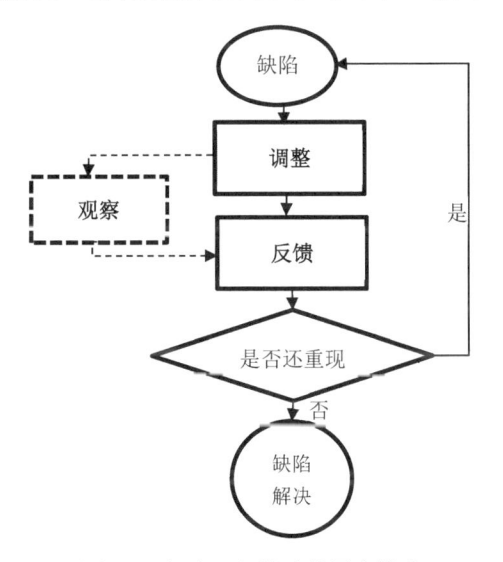

图 5-1 解决一切缺陷的固有模式

无论是否存在调试器，调试缺陷的本质都是一个不断调整代码，使缺陷消失的过程。因此，只要有两个手段同时存在，我们就可以进行调试。

（1）**调整程序的手段**。既包括修改代码重新编译，也包括调整程序的配置或变更环境，还包括手动打热补丁修改机器码。

（2）**获取反馈的手段**。无论是自己直接观察缺陷是否还存在，还是等待用户是否还反馈同样的问题，都是获取反馈的手段。

还有一种手段，虽然不是必须使用的，但能极大地提高我们解决问题的效率，那就是**观察程序运行过程和中间结果，或者直接重新审视代码，从而寻找问题**。

本书将上述三种调试手段分别简称为**调整**、**反馈**和**观察**[1]。任何缺陷的解决过程，必然如图 5-1 所示。

无论是阅读代码还是使用调试器，都只是观察。观察只是辅助手段，而不是必需的。无论是否可以进行狭义的调试，都不影响问题的可解决性。

注意，在图 5-1 中，"观察"使用虚线框表示，原因是观察并非必要的手段。在缺乏观察中间结果的能力时，仅通过获取最终反馈也可以进行调试。但观察可辅助调试者做出更精准的调整，减少上述循环的次数，使问题尽快得到解决。

5.1.3　用分段排除法调整定位缺陷

在各种缺陷调试的方法中，如果你问哪一种方法让我解决了最多的疑难杂症，那肯定不是使用调试器来逐行代码调试。如果一个环境能够支持使用调试器，就已经不能算是存在疑难杂症了。大部分疑难杂症不是因为问题有多复杂，而是环境限制了调试的手段。一颗螺丝钉正常情况下使用一把适配的螺丝刀就可以卸下来，但如果上面刚好被某个坚不可摧的零件挡住，螺丝刀根本无法使用，如何卸下螺丝钉就成了难题。

在实际的项目中，我们遇到的大多数是这种情况。用户反馈程序出现问题导致蓝屏或卡死，但从发过来的转储文件中又得不到有价值的信息，同时我们也无法去用户那里连接调试器。唯一幸运的是，用户愿意配合我们调试。

当审视代码发现并无效果后，就要使用我们常用的分段排除法了。分段排除法简单但有效，具体的步骤如下。

（1）明确缺陷可以重现。

无论缺陷是用户当场就可以重现，还是重复操作三四次就可以重现，或者用户表示"虽然缺陷暂时不会出现，但我用几天肯定会出现"，这都是一种明确的方法。按照我们在 5.1.1 节中讲过的内容，这样的缺陷是一定可以解决的。

（2）找到一个缺陷消失点作为**调试起点**。

所谓**缺陷消失点**，是指缺陷不存在时的计算机的状态。任何此类由用户反馈的缺陷都有一个原始缺陷消失点，即当卸载或关闭了被怀疑的程序之后。

假定卸载或关闭了可疑程序，但缺陷还存在，就说明此缺陷与该程序无关。如果这个缺陷与该程序有关，就必然存在上述的原始缺陷消失点。

---

[1] 强调一下，本章中的"观察"是指观察程序运行的中间结果，而"反馈"是指获取程序运行时是否依然存在目标缺陷的最终结果。二者的指向不同。

原始缺陷消失点的存在证明了缺陷与被调试的程序有关[1]，但这个点并不是一个很好的调试起点。一个好的起点应该是，**被调试程序存在且运行部分功能时，缺陷不存在**。

用一个简单的办法可以获得一个很好的缺陷起点，即用注释的方法将驱动程序入口函数中所有代码全部关闭，留下一个空的框架。驱动程序成功加载后，可以作为一个方便调试的缺陷消失的起点。如下方代码：

```
extern "C" NTSTATUS DriverEntry(
PDRIVER_OBJECT driver, PUNICODE_STRING reg_path)
{
    NTSTATUS status = STATUS_SUCCESS;
#if 0
    driver, reg_path;
    KdPrint(("Hello, world.\r\n"));
    ...
#endif
    return status;
}
```

上述代码重用#if 0 关闭了 DriverEntry 中几乎所有代码，最后保留 return status（并且 status 的值为 STATUS_SUCCESS）是为了让驱动程序能够成功加载。

虽然说是"注释大法"，但上述代码中并没有使用/*进行块注释。这是因为/*容易与代码原有注释中的/*相互干扰，所以不推荐使用。如果使用//，那么因为要注释的行数太多，关闭和重新开启都很麻烦。

使用#if 0 来关闭代码非常容易。此外，也可以把不同的功能集中在一起进行批量开关，这个方法将在 5.2.2 节中介绍。

将这个驱动编译给反馈的用户进行替换。替换之后，如果用户确认缺陷已不存在，那么这就是一个可行的调试起点。

当然，还存在另一种可能：用户反馈缺陷依然存在。在这种情况下，要么缺陷与这个驱动程序并无关联，要么驱动文件、驱动服务在安装方面存在问题，此时排除起来会更加容易。

（3）使用分段排除法，在调试起点和调试终点之间找到**关键点**。

前面已经提到了调试起点，那么对应的调试终点则是程序原始的、未加任何注释的状态。对我们来说，就是一大块可能被执行的代码。

将这些代码逐块注释，获取反馈，迟早能找到一行或几行代码作为关键点。关键点的特点是：**如果不执行这些代码，那么缺陷就会消失；如果执行这些代码，那么缺陷就会出现**[2]。当关键点明确时，缺陷的根源一般会很快浮出水面。

---

[1] 这里的有关，仅指缺陷的暴露与该程序有关，而非缺陷的根源一定是出在该程序中。
[2] 关键点不一定是唯一的。假定一个缺陷暴露的必要条件是 A、B 两个点的代码均被执行，那么 A、B 两个点均是关键点。

当然，很多调试者会发现，比起最原始的一行行注释代码，将代码分块，用二分法开启和关闭来排除问题效率更高。

可以想象一个有 100 行代码的例子。如果通过一次注释一行来进行测试，那么最差的情况下需要进行 100 次尝试。如果首先将 100 行代码分成前半部分和后半部分各 50 行，先执行前半部分关闭、后半部分开启，那么一次即可排除掉 50 行代码，再如此依次执行，最多 7 次就可以获得最终结果。

讲到这里，我要提及一个相关问题：有些项目管理者非常关心一个缺陷的解决进展，并据此预估还需要的工时。那么，如何才能正确地评估？

与其根据缺陷的影响程度、看起来的诡异程度，或者各方调试者的诉苦力度来猜测或立下"三天内必须解决"的不切实际的"军令状"，还不如询问调试者如下几个问题：缺陷确定可以重现吗？重现一次耗时多少？已经找到一个调试起点了吗？在调试起点和调试终点之间已经进行了多少次调整测试？预估还需要进行多少次调整测试才能找到关键点？

如果以上信息比较明确，就可以使用如下的公式大致推测出彻底解决缺陷所需要的工时：

$$预估解决缺陷还需工时 = 预估还需要的调整次数 \times 重现耗时$$

以上并不考虑在关键点定位之后，重新审视代码确认根源，以及修复代码、确认代码修复成功的耗时。这些耗时要么很少可以忽略不计，要么非常明确可以提前预知。

同时，这里也未考虑一些因为技术自身不可行，或是软件设计导致的非常棘手的、需要大规模调整架构，甚至重写代码才可能解决的缺陷。这类情况往往不是要进行通常意义的缺陷调试，而是要对预研或设计失败的反省和重启。

本节内容看起来非常简单，但其中蕴含的思想极为重要，因为它是应对一切难以解决的问题的兜底思路。

5.2 模块划分为基础的调整

注意，本节标题中的调整，特指图 5-1 中，以定位缺陷为目的所进行的代码、配置的修改或环境变更。

5.2.1 通用的模块划分方法

在真正的项目中，代码数量庞大，模块众多，相互关系千丝万缕，执行流程极为复杂，有些项目整体编译一次耗时较长，让某一位调试者将整体的代码逐步注释、编译，并发给用户进行测试来定位问题是不可能的。

将代码逐步注释、重新编译，并发给用户来获取反馈已经是最后的手段，这就像是离开公交车或地铁之后步行回家的"最后一公里"，在这一公里之前，我们应该已经预设了飞机、火车、地铁、公交车等方便快捷的交通工具。

一个好的思想是，将项目的整体代码分为若干模块。每个模块均可独立或按依赖关系顺序开关。我们把这些开关保留下来，在遇到需要进行调整并给用户进行测试的时候，调整开关，就能编译出一系列版本，让用户逐个测试。

这样，与用户交互一次就能测出问题出现在哪个模块中。针对单个模块，复杂模块中的代码可以再度采用这种方式继续划分小模块。简单的模块则可以使用 5.1.3 节中的分段排除法注释代码来定位问题。

但这里存在一个关键的问题：模块如何划分？

考虑最糟的情况，如果你的项目根本没有模块，那么所有代码就是一个完整的模块，任何人想要关闭其中的部分代码，后果都很危险。可能你注释完任意一段代码之后，整个程序就再也无法运行了。

本书中模块划分的目标是为了实现功能的"关闭"，因此本书使用这样的方式来定义模块：如果我们能将某软件的全部程序划分为若干互不重叠的组成部分，这些组成部分可以以某种特定的顺序被逐个关闭而不影响其他部分的正常运行，那么我们称其中的每个部分为一个模块。

在实际的一般项目中，我们会把模块划分为**基础模块**和**功能模块**。所谓基础模块，其负责封装基础的功能。但它们本身并不主动做任何事，如果没有人调用它们，它们就什么都不运行。

另一类模块则被称为功能模块。功能模块是实现最终呈现给用户的功能的模块。它们可能会主动运行，或者在用户发出某个命令的时候，按照用户的要求来运行。它们往往会调用基础模块提供的能力。

模块之间复杂的依赖关系如图 5-2 所示，该图展示了一个示例项目中的多个模块。其中，箭头表示依赖方向，从依赖者指向被依赖者。这里的**依赖**是指，若关闭了被依赖者，则依赖者也无法运行的关系。

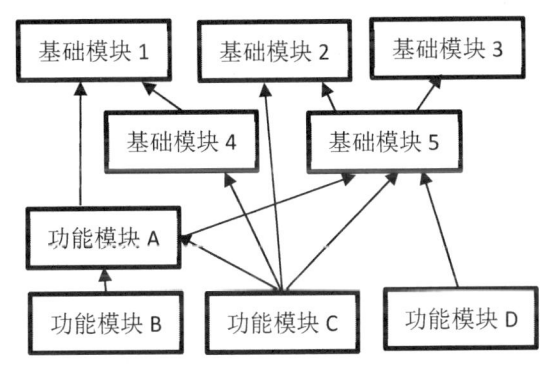

图 5-2 模块之间复杂的依赖关系

需要注意的是，图 5-2 中所有的箭头都是单向的。根据我们的模块定义，我们首先可以确认**规律一：任何模块之间的依赖关系都不能是双向的或循环的**。这条规律可以使用反证法进行证明，证明如下：

假定模块 A 依赖模块 B，模块 B 也依赖模块 A，那么模块 A 被关闭后，模块 B 的运行必然受到影响；反之，关闭模块 B 也必然影响模块 A 的运行。因此，不可能存在一个关闭顺序，可以满足逐个关闭模块而不影响其他模块的正常运行。

因此，A 和 B 必须被归于同一模块，否则无法满足模块的定义。这和代码或文件目录结构无关，完全根据我们对模块的定义来确定。

从理想主义的角度出发，我们应该严格划分模块类别，不应让一个功能模块依赖另一个功能模块，但实际项目中这种例外比比皆是。在图 5-2 中，你能看到功能模块 B 依赖功能模块 A。从中我们可以总结出**规律二：基础模块不能依赖一个功能模块**。

违反规律二并不违反模块的定义，但会造成很多问题。这会让模块之间的依赖关系变得杂乱无章，同时容易出现循环（环形）的依赖关系。

假定我们确实按照规律一和规律二进行了良好的模块划分，那么很快就可以注意到一条重要推论：功能模块的划分可以有效提升分块调试缺陷的效率。

而基础模块的划分对此并无帮助。这是因为基础模块本身不具备可以被完全独立地关闭的属性。一旦关闭，则依赖它的功能模块也随之被关闭了。而且基础模块也无法单独开启。因为没有调用功能模块，所以它什么都不会做，无法暴露缺陷。

基础模块的划分可以为项目代码提供清晰易懂的结构和良好的可重用性。但是从缺陷调试的角度出发，我们更重要的是注重功能模块的划分，功能模块划分得越细，缺陷定位就越准确。

一般来说，在给用户提供测试用的候选版本的时候，我们并不会将所有功能模块的开启与关闭进行排列组合，出非常多的版本，而是会采用线性开启的方式。下面是基于图 5-2 所示项目的设计的例子。

起点版：关闭所有功能模块，仅保留框架。
第一版：开启功能模块 A，关闭其他所有功能。
第二版：开启功能模块 A、B，关闭功能模块 C、D。
第三版：开启功能模块 A、B、C，关闭功能模块 D。
终点版：开启所有功能模块。

其中，在第一版、第二版、第三版中，各个功能的开关顺序需要考虑功能模块之间的依赖性。比如，因为功能模块 B 依赖功能模块 A，所以功能模块 A 一定要在功能模块 B 之前开启。此外，只要遵循每个版本多开启一个功能模块的要求即可。

用户实际需要测试的是前四个版本。如果用户测试第二版无法重现缺陷，而第三版可重现缺陷，那么测试结果即为缺陷与功能模块 C 的关联度最高。

当版本非常多时，可以用二分法将版本发给用户测试。测试结束之后，基本上可以定位缺陷和哪个模块的关联度最高。

注意，这里的测试结果仅用于提示缺陷与该模块关联度高，但这种关联度不意味着缺陷的真实根源就位于该模块中。关联度也可能仅是该模块导致了缺陷的暴露。

如上面的例子，虽然测试结果为功能模块 C 与缺陷的关联度最高，但因为功能模块 C 调用了功能模块 A，所以缺陷的根源实际在功能模块 A 中也是完全有可能的。

此时，应该由功能模块 C 的负责人继续接手调查，但不能实行有罪推定，轻率地向项目相关人员宣布或暗示"该缺陷由某功能模块导致"，这不但有可能造成冤案，即便不是冤案，也会严重挫伤该模块开发者的工作积极性，影响缺陷的调查。

可疑模块的负责人接手缺陷的调查之后，可以通过两种方式来摆脱手上承担的责任。

（1）找到缺陷的根源，解决问题，或者说明该缺陷无须解决的理由。

（2）找到证据证实缺陷的根源更可能位于哪个模块，并将调查工作转交给该模块的负责人。

缺陷调查者产生的一个常见的错误认知是，我只要找到任何证据可证实这个缺陷与我负责的模块无关，即可结束调查，但这是不正确的。

无论是否使用排除法，调查的目标必须是证实有关而不是无关。换句话说，**调查者的任务是证实缺陷与谁有关，而不是证实与我无关。**

如果所有的调查者都从证明无关出发，那么最终会变成每个模块的负责人都努力找理由证实缺陷与自己无关，最终变为"事不关己，高高挂起"的"踢球"游戏。

真正的调查应该是通过不断地证实"更可能与谁有关"，尽力为下一任负责人提供定位和解决问题的线索。这更像一场接力赛，我们必须尽己所能地把接力棒安稳地传递到下一名队友手中，而不是甩出去就不管了。

5.2.2　内核程序功能划分与开关

很多资料都将内核驱动加载到操作系统内核之后的映像称为"内核模块"，但本节中的"功能模块"只表示在某个内核驱动中，可独立开关的一块功能，请读者切勿混淆。

根据 5.2.1 节中得出的结论，功能模块的划分越精细，缺陷的定位也就越快捷。因此，本节将详述内核驱动的功能模块的划分。

虽然内核驱动的程序看上去很复杂，但是总体而言，其只可能存在如下几个部分。

（1）**初始化过程**。这个过程一般在 DriverEntry 中调用。DriverEntry 不可能持续执行，必定会在初始化结束之后返回。这个过程的主要任务是读取配置、检测环境、完成各种必需资源的分配和初始化，以及设备、回调函数、钩子的注册和安装、工作线程的启动等。

（2）**持续回调过程**。如果内核驱动向 Windows 注册了设备、回调函数，安装了钩子等，那么 Windows 会连续不断地向设备发送请求，导致相关分发函数被调用，也会持续调用回调函数、钩子函数等。

（3）**工作线程**。一般而言，内核驱动需要启动至少一个线程来完成一些主动的、持续性的任务，如记录监控数据和日志、上报日志、保护自身等工作。但这不是必需的，在简单的内核驱动中也有可能并不存在。

（4）**卸载和清理过程**。在这个过程中，内核驱动必须注销一切向 Windows 注册的设备、回调函数，摘除钩子，释放资源等。如果内核驱动是常驻不卸载的，那么这个过程也不是必需的。

下面是一个虚构的用于主机入侵防御的内核驱动的例子。作为一个用于主机防御的 Windows 内核驱动，它计划实现这些功能。

- 注册一个模块通知回调，监控任何可执行文件的加载。
- 注册一个进程通知回调，监控任何进程的创建。
- 注册一个线程通知回调，监控任何线程的创建。

以上三个监控功能都可以作为主机防御内核驱动的可以独立开关的子功能，关闭其中之一并不影响另外两个功能的使用。

主机防御内核驱动能做的事情还有很多，如注册网络过滤驱动，监控异常的网络通信数据；注册表回调，监控注册表的改动；注册文件过滤驱动，监控任何文件操作等。每个子功能都可以视为功能模块。

在内核驱动中，任何一个可独立开关的子功能（功能模块）必有初始化过程。将初始化过程统一放在 DriverEntry 中是便于开关功能模块的良好设计。

我们可以设想将所有功能模块的初始化都放在各种难以检索的地方（如某个回调函数中），当遇到缺陷需要关闭或开启某个功能的时候，就算是该功能模块的原作者也未必记得该去哪里修改代码。更糟的是，关闭了某个功能模块，可能导致另一个功能模块也不正常了。

下面是一个设计良好的例子。

```
extern "C" NTSTATUS DriverEntry(
    PDRIVER_OBJECT driver, PUNICODE_STRING reg_path)
{
    NTSTATUS status = STATUS_SUCCESS;
    KdPrint(("Hello, world.\r\n"));
    BypassCheckSign(driver);
    KdBreakPoint();

    driver->DriverUnload = DriverUnload;
```

```
do{
    // 注册模块加载回调，监控任何可疑模块的加载
    status = PsSetLoadImageNotifyRoutine(
        MyNotifyRountine);  ①
    if (status != STATUS_SUCCESS)
    {
        break;
    }

    // 注册进程创建回调，监控任何进程的创建
    status = PsSetCreateProcessNotifyRoutineEx(      ②
            MyProcessNotifyRoutine, FALSE);
    if (status != STATUS_SUCCESS)
    {
        break;
    }

    // 注册线程创建回调，监控任何线程的创建
    status = PsSetCreateThreadNotifyRoutine(
        MyThreadNotifyRoutine);  ③
    if (status != STATUS_SUCCESS)
    {
        break;
    }

    // 生成一个系统线程，并在线程中完成一些工作
    status = MySysThreadStart(10, MyWorkInThread);   ④
    if (status != STATUS_SUCCESS)
    {
        break;
    }

} while (0);

if (status != STATUS_SUCCESS)
{
    Cleanup();
}
return status;
}
```

在以上例子中，我们可以清晰地看到①、②、③、④四处良好划分的功能模块的初

始化过程。其中，①用 PsSetLoadImageNotifyRoutine 注册了一个模块通知回调；②用 PsSetCreateProcessNotifyRoutineEx 注册了进程通知回调，以便监控进程的创建；③用 PsSetCreateThreadNotifyRoutine 注册了线程通知回调；④用自定义的函数生成了一个工作线程。

只需要用#if 0-#endif 块将这些功能模块的初始化代码关闭，整个功能模块就都不会再生效，而且不影响其他模块的运行。当然，在开发过程中依然要注意，尽量避免这些功能模块的具体实现代码和其他功能模块之间存在的依赖关系。

如果每个功能模块的初始化过程都比较复杂，那么更好的办法是为每个功能模块都编写一个初始化函数，然后在 DriverEntry 中调用这些初始化函数，并使用一组预定义的宏将它们包含起来，具体如下。

```
extern "C" NTSTATUS DriverEntry(
    PDRIVER_OBJECT driver, PUNICODE_STRING reg_path)
{
    …

    do{
#if ENABLE_IMAGE_MONITOR
        // 注册模块加载回调，监控任何可疑模块的加载
        status = InitImageMonitor();
        if (status != STATUS_SUCCESS)
        {
            break;
        }
#endif
#if ENABLE_PROCESS_MONITOR
        // 注册进程创建回调，监控任何进程的创建
        status = InitProcessMonitor();
        if (status != STATUS_SUCCESS)
        {
            break;
        }
#endif
        …
    } while (0);

    if (status != STATUS_SUCCESS)
    {
        Cleanup();
    }
```

```
            return status;
        }
```

上面的例子中使用了两个预定义的宏来决定一个模块是否应该开启：ENABLE_IMAGE_MONITOR 和 ENABLE_PROCESS_MONITOR。其他功能模块也可以如法炮制。

这一组预定义的宏可以全部定义在某个头文件中，也可以定义在编译参数中。定义在头文件中可以便于调试人员灵活修改，定义在编译参数中则可以通过编译脚本一次性生成一系列版本，便于替换测试。

5.2.3 利用配置进行动态开关

很快我们就会发现，使用预定义的宏虽然很容易编译出多个开关不同功能的版本，但还是需要一个编译的过程。是否有不需要编译，就能直接开关功能进行测试的方法呢？这当然是有的。

一个简单的方法是，将之前使用的预定义的开关宏改成一组全局变量，每个全局变量决定一个功能的开启和关闭，至于这些全局变量的值，可以保存在注册表或某个配置文件中，或者通过网络下载。

> **重要提示**：从服务端下载配置（也包括相反的操作，如上传日志）可能是敏感行为。下载和上传的具体内容，以及服务器所在的位置，都必须通过法务部门的合规审查，并与用户签订正确的协议，否则可能产生违法违规问题。

这样，在为用户进行调试的时候，无须重新编译一组版本发给用户依次测试。通过给用户发送注册表脚本或配置文件，甚至只需要通过后台在服务端修改用户配置，就可以让用户进行测试。

当然，这存在一个悖论。如果我的功能是由配置文件来决定的，那么配置文件、读取和解析配置文件的相关功能若存在缺陷，又如何通过开关来定位呢？

其实，预定义的开关宏和用变量实现的动态开关是并行不悖的，早期的原型版本只需要实现预定义的开关宏就可以了，在实际上线之前可以添加全动态开关系统。同时，动态开关系统也可以由预定义的开关宏进行控制。

一旦预定义的开关宏关闭了动态开关系统，所有功能的开关就由预定义的开关宏来控制，便于排除和动态开关系统有关的缺陷。我在 5.2.2 节的示例代码的基础上添加全局变量作为动态开关之后，代码如下。

```
// 用预定义的开关宏来控制功能的开关
#define ENABLE_READ_CFG 1
#define ENABLE_IMAGE_MONITOR 1
#define ENABLE_PROCESS_MONITOR 1
```

```c
#define ENABLE_THREAD_MONITOR 1
#define ENABLE_WORKING_THREAD 1

// 用一组全局变量来控制功能的开关
#define FUNCS_CNT 32
BOOLEAN g_funcs_enable[32] = { 0 };
…
    extern "C" NTSTATUS DriverEntry(
        PDRIVER_OBJECT driver, PUNICODE_STRING reg_path)
    {
        …
        do{
#if ENABLE_READ_CFG  ①
            // 读取配置,初始化 g_funcs_enable
            // 可以从注册表或配置文件读取
            status = ReadCfg();②
            if (status != STATUS_SUCCESS)
            {
                break;
            }
#else
            // 读取配置被关闭,生成全开配置
            // 功能的开关实际由开关宏来决定
            for (int i = 0; i < FUNCS_CNT; ++i)
            {
                g_funcs_enable[i] = TRUE;
            }
#endif

#if ENABLE_IMAGE_MONITOR
            if (g_funcs_enable[0])  ③
            {
                // 注册模块加载回调,监控任何可疑模块的加载
                status = PsSetLoadImageNotifyRoutine(
                    MyNotifyRountine);
                if (status != STATUS_SUCCESS)
                {
                    break;
                }
            }
#endif
```

```
#if ENABLE_PROCESS_MONITOR
            if (g_funcs_enable[1])
            {
                // 注册进程创建回调，监控任何进程的创建
                status = PsSetCreateProcessNotifyRoutineEx(
                    MyProcessNotifyRoutine, FALSE);
                if (status != STATUS_SUCCESS)
                {
                    break;
                }
            }
#endif
            ...
        }
```

在上面的代码中，从③处可以看到，对于一个功能，只有对应的全局变量开关开启，我们才会进行初始化，而这些全局变量都在②处的 ReadCfg 函数中完成了初始化。ReadCfg 函数的实现方式由具体项目自行选择。

但在①处，如果 ENABLE_READ_CFG 宏没有被定义或被定义成 0，都会导致 ReadCfg 函数不被执行，所有的功能开启全部设置为 1。这样，动态开关系统会彻底失效。但下面的所有功能依然可以通过宏来编译出不同开关的版本。

注意，动态开关系统还有一些可以优化和需要注意的点。

（1）功能的开关有时只需要一个位就可以了，并不需要一个 BOOLEAN。因此，一个 64 位的整数可以当作 64 个开关使用。这样做的目的是，充分地节约内存（但实际开关系统一般也用不了多少内存）。

（2）针对某些功能，我们可能不局限于想测试它的开关，而是想测试不同的可选参数（如不同轮询的时间间隔、不同定义的最大限制等），这时就要考虑给开关增加不同的参数，如从整型到字符串等不同类型的元素。这会使配置系统更加复杂，但是也让远程调试和排除问题变得更加容易。其中的利弊需要仔细衡量。根据我的经验，在确保整个配置系统稳定的前提下，配置开关越精细、参数设定越详尽，对项目越有利。

（3）在配置变得复杂的情况下，调试问题虽然变得容易了，但是外网运营会变得困难。因为我们可能随时需要决定配置的数百个开关、数千个参数的具体的值。

有些条目经过优化之后可能永远也不需要改动，而有些条目可能需要经常改动。一旦"手滑"改错一个并发布到外网，完全存在导致成千上万用户的计算机崩溃的可能。因此，这些配置开关需要详尽的说明和注释，甚至可能需要形成复杂的手册。长期固定不变，一旦修改就会出危险的配置，要及时"固化"并从开关中移除。在服务端发布配

置的行为和版本更新无异，需要经过测试和灰度[1]发布。

（4）配置可能成为外网恶意程序攻击我们的一种方式。简单修改配置（注册表项、配置文件等）就可以决定程序的功能的开关和参数，恶意程序完全有可能这样去做。甚至有些无辜的内核驱动会被提取出来，当作恶意程序的功能模块来使用。相关公司的签名也成了恶意代码的最好掩护。在最糟糕的情况下，该公司的签名可能会被微软拉黑，公司的声誉也因此受损。这就意味着我们的配置不能是"直白且容易操作的"，对配置进行加密可以让别有用心者不那么容易看懂我们的配置，将配置使用多种不同的形式进行保存、额外保存哈希值等方式，可以让配置避免被有意无意地改动。

没有任何安全手段是百分之百可靠的，要根据项目实际价值、需求来确定风险，并采取性价比高、相对安全的措施，绝不能不采取措施。

5.3 建立自监控机制

假定我们的内核驱动已经具备良好的模块划分、预备好开启不同功能的版本和配置，一旦用户愿意配合调查我们，即可很快定位缺陷，这样是否已经足够？

其实，本书前面所讲解的内容都只能解决外网实际运营中的一半缺陷，也就是所谓的已知缺陷。无论是在测试中测试出来，还是用户反馈并可以明确重现的缺陷，都可以称为**已知缺陷**。我们有能力解决已知缺陷，这是非常重要的，但这并不足够。

假定我们的内核驱动已发布到外网，负责保护某个应用程序的安全性。外网没有发生任何蓝屏、卡死的反馈（很遗憾，这几乎是不可能的），大家对这个程序都很满意。

但有一天，老板忽然询问："你的程序在多少用户的机器上运行起来了？每次运行时真的功能正常吗？有没有受到恶意代码的攻击？"这种情况我们应该如何回答？

外网一片安静，并不说明一定不存在问题，有时恰恰相反。如果外网完全没有反馈，就有可能存在更可怕的缺陷——程序根本没有在用户的机器上正常运行。

没有收到应用程序安全性遭遇破坏的报告也并不证明就没有安全威胁的存在，有可能只是黑灰产业组织暂时还没有注意到你的应用程序，或者他们正在攻击别的应用程序。更糟糕的是，我们的应用程序可能早就被攻击并被利用来牟取暴利了，但我们并不知道。

从本节开始，我们要探讨如何预防、发现和解决这些未知的缺陷。

---

[1] 灰度发布是指不一次性地将新版本发布外网，而是针对用户按比例分批发布，以便及时获取缺陷反馈，防止外网大规模崩溃的发布方式。

5.3.1 初始化过程的监控

在 5.2.2 节中，我们曾经把内核驱动的执行分成四个主要的过程，分别是初始化过程、持续回调过程、工作线程、卸载和清理过程。其中，初始化过程的成功直接决定了内核驱动的每个功能在外网能否正常运行。

因此，为了确定外网中我们的内核驱动是否能够正常运行，可以将初始化的结果上报到服务器（请注意前文的提示：程序收集任何信息并上报到服务器的行为，都要符合当地相关的法律法规并与用户签订协议）。

这里，我们需要将一个日志上报系统。这一点并不难开发，内核驱动直接进行网络通信并不方便，但是我们可以把产生的日志保存在内存中，由用户态程序读取并发送到服务器上。

当然，这里又存在另一个问题：如果上报的信息显示外网初始化成功率是 80%，那么到底是什么原因导致了那 20% 的失败？是初始化过程中的哪一步难住了这么多人？

这就要求我们不但要上报初始化过程的最终结果，而且最好将每一步都上报，并且每一步上报的信息越详细，就越容易排查问题所在。

因此，日志的上报非常重要，而且需要上报的信息往往五花八门。你一定不会想要为各种用途定义不同的日志结构。对于日志，我们最好定义一个通用的数据结构，既能兼容各类信息，又可以节约内存。

一个日志结构可能定义如下。

```
//日志结构，注意这里缺少用户标识，但可以在用户态程序上传的时候添加
typedef struct MY_LOG_ {
    // 日志的类别
    ULONG32 log_class;
    // 此类别下的信息码
    ULONG32 infor_code;
    // 时间戳，用来记录日志产生的原始时间
    ULONG64 timestamp;
    // 参数，最多容纳 4 个 64 位参数
    ULONG64 parameters[4];
    // 附带文本信息的长度
    ULONG32 txt_len;
    // 附带文本信息的内容
    WCHAR txt[1];
} MY_LOG;
```

上面这个结构相当灵活，其通过类别—信息码—参数—文本来综合各种信息，占用的内存空间也不大。在上面的代码中，很多域使用了 ULONG32 和 ULONG64 这样没有歧义的数据类型来确定其长度，文本也通过 txt_len 确定了长度。

这是因为结构是要发送到服务器上的，在机器之间共享数据需要明确结构的大小和每个域的宽度，如果使用 long 或 int 这样模糊的数据类型，同样的代码在服务器的系统上编译和在客户端编译的数据长度可能会不一致。

一般来说，上传日志时还需要一些其他信息，如上传这些日志的用户 ID 和会话 ID。内核驱动中不方便也没有必要获取这些信息，它们可以由负责上传日志的用户态程序额外添加。

我提供一个函数，用来方便地在代码中各处生成和保存日志，这些日志保存下来之后，最终会由用户态程序传到服务器上。C++函数的默认参数给我们提供了很大的方便，当我们无须更多参数的时候，就不用写更多参数了。

```cpp
//记录一条日志（保存起来等待用户态程序上传它）
void MyLog(ULONG32 log_class,
    ULONG32 infor_code,
    ULONG64 p1 = 0,
    ULONG64 p2 = 0,
    ULONG64 p3 = 0,
    ULONG64 p4 = 0,
    ULONG32 txt_size = 0,
    WCHAR* txt = NULL)
{
    // 可以使用动态生成的链表，但要注意内存分配的上限。也可以
    // 使用环形缓冲之类的静态内存，但是日志太多时可能会有损失
}
```

首先，提出第一个问题，内核驱动如何生成和保存这些日志？必须具体情况具体分析。如果希望所有日志都保存下来，那么应该动态地分配内存并使用链表。但这存在被恶意攻击、产生无限的日志来不及处理，最终耗尽内存的可能。

如果希望程序简单，不依赖内存分配，那么可以预先分配一些固定长度的空白日志，用环形队列的方式进行填写。但这样做的结果是，如果处理不及时发生溢出，就会有部分老日志被覆盖。

没有任何系统是完美的，但无论如何，即便是最简单的设计，往往也能满足 80%的情况下的需要。我在这里留下了空白，读者可以根据自己的需要进行设计。下面是我预先定义的日志类和该类下的信息码。

```cpp
// 初始化的信息被定义为1类
#define LOG_CLASS_INIT 1
// 1类信息下，存在这些信息码
#define LOG_INFOR_READ_CFG 1
#define LOG_INFOR_IMAGE_MONITOR 2
#define LOG_INFOR_PROCESS_MONITOR 3
```

```
#define LOG_INFOR_THREAD_MONITOR 4
#define LOG_INFOR_WORKING_THREAD 5
```

在上面的代码中,唯一定义的类是初始化过程日志。其中包括 5 个信息码,每个信息码代表初始化过程中的一步。对应的,每一条日志应该上报其中一步的执行结果。

```
extern "C" NTSTATUS DriverEntry(PDRIVER_OBJECT driver, PUNICODE_STRING reg_path)
{
    …
    do{
        // 首先必须初始化日志。因为任何模块的日志上报都依赖它。同时日志系统的初始
        // 化是唯一的例外:如果它初始化失败,就无法上传日志告知,也无法通过日志调
        // 试。因此,编写这部分代码要尤其谨慎
#if ENABLE_LOG ①
        status = MyLogInit(); ②
        if (status != STATUS_SUCCESS)
        {
            break;
        }
#endif

#if ENABLE_READ_CFG
        // 读取配置,初始化 g_funcs_enable
        // 可以从注册表或配置文件中读取
        status = ReadCfg();
        // 上报读取配置成功或失败的日志
        MyLog(LOG_CLASS_INIT, LOG_INFOR_READ_CFG, status);
        if (status != STATUS_SUCCESS)
        {
            break;
        }
#else
        // 读取配置被关闭,生成全开配置。功能的开关实际由宏来决定
        for (int i = 0; i < FUNCS_CNT; ++i)
        {
            g_funcs_enable[i] = TRUE;
        }
#endif

#if ENABLE_IMAGE_MONITOR
        if (g_funcs_enable[0])
        {
```

```
                // 注册模块加载回调，监控任何可疑模块的加载
                status = PsSetLoadImageNotifyRoutine(
                    MyNotifyRountine);
                //上报模块加载回调设置成功或失败的日志
                MyLog(LOG_CLASS_INIT,
                    LOG_INFOR_IMAGE_MONITOR, status);
                if (status != STATUS_SUCCESS)
                {
                    break;
                }
            }
#endif
#if ENABLE_PROCESS_MONITOR
            if (g_funcs_enable[1])
            {
                // 注册进程创建回调，监控任何进程的创建
                status = PsSetCreateProcessNotifyRoutineEx(
                    MyProcessNotifyRoutine, FALSE);
                //上报进程监控回调设置成功或失败的日志
                MyLog(LOG_CLASS_INIT,
                    LOG_INFOR_PROCESS_MONITOR, status);
                if (status != STATUS_SUCCESS)
                {
                    break;
                }
            }
#endif
        } while(0);
        …
    }
```

注意，在上面的代码中，②处初始化了日志系统。这个功能既没有动态开关，也没有日志上报。

之所以没有为它添加动态开关，是因为我认为日志功能应该在所有功能之前启动。只有日志功能启动了，才有可能上报其他所有功能的信息。而动态开关功能正是其他功能中的一种。但日志功能开启是否成功，这一点并没有上报，原因是如果有任何日志能够上报，就说明日志系统工作正常，无须另外上报。如果日志系统不能正常工作，那么上报这个异常本身就是不可能实现的。

这里我们要注意，类似日志、动态开关的功能，都是非常基础的功能。一旦这些功能出现疑难缺陷，就将给我们的调试定位带来相当大的麻烦。因此，这些模块要在确保

安全的基础上，尽量简单、稳定，非必要时不进行修改。

在上述代码的①处，我用 ENABLE_LOG 宏来控制是否开启日志功能，可以通过修改这个宏的定义来编译一个无日志版本。在日志功能不初始化的情况下，下面各个模块启动之后还是会通过调用 MyLog 来上报每个功能启动的结果。

只是此时 MyLog 中的功能不会实际执行，其等于一个空函数。这样，万一真正的缺陷根源在日志功能中，我们还可以通过这个无日志版本来进行排查。

下面在初始化过程的每一步中，执行完初始化函数之后，我都会立刻使用 MyLog 上报一条日志。日志的主要参数是：日志类型为初始化日志，日志信息码则对应初始化的步骤。参数 1 直接选用了初始化返回的状态码。

这样，当老板询问"你的程序在多少用户的机器上运行起来了？每次运行时真的功能正常吗？"的问题时，我可以简单地从服务器上提取出一天的日志进行说明。

理论上，如果我当天收到了近 10000 条日志，就可以立刻确认我的程序至少 10000 次（这里我们要考虑到种种原因导致日志丢失的情况）在用户的机器上运行起来了。

其次是第二个问题，功能是否正常？初始化成功是功能正常的必要但不充分条件。在无法获得充分条件的情况下，我们不妨统计初始化上报的最终结果的日志。然后，我们可以回答老板："我们收到了 9800 多次启动的日志，初始化成功的日志差不多有 8000 条。虽然我不知道程序的功能是否都完全正常，但至少可确认有 8000 次在用户的机器上完成了初始化，加载了内核驱动。初始化成功完成意味着功能成功地安装在系统上，大概率可用。"

但我的回答显然不能让老板完全满意。"那就意味着加载成功率还不到 80%？剩下 20%用户为什么会启动失败？"领导继续提问。

"根据我们的统计，网络原因导致日志存在一定的自然丢失率。"我尽力辩解道。

"如果是网络原因导致的日志丢失，那么每类日志丢失的概率都是一样的吧？"我没想到老板非常懂行，"所以自然丢失率并不会影响日志总量和成功日志的量之间的比率？"

"好吧，我会调查一下失败的原因。"我回答道。

这其实是个非常好的问题。和以往把程序发布出去就置之不理，根本不知道外网有多少功能启动成功、多少功能启动失败不同，现在我们能够清楚地掌握这些数据。也就是说，我们可能会发现未知的、根本没有人反馈的缺陷。

为了回答老板的问题，我不得不认真统计了所有的日志。结果发现，当天的内核驱动上报各项日志数量和成功率如表 5-1 所示。注意，这些数据是为了说明问题而虚构的，并非真实世界中的数据。

表 5-1　内核驱动上报各项日志数量和成功率

初始化步骤	上报日志成功总数	成功率
0、开始启动	9811	100%
1、读取配置	9809	99.9%
2、注册模块通知回调	9642	98.3%
3、注册进程通知回调	8298	84.6%
4、注册线程通知回调	8112	82.7%
5、工作线程启动	7876	80.3%

在表 5-1 中，所谓"0、开始启动"，是指有第一条日志的上报数。第一条日志就是读取配置的日志，但并不一定成功。后续都是这次操作成功了才统计的日志。

我们发现在初始化过程中，几乎每一步都有失败的概率。既然有失败，我们当然就应该调查失败的原因。如果没有这些上报的日志，我们就根本不知道外网有没有失败。

但我们应该从哪里调查呢？仔细看上面的数据会发现，从"2、注册模块通知回调"成功到"3、注册进程通知回调"，中间有一个断崖式下降，成功率从 98.3%骤然下跌到 84.6%。相比而言，其他步骤的失败不值一提。要想调查，显然应该从这里开始。

以上案例是部分真实的，只是发现的年代比较久远。在 Windows XP 32 位的时代，Windows 的进程回调通知可注册的数量是非常有限的。一旦数量达到上限，就无法继续注册。很多软件会占用进程通知回调，因此失败的概率变得很高。

但好在 Windows XP 并不禁止内核挂钩，因此后来我们使用挂钩作为替代解决了问题，极大地提高了外网内核驱动的加载成功率。

注意，在本节的代码中，我们实行的是必须所有功能全部启动成功才能成功加载内核驱动的策略，任何一个功能启动失败都会阻止内核驱动的加载。这是一种简单的方式，避免了需要根据功能依赖关系处理各种异常的麻烦。

我们很容易想到，还有一种策略是"能启动多少功能，就启动多少功能"。部分功能的启动失败无须阻止内核驱动的加载。实现本节的各功能模块的依赖关系较为简单，只需要修改少量代码，这样有利于内核驱动在更多用户的机器上启动。

但无论采取哪种策略，上述使用日志监控各功能的初始化过程来发现未知缺陷的方法都是有效且重要的。

5.3.2　功能有效性的自我监控

在 5.3.1 节中，我们对内核驱动的初始化过程进行了监控。本节需要进一步解决老板的其他疑虑。一个内核驱动初始化成功了，并不能说明其功能是真实有效的。实际功能到底有没有生效，我们应如何判定呢？

这和初始化过程的监控不同。在初始化中，只要返回值能够表示正常，我们就认为初始化成功了，但内核驱动实际的运行效果并不仅由返回值决定。各种功能有不同的运行效果，我们只能对每个功能进行一事一案的处理。

比如，使用 PsSetLoadImageNotifyRoutine 来注册回调函数监控模块加载的功能。PsSetLoadImageNotifyRoutine 返回了成功，说明我们此时确实把回调函数注册到了 Windows 的内核中，但这并不意味着我们一定能收到 Windows 的模块加载回调。

最简单的例子是遭遇恶意对抗的时候，对方将我们的回调函数从 Windows 内核的链表中删除了，我们的功能自然不能生效，但根据初始化的返回值是完全看不到这一点的。

验证一个功能是否有效的方法有几种，分别是**主动试探**、**被动监控**、**相互印证**。下面以监视模块加载为例逐一说明。

如果我们的功能监控了模块的加载，那么假定我们自己加载一个模块，这个行为应该能被我们自己监控到；如果我们没有监控到预期的事件，就说明我们的功能并不生效，这就是主动试探的方法。

被动监控是指我们并不主动做这件事，但我们可以关注平时监控到的事件。理论上，类似模块加载这种行为应该时不时就会发生。如果初始化成功之后，我们发现长期没有监控到任何事件，就能确认存在异常。

相互印证则需要依赖一些机制之间的联系。假定我同时监视了进程的创建和模块的加载，众所周知，进程创建的过程中会有大量的模块被加载到进程中，如果有进程加载而我没有监控到相应的模块加载，或者有相应的模块加载而没有对应的进程加载，那么可以断定它们其中之一出现了问题。

上述方法各有优缺点，没有一种方法是完美的。我们必须灵活、综合地运用才能在实际中产生效果。

同时我们要注意到，上述所有的方法都依赖日志的上报。我们既可以上报正常的日志，然后在后台统计发现日志中的异常（如进程的创建和 exe 文件的加载次数完全不匹配），也可以在本地发现异常后上报异常日志。

下面我们通过代码实现一个简单的例子：在我们的工作线程中创建一个线程，并检查线程回调是否监控到了这个线程的启动。

之所以不举模块加载或进程创建的例子，是因为在驱动代码中加载模块和创建进程都相对麻烦。一般情况下，驱动程序都会配合用户态程序。这些操作如果在用户态应用程序完成就非常简单了，上面的方法依然可行。

在下面的代码中，首先，我们定义了异常警告日志的类别和信息码。注意，我们没有定义全部信息码，只定义了一个信息码作为示例。

```
// 初始化的信息被定义为 1 类
#define LOG_CLASS_INIT  1
…
```

```
// 异常警告被定义为 2 类
#define LOG_CLASS_WARNING 2
// 2 类信息下,现在只有线程监控失效的信息码
#define LOG_INFOR_THREAD_MONITOR_INVALID 1
```

其次,我们定义了一个全局的缓冲区,用来保存所有最近生成的系统线程 id。因为内存有限,所以只保存了 32 个。注册的线程通知回调函数会监控系统线程的生成并填充这个缓冲区。

```
// 缓存最近被记录到的系统线程 id 的缓冲区大小
#define SYSTHREADS_BUFSIZE 32
    //系统进程 pid,Windows 下总是 4
#define SYSPID ((HANDLE)4)
    // 用来保存最近创建的系统线程的句柄的缓存区
static HANDLE g_systhreads_buf[SYSTHREADS_BUFSIZE] = { NULL };
```

再次,在我们注册的系统通知回调中捕获生成的所有系统线程,并记录到缓冲区中。注意,所谓系统线程都是从属于系统进程的(System 进程),在 Windows 中系统进程的 pid 总是 4。

```
void MyThreadNotifyRoutine(
    _In_ HANDLE ProcessId,
    _In_ HANDLE ThreadId,
    _In_ BOOLEAN Create)
{
    // Section 5. 自监控部分:我会保存所有最近生成的系统线程
    // (最多保存 32 个),用来演示第 5 章的线程监控自监控
    do{
        // 计数器
        static SIZE_T systhtreads_cnt = 0;
        //如果不是 4 号(系统)进程或不是创建进程就不作处理,退出
        if (ProcessId != SYSPID || !Create)
        {
            break;
        }
        // 如果是,那么把 thread_id 保存起来
        InterlockedExchange64(                        ①
            (LONG64*)&g_systhreads_buf[(systhtreads_cnt++) %
                SYSTHREADS_BUFSIZE],
            (LONG64)ThreadId);
    } while (0);
}
```

在上面代码的①处,使用了 InterlockedExchange64 而不是直接赋值。这是考虑到 g_systhreads_buf 是全局变量。InterlockedExchange64 会锁定总线,并且是一个原子操作,

可以有效避免多核同时操作全局变量引起的数据不同步问题。

最后，每秒执行一次的自监控函数。此处每 2 秒创建一个系统线程进行主动检测。在真实的项目中，每 2 秒创建一次系统线程会产生较大的负担。可以考虑设定为 30 秒或几分钟检查一次。

```
// 每2秒执行一次的自监控函数。在实际中，可能执行间隔要更长，避免占用 CPU 时间影响用
//户体验
void SelfMonitorPer2Sec()
{
    NTSTATUS status = STATUS_SUCCESS;
    HANDLE thread_handle;
    OBJECT_ATTRIBUTES ob = { 0 };

    // 这个自监控的主要内容是创建一个系统线程并立刻关闭。然后看我们的系统线程监控函
    // 数是否捕获了这一状况。如果没有，就上传一条 log
    do{
        InitializeObjectAttributes(&ob,
            NULL, OBJ_KERNEL_HANDLE, NULL, NULL);
        status = PsCreateSystemThread(
            &thread_handle,
            THREAD_ALL_ACCESS,
            &ob,
            NULL,
            NULL,
            (PKSTART_ROUTINE)MyThreadMonSelfMon, ①
            NULL);
        if (thread_handle == NULL || status != STATUS_SUCCESS)
        {
            break;
        }
        ZwClose(thread_handle);
        // 注意这里只创建系统线程，没有做任何检查。真正的检查是在线程函数
        // MyThread MonSelfMon 中进行的
    } while (0);
}
```

在上面的代码中，SelfMonitorPer2Sec 这个函数并没有检查线程 tid 是否被监控到，检查工作实际上是在生成的用来试探的线程中完成的。注意上面代码中①处的线程函数 MyThreadMonSelfMon，我们在这个系统线程中完成了检查和异常日志的上报。

```
// 线程监控自监控。这里先拿到自己的 tid
// 然后检查 g_systhreads_buf 中是否有记录。如果没有，就说明存在问题
void MyThreadMonSelfMon()
```

```
{
    SIZE_T i = 0;
    LONG64 data = 0;
    LONG64 mytid = (LONG64)PsGetCurrentThreadId();
    for (i = 0; i < SYSTHREADS_BUFSIZE; ++i)
    {
        InterlockedExchange64(&data,
            (LONG64)g_systhreads_buf[i]);
        if (data == mytid)
        {
            // 若找到，则跳出即可
            break;
        }
    }
    if (i == SYSTHREADS_BUFSIZE)
    {
        // 若没有找到，则说明存在问题，发出告警信息
        MyLog(LOG_CLASS_WARNING,
            LOG_INFOR_THREAD_MONITOR_INVALID);
    }
    // 线程可以退出了
    PsTerminateSystemThread(0);
}
```

通过以上的操作，我可以回答老板，在我们监控线程的功能启动成功之后，有多少用户是真实可以监控到线程加载的，因为我们已经使用工作线程进行了试探。

当然，一次主动试探只能解决试探时的有效性问题。即使是定时进行的主动试探，也只能确定每次试探时此功能是有效的，而且定时进行试探显然会消耗 CPU 时间，导致整体性能下降，因此我们要谨慎决定试探的频率。

在真正的激烈对抗中，恶意对抗代码为了绕过这种试探，可能会进行更多的操作，如"秒改"。所谓的秒改，是指利用试探的空隙，在摘掉安全组件的回调之后完成恶意行为，然后在对方进行试探之前修改复原的手法。

要想继续讨论"对抗"这个话题，我们需要另写一部著作。这里读者需要明白的是，完美的监控功能模块的有效性是不可能实现的，但一定程度上监控功能的有效性是极为必要的能力，它能帮我们发现未知的缺陷，并促使我们及时、主动将其解决。

5.3.3 持续执行的心跳监控

现在我们已经进行了程序的初始化过程上报。这让我们确定程序在用户的机器上启动了，而且初始化也成功了。然后我们又有了各项功能的有效性上报。

但这时老板问了另一个问题:"听说现在外网有一种专门针对我们程序的恶意程序,它会在我们的系统运行之后再破坏我们的系统,这是真的吗?"

要回答这个问题可有一点困难,外网的恶意程序如同幽灵,除非它主动出现在我的测试机上,或者我们能瞬间"浏览"所有用户的计算机,否则我们该如何确认它是否存在呢?

理论上它是可以存在的。有些恶意程序会把安全系统的驱动程序卸载掉(如果你提供了卸载函数,并且在卸载中没有做任何安全检查)。即便无法卸载,它也可以挂起你的工作线程、摘掉你的钩子,将你绑定的过滤设备解除绑定,等等。

假定工作线程被挂起了,即便你能通过主动试探发现自己的功能出现了异常,也无法进行上报,因为日志上报大概率是要通过工作线程来进行的。

于是这种情况下,我们会发现后台收到的所有日志都是正常的。所有异常的日志并不是不存在,而是都没有上报。那么,如何检测到这种情况呢?

这就需要用到一类很重要的日志机制,名为"心跳"。"心跳"是一种定时发送的日志,就像人类的心脏在不断跳动一样。如果我们后台不断收到这种日志,就意味着我们的程序还在正常运行。如果没有"心跳"了,就说明程序已经不再正常工作了。

"心跳"非常简单,只要定时发送就可以了。有多种定时法,最常见的一种是间隔固定,如每 10 秒发送一次"心跳",这样做的好处是可以比较严格地掌握程序从运行到终止的时长。还有另一种是间隔增长,如第一次到第二次上报间隔 10 秒,第二次到第三次间隔 20 秒,然后是 40 秒、80 秒、160 秒,以此类推。

这样对程序早期的运行掌握得比较精确,对后期的运行监控则更粗糙,但可以节约 CPU 性能和网络流量(有些场合下,海量用户带来的海量流量会给服务端带来巨大的成本)。

内核程序的"心跳"可以与其他时间信息(如用户态用户从登录到退出)进行比对,从而得出内核程序是否一直在正常运行的结论。如果出现大面积的针对性攻击,从"心跳"上就能看出执行时间的异常缩短。

"心跳"的上报最好能与 5.3.2 节中所述的功能有效性的自我监控机制结合起来。我们可以将功能有效性监控所监控到的每个功能的结果打包(每一个位保存一个功能的有效性结果,64 位数据可以打包 64 个功能的结果),然后作为心跳发送。

在下面的示例代码中,我们首先定义了"心跳"的类别和信息码,其次定义了一个 64 位的全局变量,用来保存 64 个子功能的定时自监控结果。

```
// 心跳,被定义成类别 3
#define LOG_CLASS_HEARTBEAT 3
// 3 类信息下,现在只有一类普通心跳的信息码
#define LOG_INFOR_HEARTBEAT 1
```

```
        // 一个全局变量，共 64 位，保存了最近一次试探了所有子功能有效性的结果（用每一
        // 个位保存一个子功能的结果）。每次心跳都会上报这个信息
        ULONG64 g_heartbeat_infor = 0;
```

接下来，我们在之前进行功能自监控的函数中增加了 2 行代码，把检测结果"顺便"保存在全局变量 g_heartbeat_infor 中。注意，关键代码在下面的①处和②处。

```
// 线程监控自监控。这里先得到自己的 tid
// 然后检查 g_systhreads_buf 中是否有记录。如果没有，就说明存在问题
void MyThreadMonSelfMon()
{
    …
    if (i == SYSTHREADS_BUFSIZE)
    {
        // 没有找到，说明存在问题。发出告警信息
        MyLog(LOG_CLASS_WARNING,
            LOG_INFOR_THREAD_MONITOR_INVALID);
        // 设置全局变量中检测结果的位为 0，这个全局变量会在"心跳"中不断上报
        g_heartbeat_infor &=
         ~(1ull<<LOG_INFOR_THREAD_MONITOR_INVALID);   ①
    }
    else
    {
        // 设置全局变量中检测结果的位为 1，这个全局变量会在心跳中不断上报
        g_heartbeat_infor |=
            (1ull<<LOG_INFOR_THREAD_MONITOR_INVALID);   ②
    }
    // 线程可以退出了
    PsTerminateSystemThread(0);
}
```

接下来的任务就变得很简单了。我们只需要在工作线程中定时上报心跳即可。如果心跳持续，就说明至少工作线程、日志机制是正常的。其他的功能是否有效也可以从心跳的参数中看出来。

注意，这里一次增加的代码在下面的①处。

```
void MyWorkInThread()
{
    static ULONG64 test_data = 0;
    static ULONG64 cnt = 0;

    // Section 5. 第 5 章的演示。每 2 秒调用一次 SelfMonitorPer2Sec，用来监控
    // 自身的各项功能是否正常（实际只检测了线程监控功能）
    cnt++;
```

```
    // 这个函数实际每 100 毫秒执行一次。这里用取模变成 2 秒执行一次
    if (cnt % 20 == 0)
    {
        // 每 2 秒执行一次功能自监控。如果有异常就会上报
        SelfMonitorPer2Sec();
    }

    if (cnt % 200)  ①
    {
        //每 20 秒上报一次"心跳"。其中 g_heartbeat_infor 作为参数
        // 里面含有最近一次功能自检的所有结果
        MyLog(LOG_CLASS_HEARTBEAT,
            LOG_INFOR_HEARTBEAT, g_heartbeat_infor);
    }
}
```

当然，这里还有一些值得注意的地方。比如，"心跳"的上报，如果简单地通过 TCP 或 UPD 上报，而不进行任何加密，那么很容易被人拦截、仿冒或修改。如果我们收到的日志是假的，那么任何数据都失去了意义。

5.4　利用海量用户定位未知缺陷

在前面的内容中，我们的内核驱动程序已经具备了如下特性。
- 功能的精细分块。
- 配置下载机制。在后台修改配置就能控制最终用户机器上每个功能的模块开关。
- 完善的日志上报机制。能上报初始化的每一步是否成功。
- 各个功能模块的自检。如果自检到异常，就会由日志系统上报。
- 定时的心跳上报。心跳中含有各个功能是否正常的信息汇总。

有了这些机制，我们已经具备了面向千万级用户而维护一个稳定的 Windows 内核驱动程序的所有基础。

和以前的通过用户反馈来确认已知缺陷的方式的不同，下面我们将利用上述机制来确认外网是否存在我们完全未知的缺陷，以及如何定位和解决这些缺陷。

5.4.1　用随机对照试验来确认未知缺陷

假定我们的内核驱动程序在发布到外网之后，每天能收到数千万个用户的日志。从这些日志来看，无论初始化、功能的有效性还是"心跳"都毫无问题，而且崩溃转储文

件的上报量也在合理范围内。

外网用户虽然有一些反馈，但经过调查发现大部分是捕风捉影，有些也可能是竞争对手在恶意"带节奏"。这时我们已经非常满意，开始准备材料打算将项目的成果总结一下，申请公司的创新大奖。

但我们的安全系统所保护的软件的产品经理忽然说："你们的安全内核模块依然有很严重的问题没有解决！"

"这怎么可能？"我十分不解。

如果他给不出证据，我是绝对不会相信的。因为通过各种手段，我认为我们的内核驱动程序已经足够完美。但偏偏这时，他拿出了至少对老板来说相当有说服力的理由："根据我们的统计，在你们的内核驱动程序上线之前，我们的用户对这个软件的使用时长，即每次登录到退出之间的时间，平均为 35 分钟。"然后他脸色一变，"从你们的内核驱动程序上线之后，用户对这个软件的平均使用时长下降到了 32 分钟。也就是说，你们的内核驱动程序导致用户的平均留存时间减少了足足 3 分钟！事实上，自内核驱动程序上线后，不但用户平均使用时长在下降，项目日活（每日活跃用户数量）也在下降。你们必须解决这个问题，否则我不能继续让你们上线！"

任何对用户数量或用户留存时间的影响，对项目来说都是敏感和致命的。如果你的安全系统没有拦截恶意的攻击者，却先拦截了正常用户，那真是一件最糟糕的事。但这 3 分钟的减少，真的是因为内核驱动程序上线导致的吗？要知道，软件的活跃用户人数本来就会每日变化，从凌晨到中午，从工作日到周末，从过年到暑假，就算你的程序根本没有调整，活跃人数也在变化。更何况还有竞争对手新品推出、各种推广活动、用户的自然流失等情况不断出现。

安全系统对恶意用户的打击也会造成表面上的用户数量或用户平均使用时长的减少，但这是合理的结果。更多的可能是这根本和我们无关，而是项目本身或大环境等其他原因造成的，只是恰好发生在内核驱动程序上线之后。那么，有什么办法可以确定地证实或否定这一点呢？

我们比较容易想到的一个办法就是：既然产品经理认为我们的内核驱动程序上线之后导致用户时长和日活都下降了，那么我们暂时将外网的内核驱动程序全部关闭，观察用户时长和日活是否恢复不就可以了？

这样做从某种程度上来说是可以的。但正如前面所说，用户时长和日活本来就在因为很多原因每天不断变化，而这些原因不是我们能够操控的。就算关闭内核驱动程序之后时长和日活有所恢复，也有可能是其他原因（如刚好到周末了用户数量上涨，或者恰逢推广活动）导致的，这需要通过反复多次操作来观察结果，而且还必须排除许多不可控的其他因素。

为了避免不可控因素干扰所带来的麻烦，在药物的临床医学实验中常用的**随机对照**

试验，正好可以作为我们的有力工具。假定我们有日活一千万个用户。如果我们在这一千万个用户中随机挑选一半的用户（如挑选 ID 为偶数的用户）统计他们的平均使用时长，并与另一半的用户（ID 为奇数的用户）的平均使用时长进行对比，结果会如何？

如果用户 ID 的确是随机分配的，和每个人的地理位置、机器配置、性格、年龄等没有任何关系，那么这两组用户对这个软件的平均使用时长显然应该是几乎相等的。纵然每日具体数据对比可能有微小差异，也只是随机波动。

那么这时候，我们将其中的偶数组用户全部开启内核驱动程序，将其中的奇数组用户全部关闭内核驱动程序，再来对比他们的软件使用时长呢？

假定观察了几日之后，我们发现这两组用户的软件使用时长并没有明显差异，这些数据足以让产品经理哑口无言，领导也绝对会相信我们的内核驱动程序稳定无比，对用户平均使用时长没有任何影响。

反过来，假定我们发现用户平均使用时长的确有差异，那就是该我们排除缺陷的时候了！要想进行成功的随机对照试验，必须要满足如下几个条件。

（1）要有足够量级的用户。样本越多，统计数据越精确；样本越少，统计数据中的随机波动越大。这一点对拥有海量用户的软件项目来说不是问题，因此随机对照试验特别适用于此类软件项目。

（2）要具备通过后台配置开关远程控制用户机器上的软件功能的能力。在试验中，我们不可能让一半的用户重新安装软件来调整是否开启内核驱动程序，即便我们真能这样做，重新安装软件所带来的差异足以动摇统计数据的可信度。

如 5.3.1 节所述，我们所有的功能模块应该具备根据配置开关的能力，当然，也包括整个内核驱动程序本身是否开启。而配置应该设计成可网络下载的。这里我们必须补充一点：配置不但应设计成可网络下载，而且应可以根据不同的用户使用不同的配置。这样我们才能将用户以某种方式进行分组，让每组用户使用不同的功能开关。

（3）要有统计的手段。因此，5.3.3 节中介绍的持续的"心跳"监控，以及其他类似的日志上报（前文产品经理提到的用户平均使用时长统计也是用上报的日志来实现的）是有必要的。如果缺乏日志上报，就很难精确掌握试验的结果。

（4）分组必须排除各种因素，实现真正的随机分组。比如，此类分组试验中一个常见的错误是，按服务器或用户登录地点的不同进行分组：对华中大区的用户开启某功能，对华南大区的用户关闭某功能，这样进行操作可能比较简便，但这样的对比其实意义不大，因为地理位置的不同就可能导致网络延时不同、用户习惯不同，从而让数据本来就存在差异。

我们一定要挑选出合适的随机因素（虽然完美的真正随机是不存在的）。一个不错的例子是根据磁盘的序列号或网卡 MAC 地址计算出一个哈希值，然后再根据哈希值中的某些数字进行分组。

较差的分组除了上面按地域分组的例子，还可以诸如按性别、年龄、上线时间、机器硬件配置等进行分组。这些分组都会因为各组成员原本的情况差异而干扰最终的统计结果。

5.4.2 确定外网内核驱动程序"健康度"

在对比的基础上，我们可以更进一步，持续跟踪内核驱动程序对用户的影响，从而揭示内核驱动程序真实的"健康度"。

内核驱动程序上线，对用户的影响非常复杂，有可能用户因此根本无法进入软件（直接被卡死），也有可能导致用户系统蓝屏，还有可能用户感觉到性能下降，在使用软件的过程中兴致大减而提前退出。但这种问题的发生也不一定和我们的内核驱动程序有关。比如，用户的机器出现蓝屏，但其实蓝屏是安装的另一个软件中附带的内核驱动程序导致的；性能下降也许仅是 Windows 又自动更新了，计算机硬件也应该升级了，等等。

在一个拥有海量用户的软件项目中，让我们单独地、一个个用户地调查发生过的问题，注定是一项不可能完成的工作。即便我们真的努力这么做了，也很有可能把精力浪费在了无关紧要的问题上。那么，有没有一个通用的办法，能够简单有效地确认内核驱动程序对外网真实用户的真实影响，并评估出内核驱动程序的"健康度"？

我们要确认什么是"影响"。对一个软件项目来说，用户活跃人数、每个用户对软件的使用时长都是关键指标。如果这两个指标没有下降，甚至在逐步增长，那么我们可以认为对软件项目的影响是正面的，反过来则是负面的。

对单个用户来说，一个内核驱动程序无论是给他带来了蓝屏、卡死、性能下降还是功能不正常，其后果都只有一个：让用户使用该软件的时间变少，最终放弃该软件。因此，从用户登录我们的软件开始，直到用户感到异常或正常退出，这个软件使用时长对我们评估影响非常重要。只是，单个用户的使用时长和各种与软件无关的意外、用户的偶然操作有很大关系。如何排除这些无关紧要的因素呢？答案是利用海量用户来求平均并进行对比。

在 5.3.3 节中，我们进行了定时的"心跳"上报。现在假定我们利用这些日志进行统计。我们把用户分成了偶数组和奇数组。其中，对偶数组我们关闭了程序的所有功能（关闭的功能不包括日志和工作线程定时上报的"心跳"）；而对奇数组开启了所有功能。随后我们分别统计两组在一天中的日志数量。结果发现，偶数组与奇数组留存对比如表 5-2 所示。

表 5-2 偶数组与奇数组留存对比

日志	偶数组（留存占比）	奇数组（留存占比）	健康度
启动 0 秒	8292839（100%）	8292956（100%）	—
启动 60 秒	7389626（89%）	6883153（83%）	93%
启动 120 秒	4975703（60%）	4561125（55%）	91%
启动 240 秒	829290（10%）	331718（4%）	40%

请注意，这里的"心跳"并非固定间隔上报，而是在 0 秒、60 秒、120 秒、240 秒各发一条日志，总共监控时长为 4 分钟。如果监控得更久，那么可以统计更多的日志。

因为用户数据的敏感性，我不可能使用真实项目中的用户数据，所以本书中此处及其他的统计数据都是虚构的数据，仅用于演示。其中，留存占比是指，将 0 秒日志视为 100%，其他的日志数量除以 0 秒日志数量所得出的比率。

从表 5-2 中的偶数组数据来看，软件本身的表现就不太令人满意。在启动之后的 60 秒，就已经有超过 10%的用户流失。启动 240 秒时，就只剩下了 10%的用户了。换句话说，绝大部分用户使用它都不会超过 300 秒（5 分钟）。

偶数组的内核驱动程序都没有开启，这部分问题可以排除在内核驱动程序之外。但从奇数组来看，启动 60 秒时，用户数比偶数组还少了 6%，这就不得不说，内核驱动程序可能存在严重缺陷。后面的启动 120 秒、240 秒的日志数量也提示了同样的问题。

我们用每行的奇数组日志数除以偶数组日志数获得一个比率，称为健康度。如果内核驱动程序功能开启对用户的影响为无，那么这个比率应该无限靠近 1，也就是 100%；如果对用户有负面的影响，那么比率会下降。

一般而言，软件运行时间越长，影响越严重，健康度可能会下降到接近 0。我们可截取某个时间点的日志来评估综合健康度。如在表 5-2 中，我们可以选择启动 240 秒时的日志，评估其综合健康度为 40%。当然，我们也可以使用其他的方法，如对每行健康度取平均值来求得一个综合健康度。

5.4.3 继续分组对比以确认未知缺陷

5.4.2 节中的健康度评估的是内核驱动程序是否存在影响用户使用软件的缺陷，它能揭示对我们来说本来未知的缺陷。那么，接下来的问题是，如果缺陷存在，应该如何定位并解决它呢？

在本书之前的所有内容中，我们面对的都是确定的缺陷现象和确定的暴露缺陷的用户环境。而这一次，缺陷的现象是未知的，甚至在哪些用户的机器上暴露也是未知的，连缺陷的个数本身也不确定，那么又该如何定位呢？

事实上，任何缺陷是否能够定位和解决，都只取决于图 5-1 解决任何缺陷的固有模式中的模式是否能够建立。只要该图中的模式能够成功运作，缺陷就必然可以解决。

现在，我们面对的未知缺陷是否能够重现呢？答案是完全可以。内核驱动程序的健康度不足就可以被视为该缺陷的症状，这是外网每天都在重现的症状。

我们是否拥有调整程序的手段呢？显然是的。我们有可以通过后台直接控制每个功能是否启动的开关，我们还可以更新程序。至于观察反馈就更简单了，我们可以每天观察根据外网日志上报计算出的健康度并反馈。

当拥有海量用户的时候，缺陷的定位和解决往往会更快。原因是面对单个用户的时候，每次调整都必须依次进行、依次测试、依次获得反馈，是串行化行为。但海量用户给我们提供了并行解决问题的条件，我们完全可以把用户分成十个组，同时测试十个不同的调整。

在 5.2.1 节，我曾经根据图 5-2 确定了四个可以用来调整测试的版本。现在我们无须编译程序，仅用后台开关就可以开关功能，控制用户机器上究竟使用哪个版本（实际是配置）的内核驱动程序。

然后从外网的用户中随机挑选出一批，将其分成三组。第一组用户使用第一版配置，第二组用户使用第二版配置，第三组用户使用第三版配置。一天之后，我收集到了这三组用户的健康度。多版本组别健康度对比如表 5-3 所示。（注意，在表 5-3 中，我总是以启动 240 秒时的健康度为综合健康度，后面直接简称为健康度。）

表 5-3　多版本组别健康度对比

组别	健康度
第一组	97%
第二组	89%
第三组	45%

从统计的结果中可以看到，每组用户的健康度都略有下降。但第一组用户的表现最好，说明功能模块 A 的问题是最少的；第二组用户在第一组用户的基础上又下降了 8% 左右，说明功能模块 B 确实存在一定程度的问题；但相比第三组用户来说，第二组用户只不过是"小巫见大巫"，因为第三组用户的健康度直接下降了 50%。

虽然情况并不乐观，但是至少我们已经知道应该从哪里开始排除问题。首先要定位的显然是第三组用户中，也就是功能模块 C 中的问题。如果我们已经预先在功能模块 C 中设置了多个子功能开关配置，那么这就是大显身手的时候了，使用上面的方式进行操作，进一步定位缺陷在功能模块 C 中的根源即可。

一般来说，经过反复排除，如果能直接定位到根源是最好的。如果不能定位到最终的根源，就需要通过修改代码、发布更新来进行进一步排除。但无论如何，只要外网的健康度是可以计算的，代码又是可以调整的，那么问题终将被确认清楚。

5.4.4　在发布和更新中持续监控健康度

本节的核心思想是，通过内核驱动程序收集的日志信息来监控程序的健康度，以评估内核驱动程序对用户影响的方法。实际上，这个方法应该持续应用，以监控内核驱动程序的健康度，而不应该等到有人反馈问题的时候再执行。

一个必要的规范是，当我们程序升级、更新内核驱动程序中任意一个功能模块时，都不应该仅经过内部测试就直接发布。内部测试虽然能排除很多问题，但和外网实际环境的复杂性依然无法相比。

正确的方法是进行"灰度"。所谓灰度，是指只在部分用户的机器上进行更新，先看看效果。其本质上依然是一种分组对比的方法。

假定我们只在 5%的用户的机器上进行更新，剩下 95%的用户暂时保持不变，那么通过这 5%的用户收集到的健康度数据，应该与剩下的 95%的用户基本持平或差距在允许的范围内。

如果情况并非如此，那么这个更新就不应继续推广，而是应先停下来排除问题。排除问题依然可以使用上述分组对比，或者通过收集处理崩溃转储文件、用户反馈调查、审视代码来进行。

当 5%用户的灰度的健康度达到标准之后，可以继续进行 10%、20%、50%……直到 100%全服的更新过程。其中，每一步都要持续监控健康度，以避免某些问题突然暴露。

即便是完全不作任何更新，也可以持续跟踪内核驱动程序的健康度。其代价是必须从海量用户中随机挑选一小部分（如 1%的用户）作为对照组，并用对照组的健康度和正常组的健康度进行对比。如果数据双向小幅波动，就说明不存在明显问题；如果正常组的健康度一路下行，就说明外网发生了某个事件。

许多事件可能会在我们的内核驱动程序不做任何更新的情况下，导致我们的内核驱动程序健康度忽然下降，如 Windows 版本的更新、软件用户态程序的更新、大规模的病毒木马感染事件，以及一个和我们有冲突的第三方内核驱动程序开始悄无声息地发布并逐渐推广。

第 6 章将讲述程序自身代码与第三方软件冲突问题的解决方法。

第 6 章
内核挂钩与冲突问题调试

本章以 Windows 内核开发中挂钩的编程为例,介绍与之相关的冲突问题的调试。

读者一定会注意到,在这一章的标题中,我们使用的词语是"问题"而不是"缺陷"。在前面的章节中,我们曾竭尽全力地在海量的用户中确认缺陷的存在,并穷尽我们的智慧去解决所有的缺陷。假定我们真的把所有的缺陷解决完毕,是不是就可以高枕无忧了呢?很遗憾并非如此,因为代码的任何一次改动、每次升级都可能带来新的缺陷。那么,如果我们一行代码都不改,什么都不改动呢?

内核开发的神奇之处就体现在这里。哪怕我们一行代码都不修改,放出去的代码是完美没有缺陷的,问题照样会发生!因为我们的代码虽然没有修改,Windows 的内核却在不断升级,还有与我们的程序一起被安装进内核的其他厂商的内核程序也是日新月异的。

我们的代码没有缺陷,不意味着别人的代码也没有缺陷。我们和别人的代码都没有缺陷,也不意味着我们和别人一起运行的时候不会产生冲突。因此,在本章标题中并不称"缺陷",而只称"问题"。用户为甲方,我们为乙方,其他程序为第三方。本书将只有乙方和第三方共存时才会出现的问题称为**第三方冲突问题**,简称为**冲突**。

6.1 解决冲突的正确方式

6.1.1 积极但低调地解决问题

从我在内核开发团队的经历来看,冲突和一般的问题不同,往往涉及技术之外的人性,在处理方式上不可掉以轻心。

由于各方对冲突问题所站的视角和开发人员不同,此类问题容易造成内部争议和矛盾,处理不当不但会延误问题的解决,还会造成团队内部关系变差,甚至员工离职等恶劣后果。

从管理者的角度来看,用户反馈一旦安装了我方的软件就出现蓝屏或卡死的现象,毫无疑问会第一时间把矛头指向我方的内核驱动程序开发人员。而开发人员可能会经过分析发现，自身的代码并无任何缺陷。问题的爆发仅仅是因为我们的程序协助暴露了第三方程序的缺陷。但这种结论是滞后而且软弱无力的，在宣传上，没有多少人会通过仔细阅读一份晦涩难懂的技术说明，来了解一件和自己无关事情的真相。

反而是管理者发出"某程序导致数千名用户蓝屏"这种强烈的质询会成为爆炸性新闻，给公司所有人留下深刻的印象。此类事件对当事人的心理打击是极为严重的，他会感觉明明什么都没有做错，犯错的是别人，却要成为责任人。此时，他只有以下三种选择。

（1）忍气吞声地寻找解决方案，避免继续蓝屏。但他会认为这样做就意味着变相承认犯错并必须承担责任。

（2）拒绝承担责任，拒绝动手解决。在我的实际经历中，大部分情况下当事人会在一定程度上做出这种选择，后果就是问题实际得不到解决。

（3）直接辞职、离开项目是最干脆的方式，对个人来说可以立刻摆脱所有责任和压力，如释重负，后果是给公司和项目留下无法收拾的残局。

看似第一种情况对公司最为有利，实际上第一种情况如果反复发生，那么迟早也会倒向第三种，也就是最坏的情况。

因此，当问题在用户中集中爆发时，团队管理者不但要积极地采取措施解决问题，更要设法避免在责任明确前就让当事人承担过分大的压力。换句话说，解决问题要积极，同时要低调。将问题的严重性和可能相关人员放在一起放在公众场合反复强调，反而会造成延误问题解决等不良后果。

此时一对一单独沟通，寻找解决方式，其实远比建一个大群广而告之并施加压力要有效得多。管理者以"危难时刻，只有你能力挽狂澜"的期许与开发人员单独沟通，其威力远比在所有人面前说"你造成的蓝屏马上处理好"要大。必须承担不应承担的责任时，人们的第一反应是摆脱。但被委以重任时，人们又会全力以赴。这无关优劣善恶，这只是客观的人性。

6.1.2　用户价值才是唯一取向

冲突解决的手段无非是以下三种。

（1）我方解决。采取规避第三方缺陷或修复我方缺陷的措施。

（2）第三方解决。由第三方修复缺陷或采取规避措施。

（3）用户解决。因为只有两个软件共存才会出现问题，所以用户可以做出一个艰难的选择，卸载其中之一来解决问题。

但任何情况下，即便问题完全由第三方的缺陷造成，我方解决都是首选方案，这是最可控也是最快捷的。与第三方的沟通冲突问题往往耗费大量的精力和时间。很多软件厂商并没有良好的反馈和提交问题的方式。即便有提交问题的入口，也只是自动化的处理流程，负责担任客服工作的人工智能和人员根本不知道内核蓝屏的意义（他们甚至不知道什么是内核）。

假设我们突破重重封锁，最终将问题提交到了对方内核程序开发人员的手上，他们也会发生我前面提到的问题。开发人员拒绝承认这是缺陷，管理者一反常态地主张无为，"我们十几年没出问题了，保持原样总是最安全的"。即便第三方真的开始修复，等开发、测试完毕再发布到外网上，可能大半年已经过去了。

一方面，我们确实要积极地向第三方提交问题并促进解决。但另一方面，我们还要有一个共识：用户价值才是我们唯一的取向。当用户的计算机出现蓝屏时，我们必须要做的是让用户的计算机不再出现蓝屏。这和谁承担缺陷的责任无关，而是我们的职责所在，即便我们没有犯任何错误，用户的价值本身也是我们的责任。

有些开发者会难以接受在代码中插入专门针对某个冲突问题的特殊处理，认为这极大地破坏了代码的美感。但实际上，完美的代码永远只存在于教科书上，在现实世界中是不完美的。满身的补丁才是代码在万千用户那里历经千锤百炼，实现了用户价值的证明。

有一次，我发现我们的软件和同公司另一个部门开发的软件存在"冲突"。在一台计算机上，只要关闭我们的软件，对方的软件就可以正常运行；当然，关闭了对方的软件也一样，总之二者无法共存。

调试之后，我相信这是因为对方软件的缺陷造成的。但对方既不承认软件存在任何缺陷，也拒绝在调试上提供任何协助，我们也不拥有对方的源码，这时候该怎么办呢？

好在对方的代码并未添加任何壳或虚拟化进行保护，因此可以轻松逆向。

通过逆向定位问题的根源之后，我们给对方提供了一个"热补丁"。在对方的二进制代码上打上热补丁之后，问题得以成功修复。同时，我们在友好和积极的气氛中给各方均发送了邮件，说明了问题的原理，并附上了赠送的补丁。对方果然表示感谢，并很快修改了源码。

当然，上述手段仅能用于能良好沟通的公司内部。如果是第三方公司，以上操作均为无用功。擅自逆向别人的软件并在用户那打热补丁可能涉及侵权。

我们已经明确了用何种方式和态度来解决冲突问题，下面将展示一些实际项目中经常遇到冲突的例子，以及具体的解决过程。

6.2 挂钩的开发

很难找到一个实际中真正存在的冲突来放到书里展示。真正的冲突往往是随机的，需要组合很多复杂条件才会真正爆发出来。本章我们将实现两个比较容易触发冲突的项目，也就是说，这两个项目单独运行大概率都没有问题，但一起运行会有较高概率出现蓝屏。

如果两个内核项目都完全使用 Windows 的文档化操作，那么发生冲突的概率很低。**大部分情况下，冲突是因为至少其中一方使用了非文档操作。**

钩子（Hook）就是很常见的冲突原因之一。在 Windows 内核中，除了各种内核调用已经提供的回调函数注册，其他类型的钩子都是非文档的。但实际上，很多非常正规的安全项目都会使用各类钩子增强自己的能力。

对初学者来说，一个很常见的误解是 Windows 使用了补丁卫哨[1]技术之后，就已经无法做钩子了。事实并非如此，补丁卫哨保护的范围非常有限，只包括 ntoskrnl.exe 和部分内核中重要的数据结构（如系统调用表和中断处理表），很多第三方驱动可被挂钩。只有在 Windows 开启了**虚拟化安全**[2]和**虚拟化完整性**[3]功能的情况下，所有内核可执行代码才都受到保护，无法在代码上进行内联挂钩。

即便如此，虚拟化完整性也只能保护代码，无法保护数据。众所周知，很多时候代码的执行依赖于数据。如果一个函数地址被保存在数据中，而数据又可以被更改，那么修改数据同样可以挂钩函数。此类情况在 Windows 内核中非常多，即便是微软，想要一一保护也是不可能的。

假设有这样一个例子：当我们的软件和一家国外强势厂商的内核驱动程序共同存在的时候，用户的计算机就会蓝屏。

在蓝屏的转储文件中查看调用栈，可以看到崩溃出现在国外厂商的代码中，但栈的下层有我们对某函数的调用。虽然栈的最上方是国外厂商的代码，但无人向国外厂商反馈，因此所有的矛头都指向了我们。于是，我们向国外厂商提交了缺陷的说明，对方开始了漫长的修复历程。他们不可能一夜之间修复缺陷，我们的用户却在持续投诉。现在我们要做的是，研究如何调用这个函数才不会触发国外厂商的缺陷，从而导致用户的计算机出现蓝屏。

---

[1] Windows 的 PatchGuard 是在内核中用动态代码不断检测内核完整性，一旦检测到内核代码被修改就触发蓝屏的技术。本书将 PatchGuard 翻译为补丁卫哨。
[2] 这里是指 Windows 的 VBS 技术，基于处理器虚拟化能力提供的安全能力。
[3] 这里是指 Windows 的 HVCI 技术，基于处理器虚拟化能力提供的代码完整性保护能力。

下面我们会通过代码来模拟此类问题的定位和解决过程。这里所有的代码都是可以兼容 Windows 目前所有的安全机制的。但请注意，这里展示的代码都仅限于模拟，与真实世界中发生过的情况并无任何关联。

6.2.1 被挂钩的程序

本章的例子是，假设某驱动程序（将它命名为 sec5_hookee，并称其为被挂钩者，这个驱动程序实际上是对本书第 5 章的示例代码的复用）会经常调用 MmGetPhysicalAddress 这个函数。

MmGetPhysicalAddress 可以将虚拟地址转换为物理地址。在 Windows 内核中，绕过虚拟地址直接访问物理地址，意味着可以绕过虚拟地址的权限控制和可能存在的内存保护监控。很多恶意程序会调用这个函数去获取物理地址。

假设某安全厂商做了一个有罪推定：但凡有一个不明驱动程序试图调用了 MmGetPhysicalAddress，那么它就是恶意的。因此，该厂商开发了另一个驱动程序（被我命名为 sec6_hooker，称其为挂钩者），它是一个安全监控程序。

sec6_hooker 监视任何驱动程序的加载。任何驱动程序加载的时候，它会检查其导入表。如果其中含有 MmGetPhysicalAddress，就将其认定为恶意对象并挂上钩子。这种做法带来的安全性是相当薄弱的，有很多方法可以不用导入表就直接定位一个函数（详见第 8 章）。而且，即便不调用 MmGetPhysicalAddress，也有很多方法可以获得物理地址，但秉持着 "有比没有好" 的原则，它依然这么做了。

下面我们先展示被挂钩者 sec5_hookee 的实现。这是一个几乎什么都没做，但是容易被当成可疑分子的驱动程序。它最主要的工作有两点：

（1）当任何线程被创建的时候，使用 MmGetPhysicalAddress 获取线程对象的物理地址并打印。

（2）在工作线程中，每隔一段时间大量调用 MmGetPhysicalAddress（一万次或更多）。

很显然，上面（1）的操作更接近实际项目，而（2）的操作是为了暴力地提升冲突暴露的概率。像实际项目那样，以百分之一或千分之一的概率暴露缺陷不利于节约本书读者的操作时间。

注册线程回调函数的过程见 1.4.3 节，其中代码部分有对 PsSetCreateThreadNotifyRoutine 的调用。下面仅展示线程回调中的处理代码。

```
// 线程回调中的低频调用
void MyThreadNotifyRoutine(
    _In_ HANDLE ProcessId,
    _In_ HANDLE ThreadId,
    _In_ BOOLEAN Create)
```

```
{
    ...
    // Section 6. MmGetPhysicalAddress Hook 冲突演示部分，
    // 获取当前线程的地址对应的物理地址，用于演示第6章
    // 的MmGetPhysicalAddress Hook冲突
    PETHREAD thread = PsGetCurrentThread();
    PHYSICAL_ADDRESS pa = { 0 };
    do{
        if (thread == NULL)
        {
            break;
        }
        pa = MmGetPhysicalAddress(thread);
        if (pa.QuadPart == 0)
        {
            break;
        }
        KdPrint(("The PA of current thread is %llud\r\n",
            pa.QuadPart));
        g_test_cnt1 += pa.QuadPart;
    } while (0);
}

...
//工作线程中的高频调用
void MyWorkInThread()
{
    static ULONG64 test_data = 0;
    static ULONG64 cnt = 0;
    ...
    // Section 6.第6章的演示。工作线程中连续不断地调用一万次
    // MmGetPhysicalAddress，以便演示hook
    // MmGetPhysicalAddressHook带来的冲突
    PHYSICAL_ADDRESS pa;
    int i;
    for (i = 0; i < 10000; ++i)
    {
        // 反复调用一万次MmGetPhysicalAddress
        // 注意，这里MyWorkInThread的意义仅仅是一个存在
        // 的虚拟地址，便于求物理地址。没有其他意义
        pa = MmGetPhysicalAddress(MyWorkInThread);
```

```
            // 将所有求得的物理地址累加到一个静态变量中
            // 这仅仅是为了避免数据不使用而被编译器优化
            // 而导致代码消失
            test_data += pa.QuadPart;
        }
    }
```

上面并无任何恶意的操作，每行代码都符合 Windows 内核编程的规范和文档，单独执行它们是肯定不会出现蓝屏的。

6.2.2　枚举和注册回调的时序

挂钩者 sec6_hooker（注意 hooker 与 hookee 的区别）是一个安全监控程序，它会使用 PsSetLoadImageNotifyRoutine 注册一个模块加载函数。这样，当后面的 sec5_hookee 加载的时候，它的回调函数就会被调用。

该程序会在回调函数中，得到 sec5_hookee 加载到内存中的映像的起始地址。获得起始地址之后，它就可以在 sec5_hookee 的映像中定位导入表了。因此，sec6_hooker 在 DriverEntry 中对应的关键代码如下。

```
extern "C" NTSTATUS DriverEntry(
    PDRIVER_OBJECT driver, PUNICODE_STRING reg_path)
{
    …
    status = PsSetLoadImageNotifyRoutine(MyNotifyRoutine);
    if (status != STATUS_SUCCESS)
    {
        break;
    }
    …
}
```

回调函数 MyNotifyRoutine 会扫描加载模块映像导入表。如果其中存在 MmGetPhysicalAddress，就将其挂钩。如果不存在，就什么都不做。代码如下所示。

```
static VOID MyNotifyRoutine(
    _In_opt_ PUNICODE_STRING image_name,
    _In_ HANDLE process_id,
    _In_ PIMAGE_INFO image
    )
{
    image_name, process_id;
    do{
        //任何驱动程序加载的地址都大于 0xf000000000000000
```

```
            if(g_hooked ||
                image == NULL ||
                (ULONG64)image->ImageBase < 0xf000000000000000)
            {
                break;
            }
            // 一个驱动程序正在加载,而我们打算 Hook 它
            KdPrint(("A driver %wZ is loading.\r\n",
                image_name));
            DoHookOnADriver(image->ImageBase,
                image->ImageSize); ①
        } while (0);
    }
```

上面的代码首先是对当前环境和参数进行检查。如果 g_hooked 为 TRUE,就表示已经完成过一次挂钩。为了简单起见,本例不同时维护多个钩子,一旦已经挂钩过一次,后续就不会再尝试挂钩。

此外,我们还检查了 image 和 image->ImageBase。当 ImageBase(映像基址)比 0xf000000000000000 小的时候,说明加载的并非一个内核驱动,而是一个用户态模块,我们不做任何挂钩。真正关键的代码在上面的①处,在那里我们调用了 DoHookOnADriver 完成挂钩。具体的挂钩操作充满了微不可察的风险,后面详细描述,但我们先要解决另一个问题。

MyNotifyRoutine 是模块通知回调,也就是说,只有新模块加载才会被调用。那么,问题是,如果一个模块在我们的内核模块加载之前就已经加载了,岂不是无法被检测到?

客观地说,首先加载的内核模块几乎总是有办法"逍遥法外",但在本章的例子中,我们不打算放过这样巨大的漏洞。除了注册模块通知回调,我们还对系统中已经存在的内核驱动模块进行了一个枚举,如果发现模块存在,就对它进行导入表挂钩。

但我们无法知道读者的计算机在加载 sec6_hooker 时,系统中已经加载了哪些驱动程序。我们无法预料遍历这些未知驱动程序并全部挂上钩子可能会发生的情况,为了避免读者被各种古怪问题困扰,我们对情况做了进一步简化。

sec6_hooker 加载的时候会枚举所有模块,但只会检查模块中是否已经存在名为 se5_hookee 的模块。如果存在,就完成挂钩;如果不存在,就不会做任何事情,这样就简单多了。

下方代码展示的就是函数 DoHookOnLoadedDriver。这个函数非常简单,没有参数,只需要在 DriverEntry 中调用即可。

```
NTSTATUS DoHookOnLoadedDriver()
{
    NTSTATUS status = STATUS_SUCCESS;
```

```
        PVOID image_base = NULL;
        size_t size = 0;
        do{
            // 注意，我无法预知读者的系统中是否已经存在调用
            // MmGetPhysicalAddress 的驱动程序，如果全部 Hook 上
            //显然会发生我无法预知和控制的状况。因此我只对名为
            // "sec5_hookee.sys" 的模块进行 hook
            image_base =GetSysModBaseByName(
                "sec5_hookee.sys",
                &size);
            if (image_base == NULL)
            {
                // 不存在就不必 Hook，直接返回成功
                break;
            }
            status = DoHookOnADriver(image_base, size);
        } while (0);
        return status;
    }
```

在这里我要询问读者一个问题。既然 DriverEntry 中现在要完成两件事：①调用 PsSetLoadImageNotifyRoutine 来注册模块通知回调，以便捕获所有模块的加载，并挂钩它们的 MmGetPhysicalAddress；②调用 DoHookOnLoadedDriver，对已经加载的存量模块中的 MmGetPhysicalAddress 进行挂钩。两件事在完成时应该谁先谁后呢？

乍一看似乎谁先谁后都可以，事实上，从这里我们开始面临时序问题。许多随机、难重现又莫名其妙出现的问题常常是时序导致的，如果在写代码的时候没有认真考虑时序，那么等问题在外网暴露之后再调试会难上加难。

在分析时序的时候，我们最好画出时序图。时序图的呈现形式往往是简单的一条直线，在上面标出各个**事件节点**。事件节点会把连续的时间分隔成**时段**，我们要做的是**确保每个时段内的处理都符合我们的预期**。如果一个时段内可能发生不符合预期的事情，那么本书将这样的时段称为**缺陷窗口**。

sec6_hooker 的 DriverEntry 的关键事件节点时序图如图 6-1 所示。接下来我们可以分时段来分析情况。

A：开始　　　　B：枚举存量模块并挂钩　　　　C：注册模块回调　　　　D：卸载或关机

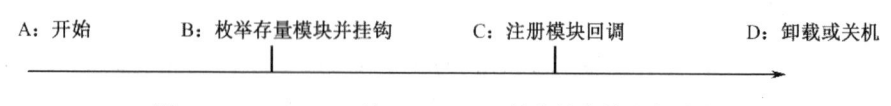

图 6-1　sec6_hooker 的 DriverEntry 的关键事件节点时序图

在 AB 段内，如果有我们需要挂钩的模块加载，那么 B 点的枚举存量模块会将它们钩住，这符合我们的预期。而在 CD 段内，如果有我们需要挂钩的模块加载，就会被我

们的注册模块回调捕获，我们可以在回调中完成挂钩。

真正出问题的是 BC 段。这是一个典型的**缺陷窗口**，此时存量模块的枚举已经结束，而新模块的回调注册还没有完成，就会无法捕获！当然，这个问题不一定会真的发生，但如果恰好发生就会被遗漏。

假设 Windows 的内核模块加载被设计成总是在同一个线程中序列化执行，sec6_hooker 的 DriverEntry 执行过程中，不会有另外一个模块刚好加载。但我们没见过存在这方面规范的文档说明，也不知道微软是否会这样处理。

如果这个问题真在外网随机发生，然后我们又被迫调查为何有时挂钩会失败，那么难度极大。与其考虑这么多的"如果"和"侥幸"，还不如把 C 点和 B 点调换一下，这几乎没有成本，却可以根绝这个问题。

调整后的 sec6_hooker 的 DriverEntry 的关键事件节点时序如图 6-2 所示，任何一个时段都不是缺陷窗口。

A：开始　　　　　B：**注册模块回调**　　　C：**枚举存量模块**　　　D：卸载或关机

图 6-2　调整后的 sec6_hooker 的 DriverEntry 的关键事件节点时序图

上面的代码还存在两个问题，第一个问题是 GetSysModBaseByName 如何实现。这个函数用于枚举当前系统中已经加载的所有内核模块，如果有，就对比传入的模块名。如果匹配，就会返回这个模块的起始地址，并从参数中返回长度。

这个过程有些烦琐，但其核心是调用 ZwQuerySystemInformation 这个函数来枚举系统中的所有模块，并用名字进行对比。这里不会列出所有的代码，但是读者可以参考下面的代码来实现对所有存量内核模块的遍历。

```
// WDK 头文件中未公开的部分，通过符号表获取之后写成头文件
extern "C" {    ①
    // 查询系统模块的时候，信息类号为 11
    typedef enum _SYSTEM_INFORMATION_CLASS
    {
        SystemModuleInformation = 11,
    } SYSTEM_INFORMATION_CLASS, * PSYSTEM_INFORMATION_CLASS;

    // 这个函数其实有导出，只是头文件里没有声明，自己声明即可
    NTSTATUS ZwQuerySystemInformation(
        SYSTEM_INFORMATION_CLASS info_class,
        PVOID sys_info,
        ULONG leng,
        PULONG ret_len);
```

```c
    // 模块信息结构，见下面RTL_PROCESS_MODULES的说明
    typedef struct _RTL_PROCESS_MODULE_INFORMATION{
        HANDLE Section;
        PVOID MappedBase;
        PVOID ImageBase;
        ULONG ImageSize;
        ULONG Flags;
        USHORT LoadOrderIndex;
        USHORT InitOrderIndex;
        USHORT LoadCount;
        USHORT OffsetToFileName;
        CHAR FullPathName[MAXIMUM_FILENAME_LENGTH];
    } RTL_PROCESS_MODULE_INFORMATION,
     *PRTL_PROCESS_MODULE_INFORMATION;

    // 这是ZwQuerySystemInformation查询系统模块时返回的数据结构
    // 这个结构可以通过符号表获取
    typedef struct _RTL_PROCESS_MODULES{
        ULONG NumberOfModules;
        RTL_PROCESS_MODULE_INFORMATION Modules[1];
    } RTL_PROCESS_MODULES, * PRTL_PROCESS_MODULES;
};

    // 遍历所有系统模块
    NTSTATUS EnumAllSysMod(
        SysModEnumCallbackFt callback,
        PVOID param)
    {
        NTSTATUS status = STATUS_SUCCESS;
        PRTL_PROCESS_MODULES mods = NULL;
        ULONG bytes = 0;
        do
        {
            if (callback == NULL)
            {
                break;
            }
            // 最初不知道需要多大的空间，进行一次试探
            status =ZwQuerySystemInformation(          ②
                SystemModuleInformation, 0, bytes, &bytes);
            if (0 == bytes)
```

```
{
    break;
}
// 获得需要的空间大小后，再分配足够的空间调用一次
mods = (PRTL_PROCESS_MODULES)ExAllocatePoolWithTag(
    PagedPool, bytes, MEM_TAG);
if (NULL == mods)
{
    break;
}
memset(mods, 0, bytes);
status =ZwQuerySystemInformation(
    SystemModuleInformation, mods, bytes, &bytes);
if(!NT_SUCCESS(status))
{
    break;
}
// 遍历每个模块并调用一个回调
PRTL_PROCESS_MODULE_INFORMATION mod_array =
     mods->Modules;
if (mod_array)
{
    ULONG number = mods->NumberOfModules;
    for (ULONG i = 0; i < number; i++)
    {
        PVOID base = mod_array[i].ImageBase;
        ULONG size = mod_array[i].ImageSize;
        // 用基地址确认这的确是内核模块
        if ((ULONG64)base > 0xf000000000000000)
        {
            if(!callback(
                Path2ImageName(
                    mod_array[i].FullPathName,
                    strnlen(
                    mod_array[i].FullPathName,
                    MAX_PATH)),
                base, size,
                param))
            {
                break;
            }
```

```
                    }
                }
            }
        } while (0);
        if (mods != NULL)
        {
            ExFreePoolWithTag(mods, MEM_TAG);
        }
        return status;
    }
```

从代码中可以看到，在ZwQuerySystemInformation的第一个参数为SystemModuleInformation时，该函数可以向 Windows 内核查询当前系统中存在的所有系统模块，相应的信息被返回到输出缓冲中。

上面的代码整体非常简单，理解上稍微有点困难的地方可能有以下两处。

第一处是标准的头文件中缺乏 ZwQuerySystemInformation 的定义。这个函数及其参数、对应返回的数据结构都没有公开，但这个函数其实是内核导出的。因此，我们无须进行特殊操作，自己编写函数声明即可。这可以在上面代码的开头①处看到。

第二处是在 ZwQuerySystemInformation 在调用之前，我们并不知道它会返回多少数据，因此无法预知需要分配多大的输出缓冲来容纳这些数据。好在输出缓冲不够时，这个函数也可以顺利执行，并且它的最后一个参数会返回究竟需要多少内存。因此，在上面代码的②处我们用空的输出缓冲进行了一次试探。成功获得需要的内存大小之后，用ExAllocatePoolWithTag 分配足够的内存，然后再次调用 ZwQuerySystemInformation。

细心的读者一定可以在这里看到一个类似的缺陷窗口：如果第一次试探性调用ZwQuerySystemInformation 获取内存和第二次真实调用之间有新的模块加载怎么办？这确实也是一个问题。

本书代码并未解决这个问题，想要解决的读者可在第二次调用时检查最后一个参数的返回。只有该参数的返回与输入缓冲长度一致时，才确认正确。如果不一致，就说明这个过程中有模块加载，可再次分配内存并重复之前的步骤。这样做稳妥、可靠，但是会使代码太过冗长，不利于在本书中展现。

下面要解决的另一个问题是 DoHookOnADriver 这个函数的实现，也就是如何给一个已经加载或正在加载的内核驱动程序做钩子。

6.2.3 导入地址表的检索

所谓导入表，是指 Windows 的可执行文件（PE 文件）中保存的一种数据结构，记录了本文件中的代码需要调用的外部模块中的函数。在可执行文件被 Windows 加载并在内存中展开之后，导入表中将会填入那些外部引入的函数的真实地址。

导入表实际上分成两个部分，分别为 INT（导入名字表）和 IAT（导入地址表）。其中，导入名字表保存要调用的每个外部函数的名字或序列号，导入地址表中会被填入导入函数的绝对地址。

只要把导入地址表中的这些函数地址替换成自己编写的钩子函数的地址，就能在这个模块中实现挂钩。这样，模块调用这些函数的时候会先调用钩子函数。

理论上，在内核中做导入表挂钩（很多资料将其称为 IAT Hook），和在用户态做动态链接库的导入地址表挂钩应无较大差异。而实际上，用户态的动态链接库在加载进入内核之后并不会释放部分页面，但内核驱动程序会，并且恰好是能索引到导入地址表的部分结构被释放了（但导入地址表不会释放）。因此，对于枚举出来的模块，使用常规的方式从映像最开始的文件头开始遍历查找导入地址表的方法是不行的。

为了解决这个问题，我们设计了一个"暴力搜索法"。已知我们要挂钩的函数是 MmGetPhyscialAddress，又已知要挂钩的驱动的导入地址表中保存了这个函数地址，那么我们从头开始检索这个地址。

如果我检索到一个 MmGetPhyscialAddress 的地址被保存在这个映像的某个位置中，并不一定说明这个位置就是一个导入地址的表项，因为这完全有可能是数据巧合。但如果还存在间接 call[1]的指令通过这个位置中的地址进行调用，那么大概率说明这就是导入地址表中的表项。

一条通过导入地址表进行间接 call 的指令的格式通常为：0xff, 0x15, <导入地址表项地址和本指令的下一条指令地址之差,4 字节>。上述指令一共是 6 字节。如果能搜索到符合这些条件的指令，那么上面的导入地址表搜索正确的可能性将大大提升。

这个方法只限于我们测试用的此例程序。实际上，call 指令有多种形式，并不一定符合上面所描述的格式。如果想要将代码拓展为商用，就需要进行大量扩展，本书这里不展开讲解。

这种搜索本身不可能是完美的，但条件越多，结果越可靠。如果想要进一步减少出错的可能，那么可以检查找到的地址附近其他的内容。导入地址表中一般不只有一个函数，如果能找到更多的函数地址，就可添加更多的佐证。

下面的代码用来搜索一个内核模块映像中对某个外部函数的导入地址表。注意，这是一个双重循环：先按地址查找可能的导入地址表项位置。如果找到了，就再度循环，寻找利用这个导入地址表项调用函数的 call 指令（6 字节间接 call）的位置。如果都找到了，就返回该位置。

再次强调，这部分代码仅限于本例可行，不可直接商用。

---

[1] 间接 call 的特点是，call 的目标函数是保存在内存或寄存器中的，如 call rax，或者 call qword ptr [rax]。相反地，直接 call 指令是直接 call 函数地址的。

```c
// 在驱动已经加载完毕的情况下, import_decs所在页面会被释放,因此无法和在Image notify
// 回调中一样直接用GetIATAddress查找导入地址表, 我这里用全文搜索的方式来寻找导入
// 地址表项目。其方法为: 先找到16字节搜索对应的函数的绝对地址。如果找到了一处, 就搜
// 索对应的间接call指令, call指令的机器码为 ff 15 <4字节偏移>。该指令的下一条指
// 令 (地址+6) 的地址加上面的4字节偏移, 应该刚好等于前面搜索到的绝对地址的位置
// 如果符合上述条件, 就找到了导入地址表位置 (或者至少是个全局变量指针)。注意, 以上操
// 作有个明显的假定: 在整个搜索期间, 被检索的驱动不会动态卸载。但在实际环境中这个假
// 定明显不成立。如果要防止被Hook驱动随时动态卸载的情况, 就需要使用更多的手段, 这会
// 导致代码变得冗长且晦涩难懂。因此, 本书简单地假定问题不存在
PVOID*GetIATAddressBySearch(
    PVOID base,
    size_t size,
    PVOID function)
{
    PVOID *ret = NULL;
    size_t i,j;
    ULONG_PTR ptr = 0;
    LONG off = 0;
    // 临时找到的
    LONG_PTR temp_ret = 0;
    // 任何可执行文件展开到内核中, base和size必然是页面对齐的。如果不是, 就说明
    // 我们可能处在某种异常环境中 (如遭受攻击), 可直接返回失败
    do{
        if((ULONG64)base % PAGE_SIZE != 0 ||
            size % PAGE_SIZE != 0)
        {
            break;
        }
        // 为了找到保存了function的地址, 我进行了全面扫描。注意, 导入地址表中
        // 的表项是8字节对齐的。扫描的时候也可以8字节为单位
        for (i = 0; i < size; i +=sizeof(ULONG64))
        {
            // 定位到正确的位置
            ptr = (ULONG_PTR)base + i;
            if (ptr % PAGE_SIZE == 0)
            {
                // 内核中展开的PE映像并不是在所有的页面都有效, 部分页面会在展开
                // 之后被释放。这里简单检测一下, 先过滤并不存在或缺页的地址, 防止
                // 蓝屏
                // 但要注意的是, 调用MmIsAddressValid只能确保调用时瞬间该地
                // 址是有效的, 并不能确保调用之后地址依然有效。正确的方法是, 必须
```

```c
        // 多核同步并锁定内存，或者直接操作物理内存，步骤太过烦琐，略去
        if(!MmIsAddressValid((PVOID)ptr))    ①
        {
            // 跳转到页面末尾，continue 之后达到下个页面
            i += (PAGE_SIZE -sizeof(ULONG64));
            continue;
        }
    }
    // 如果比对结果不正确，就继续执行
    if (*(PVOID*)ptr != function)
    {
        continue;
    }
    // 这里找到了一个函数指针，记录到 temp_ret 中
    temp_ret = (LONG_PTR)ptr;
    // 现在找到了一个函数指针。接下来，开始寻找间接 call 指令。同样从最开
    // 头找起。不同的是，call 指令不一定是 8 字节对齐
    for (j = 0; j < size; j++)
    {
        // 定位到正确的位置
        ptr = (ULONG_PTR)base + j;
        // 同样存在检测页面的问题
        if (ptr % PAGE_SIZE == 0
            && !MmIsAddressValid((PVOID)ptr))
        {
            // 跳转到页面末尾，continue 之后达到下个页面
            j += (PAGE_SIZE - 1);
            continue;
        }
        // j < 5 的时候不做检查（因为 call 指令一共为 6 个字节，
        // 不可能是 0,1,2,3,4 范围内就能匹配上的）
        if (j < 5)
        {
            continue;
        }
        // 当 ptr 指向可能为 call 指令的最后一个字节的时候
        // 开始做比对。先比对-5，-4 位置是否是 0xff,0x15
        if(*(UCHAR*)(ptr - 5) != 0xff ||
            *(UCHAR*)(ptr - 4) != 0x15)
        {
            continue;
```

```
                }
                // 如果call指令存在，那么获取LONG为类型的4字节偏移
                off = *(LONG*)(ptr - 3);
                // 下条指令地址加偏移应该正好是导入地址表项的地址
                if ((LONG_PTR)(ptr + 1) + off == temp_ret)
                {
                    // 通过偏移检查认定位置正确，填写ret并返回
                    ret = (PVOID*)temp_ret;
                    break;
                }
                // 如果不正确，那么继续循环
            } // for j
            // 如果已经找到了，那么返回即可
            if (ret != NULL)
            {
                break;
            }
        } // for j
    } while (0);
    return ret;
}
```

上面的函数 GetIATAddressBySearch 的输入是模块的起始地址、模块的大小和 function，也就是要查找导入地址表项的导入函数的地址，返回值则是对应的导入地址表项的地址。

这里要注意的是，在内核模块中，从开始地址到结束地址，所有的内存范围并不一定都有效，部分页面可能会被释放掉。如果我们用代码从头读到尾，那么一定会出现蓝屏。

要想完全确保内核页面的安全，必须锁定物理内存，这会导致代码变得冗长。这里为了避免蓝屏，仅简单地用 MmIsAddressValid 进行了判断（见上面代码的①处）。这足够测试使用，但其中还是存在缺陷，因为判断时有效并不等于读取时有效。对此，本书不展开讨论。

有了 GetIATAddressBySearch 这个函数之后，我们要实现对任何一个模块中特定的导入函数进行挂钩都变得很容易。GetIATAddressBySearch 会返回一个导入地址表项地址，该地址中保存着一个函数指针，只要将这个函数指针替换为新的函数，旧的函数就被挂钩上了。

讲解到这里，我们要回到最初的目标：挂钩 MmGetPhysicalAddress 这个函数。因此，我先要获得这个函数的地址，然后才能用 GetIATAddressBySearch 搜索导入地址表项。方法是，使用 MmGetSystemRoutineAddress，传入函数名即可。代码片段如下。

```
...
UNICODE_STRING func_name =
    RTL_CONSTANT_STRING(L"MmGetPhysicalAddress");
static PVOID MmGetPhysicalAddressPtr =
    MmGetSystemRoutineAddress(&func_name);
if (MmGetPhysicalAddressPtr == NULL)
{
    // nt 中缺乏 MmGetPhysicalAddress 这个导出函数，这是一个
    // 奇怪的现象，只可能是我们遇到了非正常版本的 Windows
    status = STATUS_INVALID_ADDRESS;
    break;
}
...
```

6.2.4 挂钩的实现

因为我们要实现的是钩子，所以要写一个和 MmGetPhysicalAddress 一样的钩子函数来替代它。在 sec6_hooker 中，我们写的钩子函数如下。

```
// 定义函数类型
typedef PHYSICAL_ADDRESS(*MmGetPhysicalAddressFt)(PVOID);
// 用该变量来保留原始的函数指针
MmGetPhysicalAddressFt gMmGetPhysicalAddressOrg = NULL;
// MmGetPhysicalAddress 的钩子函数
PHYSICAL_ADDRESS MyMmGetPhysicalAddressHook(PVOID va)
{
    // 这里我们没有做过多处理，只是打印了参数。如果作为安全软件
    // 想监控其他模块对此函数的调用并打算做点什么，就可以在这里进行处理
    KdPrint(("A hookee is calling MmGetPhysicalAddress: va = %p\r\n", va));
    // 做完自己的处理之后，调用原始指针。当然也可以直接返回 0 让其他模块什么也得不到
    return gMmGetPhysicalAddressOrg(va);
}
```

注意，钩子函数中除了打印参数，就是调用 gMmGetPhysicalAddressOrg 这个原始函数指针。它是我们在做钩子的时候，把被挂钩的导入地址表中的原始函数地址取出，然后保存得到的。

在做挂钩的时候，钩子函数和原始函数的概念非常重要。比如，我们对驱动 sec5_hookee 中调用的 MmGetPhysicalAddress 的地址做挂钩，那么上面的 MyMmGetPhysicalAddressHook 就是我们写的钩子函数。而原始函数就是导入地址表项中原有的系统提供的真函数。

一般来说，如果在钩子函数中经过了安全处理，我们认为这个操作是合法的，是应该执行的，就会调用原始函数，而不是自己来实现原始函数所有的功能，因为这太麻烦

了。如果我们认为这次调用是非法的，就返回失败。

在这个案例中，我们是通过搜索 MmGetPhysicalAddress 的地址获得导入地址表项的，原始函数必然就是 MmGetPhysicalAddress。但读者要注意的是，在真实项目中，并不总是如此！

设想一下多重挂钩的可能。如果在我们挂钩之前已经有人挂钩了，那么 sec5_hookee 的导入地址表中的原始函数地址就并非系统中真正的 MmGetPhysicalAddress，而是别人所做的另一个钩子函数。

一般而言，做挂钩必须尽量不影响系统中已有的钩子。因此，原始函数应该从真正的导入地址表项中取出，而不是利用系统中原始函数的地址取出。这样，我们只要调用原始函数，别人的挂钩依然会被执行。

这也是为什么上面要用一个专门的全局变量来保存原始的地址（代码中的 gMmGetPhysicalAddressOrg）。这个地址不能直接用 MmGetPhysicalAddress 的地址，而是要在做挂钩的时候从被改写的导入地址表项中读出来。

但如果这个位置上保存的指针并不是 MmGetPhysicalAddress，我们如何判断这是我们要挂钩的函数呢？这又是另一个难题。理论上，我们需要遍历挂钩链。当然，更简单的处理是，万一被别人挂钩了，我就不挂钩了（留下一个漏洞）。

下面回到做挂钩的问题。如何用钩子函数替代被挂钩模块中的原始函数呢？自然是填写我们之前用 GetIATAddressBySearch 获得的导入地址表项的函数地址了。

新手可能会尝试将该指针的内容直接填写为新函数的地址，如下所示。

```
PVOID* iat_entry = NULL;
// 如果加载了驱动程序，就查一下它是否有对 MmGetPhysicalAddress
// 的调用
iat_entry =GetIATAddressBySearch(
    image->ImageBase,
    MmGetPhysicalAddressPtr);
if (iat_entry != NULL)
{
    *iat_entry = MyMmGetPhysicalAddressHook;①
}
```

这样做，我们就会遇到在这次开发中的第一个蓝屏，见上方代码的①处。直接填写函数导入表发生的只读内存写错误，如图 6-3 所示。

这也是一种非法地址访问错误。但是在前面专门介绍非法地址访问的错误时，我们并没有提及。缺陷检查码 0xbe 代表内存操作发生了权限错误。该虚拟地址是只读的，尝试进行写入导致了异常。

有些读者可能会认为内核驱动程序位于 Windows 内核中，执行时 CPU 工作在内核态，拥有最高权限，不可能存在权限错误。但事实上，内核态的高权限主要体现在执行特权指令、访问内核才允许访问的内存区域等方面，并不能直接写入只读内存。

```
*******************************************************
*                                                     *
*                  Bugcheck Analysis                  *
*                                                     *
*******************************************************

ATTEMPTED_WRITE_TO_READONLY_MEMORY (be)
An attempt was made to write to readonly memory.  The guilty driver is on the
stack trace (and is typically the current instruction pointer).
When possible, the guilty driver's name (Unicode string) is printed on
the bugcheck screen and saved in KiBugCheckDriver.
Arguments:
Arg1: fffff80485ba2038, Virtual address for the attempted write.
Arg2: 890000013ba3c021, PTE contents.
Arg3: ffffa8b7707d2e0, (reserved)
Arg4: 000000000000000b, (reserved)

Debugging Details:
------------------

KEY_VALUES_STRING: 1
```

图 6-3 直接填写函数导入表发生的只读内存写错误

用户态内存是只读还是可写，是由构成虚拟地址页表中的 PTE 表项中的位决定的。如果在内核中要绕过这个权限，方法有以下三种。

（1）关闭全局写保护能力。

（2）修改此虚拟页面的权限，从只读改为可写。

（3）把虚拟页面对应的物理页面并重新映射一个可写的虚拟地址。

其中，（1）和（2）都存在各种各样的问题。在内核中，（3）是常规推荐方案。为此我们编写了一个名为 RemapVaInKernel 的函数，意思是将一个虚拟地址（VA）在内核中重新映射，代码如下。

```
// 在内核中重新映射地址，以便获得访问权限
NTSTATUS RemapVaInKernel(PVOID va, ULONG len, PVOID* kva, PMDL* mdl)
{
    NTSTATUS status = STATUS_SUCCESS;
        BOOLEAN locked = FALSE;
    *mdl = NULL;
    *kva = NULL;
    __try{ ①
        *mdl = IoAllocateMdl(
            (PVOID)va, len, FALSE, FALSE, NULL); ②
        if (*mdl == NULL)
        {
            status = STATUS_INSUFFICIENT_RESOURCES;
            ExRaiseStatus(status); ③
        }
        MmProbeAndLockPages(
            *mdl, KernelMode, IoWriteAccess); ④
            Locked = TRUE;
```

```
        *kva = (ULONG*)MmGetSystemAddressForMdlSafe(
            *mdl, NormalPagePriority); ⑤
        if (kva == NULL)
        {
            status = STATUS_INSUFFICIENT_RESOURCES;
            ExRaiseStatus(status);
        }
    }
    __except (EXCEPTION_EXECUTE_HANDLER){ ⑥
    }

    if (status != STATUS_SUCCESS && mdl != NULL)⑦
    {
            if(locked)
        {
            MmUnlockPages(*mdl);
            }
        IoFreeMdl(*mdl);
        *mdl = NULL;
        *kva = NULL;
    }
    return status;
}

VOID ReleaseRemappedVaInKernel(PMDL mdl)
{
    if (mdl != NULL)
    {
        MmUnlockPages(mdl);
        IoFreeMdl(mdl);
    }
}
```

在上述代码的②处，我们为虚拟地址分配 MDL。MDL 是 Windows 内核中的内存描述符链，用来以一组物理页面的形式描述一片连续的虚拟内存。

MDL 分配之后，我们还必须将物理地址锁定。众所周知，虚拟地址对应的物理地址是不稳定的。当系统中内存不足时，虚拟地址的内容还可能被交换到分页文件上，导致完全失去物理页面。此时，我们通过给物理地址重新映射虚拟地址来改写它的页面内容，就没有意义了。

因此，在④处，我们用 MmProbeAndLockPages 将物理页面锁定，使这一片虚拟内存对应的物理页面暂时不会被挪作他用。MmProbeAndLockPages 没有返回值，它的特点是如果失败，就会抛出异常，这也就是为什么我们在①处使用了__try 关键字。

在内核中，任何异常没有得到处理都会导致蓝屏。用__try 关键字可以捕获代码块中的异常，使执行流跳到下面的__except 块中，如上面代码⑥处所示。但在__except 块的处理中，我们并不进行任何操作，这个处理过程仅是为了防止出现蓝屏[1]。

当内存完成锁定之后，函数 MmGetSystemAddressForMdlSafe（这其实是一个宏）就可以从 MDL 中映射出一个新的虚拟地址了。由于在④处调用 MmProbeAndLockPages 的时候，已经用参数 IoWriteAccess 指定这段内存可写，因此驱动程序对新的虚拟地址拥有写权限。

需要注意的一点是，以上过程分配了 MDL，并且锁定了页面。在完成写操作之后，要解锁页面并释放对应的 MDL，否则就会发生资源泄漏。

通过上述代码的⑦处可见，如果这次重映射不成功，那么可能已经被锁定的页面、分配的 MDL 都必须对应地处理掉。如果成功了，我们就提供一个 ReleaseRemappedVaInKernel 函数来释放分配的资源，代码和失败时的处理方式差不多。

解决了写入权限的问题之后，下面的代码展示了完整的 DoIATHook 函数的实现。该函数的输入为一个写入地址表项中保存函数地址位置处的指针，以及要替代该函数的钩子函数指针；返回则是原始函数的指针，用来让钩子函数调用原始函数的功能。

```
// 根据输入的写入地址表项和钩子函数的地址进行 Hook。如果成功就返回原始函数的地址
PVOID DoIATHook(PVOID* iat_entry, PVOID hook_func)
{
    PVOID ret = NULL;
    LONG64 org = 0;
    ULONG cnt = 0;
    PVOID* writeable_iat_entry = NULL;
    PMDL mdl = NULL;
    NTSTATUS status = STATUS_SUCCESS;
    do{
            … // 检查参数的代码，已省略
        status = RemapVaInKernel( ①
            (PVOID)iat_entry,
            sizeof(PVOID*),
            (PVOID*)&writeable_iat_entry,
            &mdl);
        if(status != STATUS_SUCCESS ||
            writeable_iat_entry == NULL ||
            mdl == NULL)
```

---

[1] 实际 Windows 内核中的__try 关键字对内核地址访问异常的捕获并不可靠，这里内存地址无效，大概率仍会发生蓝屏。此处不出问题的关键是，要访问的模块存在且此时不会卸载。

```
        {
            break;
        }
        // 用 do while 循环来确保 Hook 的原子性。同时确保在获得原始函数指针之后、
        // Hook 之前，不会有人先下手为强完成 Hook 导致我们获得的原始地址失真
        do{ ②
            cnt++;
            // 为了避免极度巧合导致的死循环卡死，限定尝试次数 100
            if (cnt > 100)
            {
                break;
            }
            // 先取得原始值
            org = *(LONG64*)iat_entry; ③
            // 比较交换完成 Hook
        } while (InterlockedCompareExchange64( ④
            (LONG64*)writeable_iat_entry,
            (LONG64)hook_func, org) != org);
        // 失败的情况
        if (cnt == 100)
        {
            break;
        }
        // 成功的情况
        ret = (PVOID)org;
        // 返回
    } while (0);
    if (mdl != NULL)
    {
        ReleaseRemappedVaInKernel(mdl);
    }
    return ret;
}
```

上述代码中，①处进行了虚拟地址的重新映射，从 iat_entry 中获得了可写的 writeable_iat_entry，这一点之前已经讲得比较详细。

相对值得注意的是，下面在 do while 循环中，调用锁定总线的比较交换 InterlockedCompareExchange64 来完成对 writeable_iat_entry 的写入过程。

为什么要用如此复杂的方式写入，不直接用指针加*写入来解决问题？这是因为我们要做的是挂上钩子。挂钩的过程虽然也是写入一个数据，但和正常的变量写入又有所不同。

挂钩写入点是全局资源，这里可能会频繁被执行的代码所使用。在写的过程中，随时有可能有任何 CPU 核（考虑多核）的线程使用它。任何不完整的数据出现在这个位置，都会导致代码执行流出错、系统发生蓝屏的后果。

因此，我们在改写它的时候应该做到：第一，这是一个原子操作，不会改写一半被线程调度中断；第二，在写入的过程中不会有其他核进行读写操作。

这里用 InterlockedCompareExchange64 解决这个问题，具体可见上述代码中的④处。Interlocked 前缀意味着这个操作是锁定总线的，发生的时候其他核上不会同时操作此数据；CompareExchange 表示使用比较交换指令，比较交换操作是原子的，不会被线程调度打断。

此外，值得注意的是，我们先在③处得到要挂钩的函数地址的原始值 org，再在④处使用 org 和 *writeable_iat_entry 比较。这样做的效果是，只有 writeable_iat_entry 指向的值的确是原始值 org，比较交换才能成功，否则交换失败，回到②处重新开始循环。

读者看到这里肯定会有疑问，org 不就是从 *iat_entry 中提取出来的吗？iat_entry 和 writeable_iat_entry 是指向相同物理地址的不同虚拟地址，org 和 *writeable_iat_entry 怎么可能不相等？

从我们获得原始函数地址 org，到我们用比较交换改写了导入地址表中的地址，这个过程并不是原子的。虽然概率极低，但不能排除这段时间刚好有其他人做了钩子，修改了函数地址，这样原始函数地址就不再是我们之前获取的值了。如此一来的后果是，我们无法调用这个别人重新填写的函数地址，对方做的钩子会因此被无效化。将第三方钩子无效化也是冲突的一种，后果很难预料，因为我们无法预料对方的钩子无效化之后是会和平静默，还是会暴力蓝屏。

因此，这里使用比较交换。一旦这极小的窗口内函数地址有变化，写入就不会成功，我们就会借助 do while 循环返回到②处重新执行。

比较交换也有一个副作用：如果刚好每次都因为巧合而失败，循环就会成为一个死循环。虽然这种情况发生的概率可以忽略不计，但为了保险起见，我们加上一个计数，最多循坏 100 次。

现在，一切准备工作都已经做好，我们可以完成最终的挂钩工作了。下面的代码是对上面大部分代码的综合调用，大约会完成如下几步。

- 获得系统中的函数 MmGetPhysicalAddress 的绝对地址。
- 在要做钩子的驱动中利用 GetIATAddressBySearch 获得要挂钩的函数 MmGetPhysicalAddress 的导入地址表项目。
- 利用函数 DoIATHook 实现真正的挂钩，同时把原始函数地址保存在 gMmGetPhysicalAddressOrg 中。

具体代码如下（注意，为了阅读方便，代码进行了删减，详尽的代码请参考本书配

181

套源码中的 sec6_hooker 项目）。

```
// 获得了驱动的基地址，对其中调用的函数 MmGetPhysicalAddress 进行 IAT Hook。
// 注意，为了简单演示，本驱动中只做一次 Hook，做完就不会再继续 Hook
static NTSTATUS DoHookOnADriver(
    PVOID image_base, size_t size)
{
    ...
    do{
        ...
        // 首先初始化 MmGetPhysicalAddress 这个原始函数的地址，以便搜索
        if (MmGetPhysicalAddressPtr == NULL)
        {
            MmGetPhysicalAddressPtr =
                MmGetSystemRoutineAddress(&func_name);
            if (MmGetPhysicalAddressPtr == NULL)
            {
                // nt 中缺乏 MmGetPhysicalAddress 这个导出函数，这是一个奇怪
                //的现象，只可能是 MmGetSystemRoutineAddress 被 Hook 了，或
                // 者我们遇到了非正常版本的 Windows
                status = STATUS_INVALID_ADDRESS;
                break;
            }
        }
        // 如果驱动程序已加载，那么检查它是否有对 MmGetPhysicalAddress 的调用
        iat_entry =GetIATAddressBySearch(
            image_base,
            size,
            MmGetPhysicalAddressPtr);
        if (iat_entry == NULL)
        {
            // 如果没有，就不用管它，返回成功即可
            break;
        }
        ...
        //如果有，就 Hook 它。DoIATHook 会返回原始函数的值，直接赋给原始函数记录指
        // 针。这看起来很优雅，但其实是有问题的
        gMmGetPhysicalAddressOrg = (MmGetPhysicalAddressFt)
            DoIATHook(iat_entry,
                (PVOID)MyMmGetPhysicalAddressHook);   ①
        // 记录下 iat entry，便于自己卸载的时候释放 Hook
        ...
```

```
    } while (0);
    return status;
}
```

此时我们可以看到，上述代码中最关键的是①处对挂钩的实现，以及对原始函数地址 gMmGetPhysicalAddressOrg 的填写。回顾本节开头的钩子函数，钩子函数在做完自己的处理之后继续调用了原始函数。其关键代码如下：

```
// 这里我们没有做过多处理，只是打印了参数。如果作为安全软件
// 你想监控其他模块对此函数的调用并打算做点什么，就可以在这里进行
KdPrint((
"A hookee is calling MmGetPhysicalAddress: va = %p\r\n",
    va));
// 做完自己的处理之后，调用原始指针。当然你也可以直接返回 0
// 让其他模块什么也得不到
return gMmGetPhysicalAddressOrg(va);
```

注意最后一行 gMmGetPhysicalAddressOrg(va)，它使我们的钩子函数除了具备自己的处理过程，还可以实现原始函数的所有功能。

这些代码看起来优雅、可靠，各方面都做了仔细处理，但是"智者千虑，必有一失"，其中依然隐藏了老生常谈的时序缺陷。6.3 节将展示此缺陷带来的冲突，并尝试给出解决方案。

6.3 冲突的发现、分析与解决

6.3.1 冲突的现象

冲突之所以是冲突，是因为问题在某程序单独存在的时候并不会出现，并且该程序和大部分程序共同存在的时候也无任何异常，只有特定的某两个程序共存时才会爆发出来。

程序对外发布是有先后顺序的。一般情况下，冲突大面积爆发时，最近一个发布（或更新）的程序会被普遍认为是肇事者而承担修复的压力，而前面发布已久的程序往往以"我们的代码运行多年从未出现过问题，而且近期也没有任何更新……"为由拒绝重视并修复问题。

但这并不意味着先发布的程序一定是正常的。在实际工作中我们发现，内核驱动程序中长期"稳定运行"未能暴露，但最后因为某种契机而暴露的缺陷比比皆是。

以本章的例子为例。sec6_hooker 的代码在本地测试时没有任何问题，如果把 sec6_hooker 发布外网，我们也会发现它运行得非常稳定，运气好也许十年都不会有人反馈出现蓝屏。

假定 sec6_hooker 这个驱动程序经过测试毫无问题，最后成功发布了，遍布全球上千万个甚至上亿个个人客户端，并且广受好评，成为一款稳定、普通的安全软件，而且运行了很多年。

很多年之后，一个新锐公司开发了一款名为 sec5_hookee（sec 加数字前缀仅是为了标明本书范例的编号，和这款程序的实际内容或厂商品牌没有任何关系），并且逐渐推广开来。当然，sec5_hookee 这个程序迟早会碰到运行 sec6_hooker 的用户机器。

一开始还好，只有零星的蓝屏反馈。但是，随着 sec5_hookee 的不断推广，用户数量达到了千万名甚至亿名，和 sec6_hooker 的用户重叠范围越来越大，蓝屏的反馈像雪片般飞来，无数用户开始在网上辱骂推出 sec5_hookee 的公司。对他们来说，事实很简单，自从安装了 sec5_hookee 这个程序，他们的机器就时不时地出现蓝屏。蓝屏的问题如果不能解决，sec5_hookee 这个程序注定会退出市场，公司在这个项目上所有的投入将会"打水漂"。

毫无疑问，既然出现了这么多的蓝屏，就一定有相应的崩溃转储文件被上报上来。但打开转储文件后发现，sec5_hookee 和 sec6_hooker 共存时出现的蓝屏问题如图 6-4 所示。

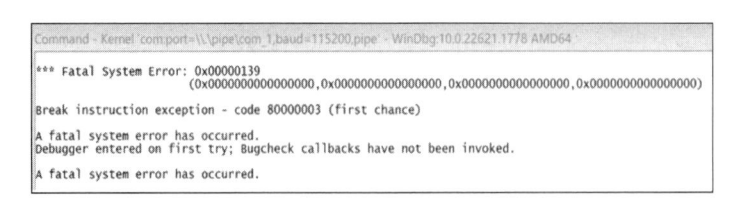

```
Command - Kernel 'com:port=\\.\pipe\com_1,baud=115200,pipe' - WinDbg:10.0.22621.1778 AMD64

*** Fatal System Error: 0x00000139
                (0x0000000000000000,0x0000000000000000,0x0000000000000000,0x0000000000000000)

Break instruction exception - code 80000003 (first chance)

A fatal system error has occurred.
Debugger entered on first try; Bugcheck callbacks have not been invoked.

A fatal system error has occurred.
```

图 6-4　sec5_hookee 和 sec6_hooker 共存时出现的蓝屏问题

这个缺陷检查码提供的信息很少。缺陷检查码 0x139 的描述为 KERNEL_SECURITY_CHECK_FAILURE，代表内核安全检查失败。其中，第一个参数代表失败的类型，当类型为 0 的时候，表示基于栈的缓冲区溢出。

基于栈的缓冲区溢出是安全行业常见的攻击方式。其原理是通过传入不正常的参数覆盖栈，导致代码返回时执行栈上的代码，让攻击得以成功。但是这里，谁会攻击我们？什么地方会栈溢出？

如果顺着这个思路去审视所有代码，我们将会一无所获。在这个问题中，并无任何栈溢出的问题。这也提示我们一点：**Windows 中的缺陷检查描述并不是百分之百准确的。**这种描述往往基于推断给出，而不是事实。

这个问题中真正糟糕的地方是信息量很少，尤其是这个缺陷检查的四个参数全部是 0，缺失很多关键信息。此时，即使我们用 k 或 kb 命令来查看调用栈，结果也很不乐观。sec5_hookee 和 sec6_hooker 共存时出现蓝屏的调用栈如图 6-5 所示。

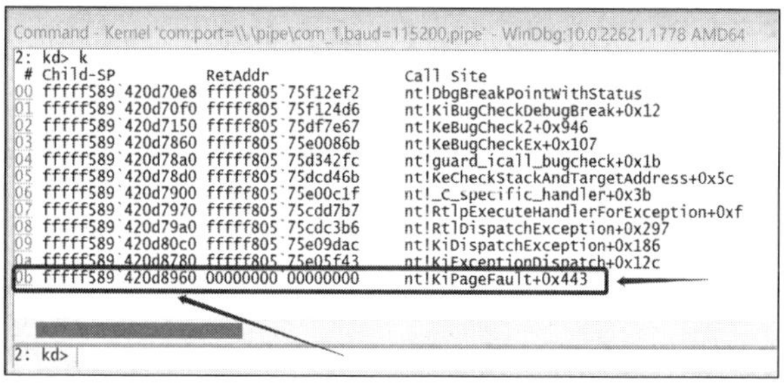

```
Command - Kernel 'com:port=\\.\pipe\com_1,baud=115200,pipe' - WinDbg:10.0.22621.1778 AMD64
2: kd> k
 # Child-SP          RetAddr           Call Site
00 ffffff589`420d70e8 fffff805`75f12ef2 nt!DbgBreakPointWithStatus
01 ffffff589`420d70f0 fffff805`75f124d6 nt!KiBugCheckDebugBreak+0x12
02 ffffff589`420d7150 fffff805`75df7e67 nt!KeBugCheck2+0x946
03 ffffff589`420d7860 fffff805`75e0086b nt!KeBugCheckEx+0x107
04 ffffff589`420d78a0 fffff805`75d342fc nt!guard_icall_bugcheck+0x1b
05 ffffff589`420d78d0 fffff805`75dcd46b nt!KeCheckStackAndTargetAddress+0x5c
06 ffffff589`420d7900 fffff805`75e00c1f nt!_C_specific_handler+0x3b
07 ffffff589`420d7970 fffff805`75cdd7b7 nt!RtlpExecuteHandlerForException+0xf
08 ffffff589`420d79a0 fffff805`75cdc3b6 nt!RtlDispatchException+0x297
09 ffffff589`420d80c0 fffff805`75e09dac nt!KiDispatchException+0x186
0a ffffff589`420d8780 fffff805`75e05f43 nt!KiExceptionDispatch+0x12c
0b ffffff589`420d8960 00000000`00000000 nt!KiPageFault+0x443
2: kd>
```

图 6-5 sec5_hookee 和 sec6_hooker 共存时出现蓝屏的调用栈

你会发现，在调用栈的最后一行，RetAddr 莫名变成了 0，调用栈因此中断，因为最后一行是 KiPageFault。KiPageFault 是缺页异常的处理函数，那么，到底是什么原因引起的缺页？

栈没有继续往上回溯，不会显示这是从哪里调过来的，甚至栈中都没有出现 sec5_hookee。难道这个问题其实和 sec5_hookee 没有关系？但如果没有关系，又如何解释用户只有安装了 sec5_hookee 之后才会出现蓝屏呢？

6.3.2 用 dps 命令手工解析调用栈

首先我们要明白的一点是，无论 WinDbg 是否能继续回溯栈，栈都依然保存在内存中。因为每一层函数在调用另一个函数的时候，都一定会把要返回的地址先压入栈，所以栈中依然保存着一路以来的返回地址。只不过 WinDbg 在某些情况下无法定位栈中的返回地址，回溯不能继续进行，但这并不影响我们手工查看栈的内容并把里面保存的返回地址找出来，重新构造调用栈。查看栈的内容就是查看内存数据，因此用 dq 命令即可。dq 命令的格式是"dq 内存开始地址 内存结束地址"。

注意，图 6-5 左下处的箭头指向的数字，就是栈回溯的时候看到的栈的最深位置。如果我们要继续浏览栈的内容，设置的数字就必须比这个数字更大，因此开始地址可以设定为现在这个数字，而结束地址可以在它的基础上再加一个数字，如 0x200。用 dq 命令来显示栈的缺失内容的操作，如图 6-6 所示。

```
Command - Kernel 'com:port=\\.\pipe\com_1,baud=115200,pipe' - WinD
2: kd> dq ffffff589`420d8960 ffffff589`420d8960+0x200
ffffff589`420d8960  00000000`00000102 fffff805`75c5527c
ffffff589`420d8970  ffffdf00`2dd41180 00000000`00000000
ffffff589`420d8980  00000000`00000000 00001f80`01080000
ffffff589`420d8990  00000000`00000000 fffff805`7c961360
ffffff589`420d89a0  00000000`00000001 00000000`00000002
ffffff589`420d89b0  00000000`00000000 00000000`00000000
ffffff589`420d89c0  fffff805`75a00000 fffff805`71915bc0
ffffff589`420d89d0  00000048`041002f7 00000000`00000004
ffffff589`420d89e0  00000000`00000000 00000000`00000000
ffffff589`420d89f0  00000000`00000000 00000000`00000000
ffffff589`420d8a00  00000000`00000000 00000000`00000000
ffffff589`420d8a10  00000000`00000000 00000000`00000000
ffffff589`420d8a20  ffff905e`00838a80 00000002`00000001
ffffff589`420d8a30  00000000`00000000 00000000`00000000
ffffff589`420d8a40  00000000`00000000 00000000`00000000
ffffff589`420d8a50  00000000`00000000 00000000`ffe19c41
ffffff589`420d8a60  00000000`40f80088 00000000`00000000
```

图 6-6 用 dq 命令来显示栈的缺失内容的操作

我们马上就会发现问题，这样显示出来的栈虽然是正确的，但几乎毫无用处，因为我们只能看到数字，但不知道这些数字对应的是程序中的什么位置。这里的关键是没有把地址和符号对应起来。好在 WinDbg 提供了同样的但附加对应符号表的 dqs 命令，其用法和 dq 命令完全一样，用 dqs 命令来显示栈的缺失内容的操作如图 6-7 所示。

```
Command - Kernel 'com:port=\\.\pipe\com_1,baud=115200,pipe' - WinDbg:10.0.22621.1778 AMD64
2: kd> dqs fffff589`420d8960 fffff589`420d8960+0x200
fffff589`420d8960  00000000`00000102
fffff589`420d8968  fffff805`75c5527c nt!KiSwapThread+0x6cc
fffff589`420d8970  ffffdf00`2dd41180
fffff589`420d8978  00000000`00000000
fffff589`420d8980  00000000`00000000
fffff589`420d8988  00001f80`01080000
fffff589`420d8990  00000000`00000000
fffff589`420d8998  fffff805`7c961360 sec5_hookee!sec5_hookee::MyWorkInThread [D:\
fffff589`420d89a0  00000000`00000001
fffff589`420d89a8  00000000`00000002
fffff589`420d89b0  00000000`00000000
fffff589`420d89b8  00000000`00000000
fffff589`420d89c0  fffff805`75a00000 nt!_CmDeleteDeviceContainerRegKeyWorker'::`
fffff589`420d89c8  fffff805`71915bc0
fffff589`420d89d0  00000048`041002f7
fffff589`420d89d8  00000000`00000004
fffff589`420d89e0  00000000`00000000
fffff589`420d89e8  00000000`00000000
fffff589`420d89f0  00000000`00000000
fffff589`420d89f8  00000000`00000000
fffff589`420d8a00  00000000`00000000
fffff589`420d8a08  00000000`00000000
fffff589`420d8a10  00000000`00000000
fffff589`420d8a18  00000000`00000000
```

图 6-7　用 dqs 命令来显示栈的缺失内容的操作

dqs 命令其实也不知道栈中信息的真实意义，但它会对任何内存中的数值进行检索。如果能找到符号表中的地址与之对应，就会显示相应的符号。但这只是一种简单对应，并非只要有符号，就一定是一个返回地址。

如何识别真正的返回地址呢？没有完美的方法，但有几乎可以实现的手段。首先，我们可以排除上面没有任何符号对应的数值。其次，对于存在符号对应的数值，我们可以将其复制到 WinDbg 的反汇编窗口中，查看这个地址对应的代码。如果它是一个返回地址，那么我们能大概率看到它对应的看起来很正常的指令，而且这条指令的前一条指令是一条 call 指令。反之，它要么看起来对应的指令很不正常，要么前面根本不是 call 指令。

作为一个简单的演示，我们把栈中 fffff805`7c961360 这个地址复制到了反汇编窗口中，如图 6-8 所示，然后我们看到它确实对应了正确的指令。但是，这条指令的前一条指令并不是 call 指令。

这说明这并不是一个正常的返回地址。一般来说，函数的开头地址出现在栈中，是相关代码实现中把函数指针当作参数或局部变量写入栈中导致的。

把 fffff805`75c5527c 这个地址复制到反汇编窗口中之后，如图 6-9 所示，我们可以看到它刚好对应一条 test 指令，而 test 指令的前面就是一条 call 指令。

第 6 章 内核挂钩与冲突问题调试

图 6-8 把栈中的数据 fffff805`7c961360 复制到反汇编窗口中

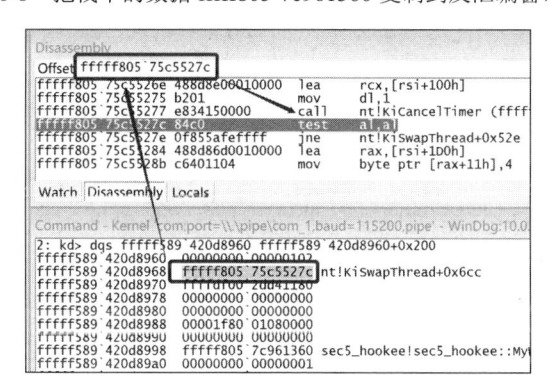

图 6-9 把栈中的数据 fffff805`75c5527c 复制到反汇编窗口中

这说明 fffff805`75c5527c 是一个真的返回地址。KiSwapThread 只能说明这里可能发生了一次线程切换，和我们关心的 sec5_hookee 没有关系，因此我们只能继续回溯。按上面的方法由上往下反复操作，我们可以手工继续回溯栈。同时，因为我们只关心和我们有关的崩溃，所以只要选择那些以 sec5_hookee! 开头的地址就可以了。

能找到的第一个可疑的地址如图 6-10 所示。地址 fffff805`7c961413 同时符合两个要求：第一，这个数值位于我们关心的 sec5_hookee 模块；第二，这个数值指向的地址看起来绝对是一个返回地址。在它之前，刚刚调用了一条 call 指令。

187

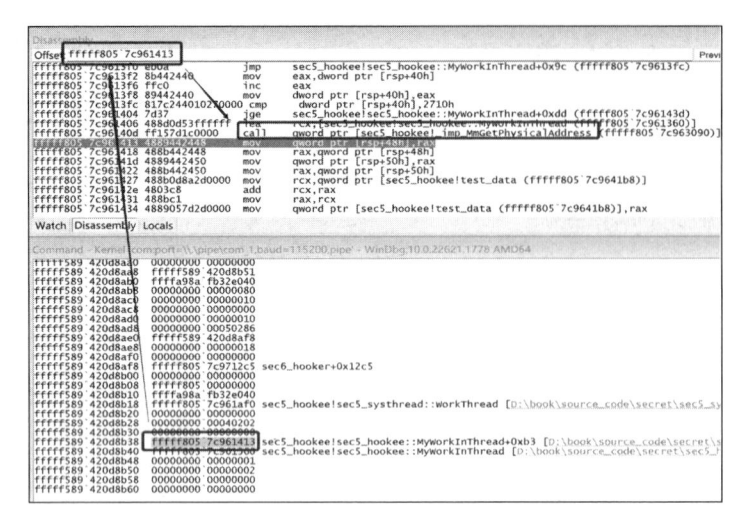

图 6-10　能找到的第一个可疑的地址

这说明真正的崩溃很可能就出现在这条 call 指令所 call 的函数中。然后，我们来看这条 call 指令 call 的是什么，上面的反汇编窗口已经直接给出了答案。

```
call qword ptr [sec5_hookee!_imp_MmGetPhysicalAddress]
```

已经对内核调试得心应手的你应该会一眼看出：这是一条通过导入地址表进行的间接 call，换句话说，这是我们在调用一个内核时提供的系统函数。

call 后面的 qword ptr []代表调用的是一个 64 位指针（qword 代表 4 个字节，64 位），指针保存在 sec5_hookee!_imp_MmGetPhysicalAddress 中。_imp_开头的符号一般都代表导入外部函数，之后连接的是导入的外部函数的名字。换句话说，我们在调用 MmGetPhysicalAddress 的时候出现了蓝屏。

并不是说调用内核自身提供的函数就一定不会出现蓝屏。在调用一个函数时，我们应该查看函数的文档，并检查参数、当前执行环境（如 IRQL 等）是否符合要求。确定这些都没有问题后，蓝屏就是 Windows 自身缺陷导致的——但是且慢，我们调用的真的是 Windows 内核提供的函数吗？

如果你反复查看这个问题的众多转储文件，就会注意到，在图 6-10 中，就在我们看到的可疑返回地址的上方不远处，存在另一个模块的地址，也就是 sec6_hooker+0x12c5。因为 sec6_hooker 是另一家公司的模块，而且从未公开过符号表，所以我们只能看到一个基地址+偏移的说明，无法判断是不是在它的某个函数中。但是，如果每个转储文件的栈中都存在这个模块+偏移的地址，我们就应该怀疑是不是存在一个冲突问题了。

真实世界中，其他公司的模块即便要与你挂钩，也不会把模块名叫作"hooker"，但只要同一个缺陷导致的很多转储文件的调用栈里，都同时出现了固定的某两个模块的偏移地址，我们就有理由怀疑问题是由这两个模块的冲突导致的。

现在我们来看看这个神秘的 sec6_hooker+0x12c5 对应的具体代码，如图 6-11 所示。

它自身指向一条 mov 指令，而 mov 指令的前面刚好是一条 call 指令，换句话说，它真的是一个返回地址，而且这是在我们调用 MmGetPhysicalAddress 之后才调用的。

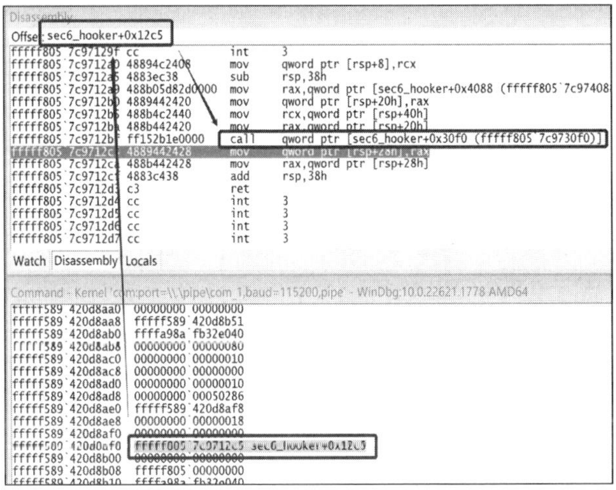

图 6-11　神秘的 sec6_hooker+0x12c5 对应的具体代码

答案已经呼之欲出了，sec6_hooker 挂钩了函数 MmGetPhysicalAddress。因此，我们在调用 MmGetPhysicalAddress 的时候，导致 sec6_hooker 被调用，真正的崩溃有很大可能是 sec6_hooker 的处理不当导致的。

如果想要看 sec6_hooker 究竟是如何 Hook 我们的，就可以回看图 6-10。call 指令调用函数的目标是[sec5_hookee!_imp_MmGetPhysicalAddress]。那么，sec5_hookee!_imp_MmGetPhysicalAddress 的值究竟是多少呢？

从图 6-10 中可以看到，对应的地址是 fffff805`7c963090。复制这个地址并查看其内存的值，你就会发现这里本应保存系统中的 MmGetPhysicalAddress 的地址，现在已经被替换成一个 sec6_hooker 中的值了。

到了这一步，我们基本已经可以确定并不是我们自己犯了什么错误，我们只是合法地调用了 MmGetPhysicalAddress，蓝屏是由 sec6_hooker 导致的。但为了增强说服力，我们必须给出更详细且直接的证据：如果 sec6_hooker 蓝屏了，那么蓝屏的原因是什么？

6.3.3　逆向分析第三方程序并解决问题

冲突问题的最终定位是最难的一步。当我们分析和自己的程序有关的部分时，我们有源码、有符号表，很多问题都可以通过审视相关源码来发现。在分析 Windows 内核时，我们虽没有源码，但有符号表。而在分析第三方的程序时，我们通常既没有符号表，也没有源码。

相对于真实世界中的案例，本章的例子是极其简单的，因为我们只需演示分析方法，增加复杂度没有太大意义。请回顾图 6-11，我们来看框出的 call 指令所 call 的目标地址是什么。

```
call qword ptr [sec6_hooker+0x30f0 (fffff805`7c9730f0)]
```

那么，关键是 fffff805`7c9730f0 中保存的地址是什么，这可以通过 dq 命令来查看。结果 fffff805`7c9730f0 中保存的地址的对应代码如图 6-12 所示，其中保存的内容为 fffff805`7c972440。

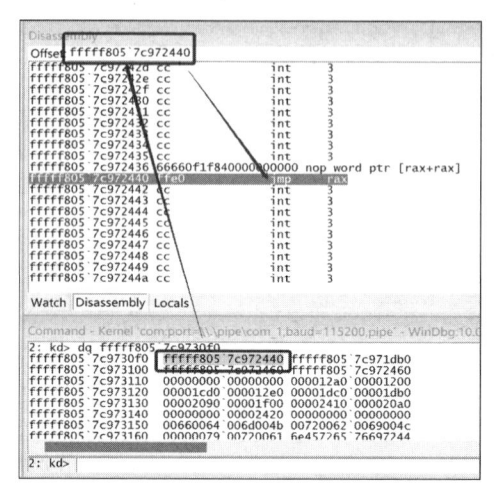

图 6-12 fffff805`7c9730f0 中保存的地址的对应代码

然后是指出 fffff805`7c972440 这个地址对应的代码。把这个地址复制到反汇编窗口中，可以看到它唯一的内容是一条 jmp rax 指令。这是一条简单的绝对跳转。那么，它跳转的目的地址，也就是保存在 rax 中的数值到底是什么呢？

因为 rax 的值在这里并没有进行任何改写，说明是在 call qword ptr [sec6_hooker+0x30f0 (fffff805`7c9730f0)] 之前就已经确定好的。现在我们回顾图 6-11，看看在这条 call 指令之前，rax 的值是如何确定的。实际上，在 call 指令之前，rax 的值的确定过程如图 6-13 所示。

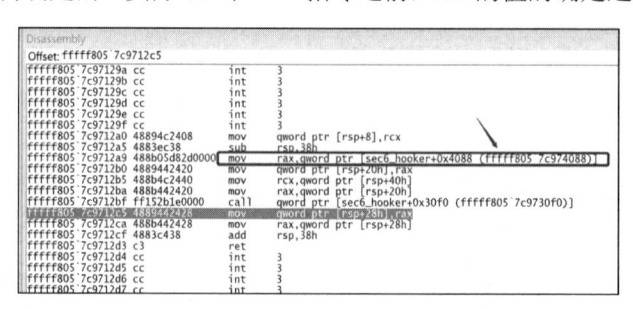

图 6-13 在 call 指令之前，rax 的值的确定过程

一般来说，在静态逆向中确定寄存器的值是极为麻烦的，甚至是不可能的（反之，动态调试则较为方便）。但毫无疑问，这一次我们比较幸运，从图 6-13 中可以看到，与

rax 有关的汇编非常简单。

首先是上面框出来的指令。

```
mov rax, qword ptr [sec6_hooker+0x4088(ffff805`7c974088)]
```

这是从地址 fffff805`7c974088 中取出值并加载到 rax 中。此后和 rax 相关的两条指令如下。

```
mov qword ptr [rsp+20h], rax
…
mov rax, qword ptr [rsp+20h]
```

先把 rax 保存到栈中，然后又从栈中的同一个地址中取出，这是毫无意义的反复操作，对 rax 的值没有影响。换句话说，rax 的值就来自第一条 mov 指令，从地址 fffff805`7c974088 中取出。

注意，这个值对应的是模块基地址+偏移：sec6_hooker+0x4088。**一般而言，模块基址+偏移对应的是全局变量。栈地址对应的是返回值、参数和局部变量**。换句话说，sec6_hooker 在全局变量中保存了一个函数指针，调用这个函数指针的时候就出现蓝屏了。

那么，让我们看看 fffff805`7c974088 中保存的到底是什么函数呢？我们用 dq 命令读取 fffff805`7c974088 的值，如图 6-14 所示。

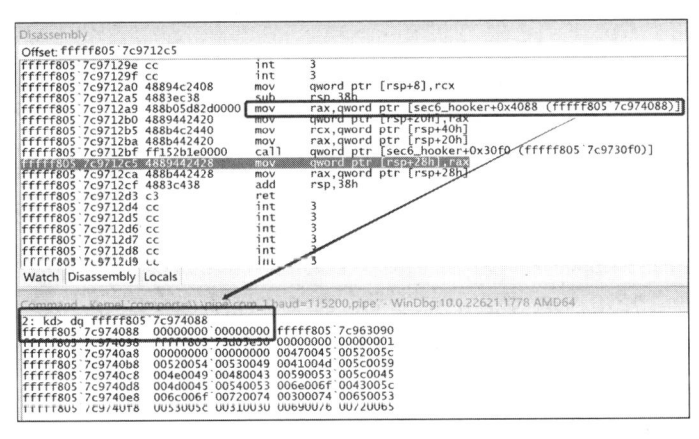

图 6-14　dq 命令读取 fffff805`7c974088 的值

我们会发现，原来这个全局变量保存的函数指针为空。sec6_hooker 调用了一个空指针作为函数，导致了 Windows 内核的崩溃。

到此为止，我们已经找到了足够的证据，说明了以下几点。

（1）sec5_hookee 模块调用了 MmGetPhysicalAddress 后，系统发生了崩溃。但 sec5_hooker 本身的调用参数、调用环境并无问题，符合 Windows 文档，此行为不是出现蓝屏的原因。

（2）sec6_hooker 模块对 sec5_hookee 进行了导入地址表挂钩，挂钩了 MmGetPhysicalAddress。于是 sec5_hookee 调用 MmGetPhysicalAddress 的时候，sec6_hooker 中

的某个函数也被调用了。

（3）sec6_hooker 的某个函数调用了一个保存在全局变量中的函数指针，而该函数指针没有被正确初始化，其值为空，导致了内核崩溃。

毫无疑问，确认此问题后，我们应该将问题发送给相关方（开发 sec6_hooker 的厂商）。但是 sec6_hooker 的厂商是否有意愿修复，以及何时修复，就是另外的问题了。在 Windows 内核中寻求解决冲突的我们应该如何处理呢？

解决问题可以从以下思路出发。

（1）消极回避：不再调用 MmGetPhysicalAddress，废弃相关功能。这必然意味着损失，但通过损失部分功能来收获更多的用户并不一定不值得，其中的利弊需要慎重衡量。

（2）勇敢斗争，加入更多检测和自保护。比如，若发现导入地址表被篡改，则强行改回来。当然，这可能意味着带来更多的冲突：对方发现挂钩失败后可能会反复尝试挂钩，或者干脆直接蓝屏，这可能是一场拉锯战。

（3）积极回避：保留 MmGetPhysicalAddress 的功能并规避对方的挂钩。这是现实中最有效也是最常见的应对方式。

如果对方只是用导入地址表进行挂钩，那么不通过导入地址表来调用函数即可解决这个问题，如先用 MmGetSystemRoutineAddress 来获取用 MmGetPhysicalAddress 的函数地址再调用。但这同样意味着对方使用的手段会进一步升级。比如，对方可能会先挂钩 MmGetSystemRoutineAddress，再在你用这个函数查找目标函数的时候返回它设置的钩子函数的地址。

然后我们可以尝试使用完全不用导入任何函数，直接搜索 Windows 内核的方式来定位 MmGetPhysicalAddress。考虑到 Windows 内核不可以内联挂钩（有补丁卫哨的保护），这个方法大概率是可行的。我们会在第 8 章演示这种方法。

还有一种方案是相对麻烦但也可行的，即我们自行编写一个函数来替代 MmGet-PhysicalAddress。

6.3.4 肇事方视角定位解决问题

最后，我们的视角回到真正的肇事者身上，即开发 sec6_hooker 的厂商。假设我们已收到友商的提醒，如何来定位解决这个引发异常的缺陷呢？

其实对 sec6_hooker 的厂商来说，要定位和解决问题更加容易。因为他们在转储文件中很容易看到，当问题出现的时候，全局变量 gMmGetPhysicalAddressOrg 的值为 0。

gMmGetPhysicalAddressOrg 的值为 0 有两种可能：第一种是初值为 0，还没有被赋值就被使用了；第二种是后续被意外地抹成了 0。根据我的经验，**变量未赋值就被使用导致的缺陷，远比被意外改写导致的缺陷多太多**。我们应该首先考虑第一种可能。

当全局变量出现赋值不正确的情况时，我们首先要考虑这个变量的时序问题。方法非常简单，画出时序图，并在时序图上标出与这个变量有关的关键事件即可。

对 gMmGetPhysicalAddressOrg 这个全局变量来说，它的作用是在钩子函数中调用原始函数，因此和它有关的事件如下。

（1）它被赋值。赋值之前它是 NULL。

（2）钩子挂上。钩子挂上之前，钩子函数根本不会被调用，这个全局变量也不会被使用。但钩子挂上之后，这个变量就有可能要被读取了。

如果考虑到卸载的问题，那么还需要考虑钩子的解挂。但这里我们不考虑驱动的卸载，因此有意义的关键事件实际上只有上述两个。

下面如 6.2.2 节介绍过的例子一样，画出时序图。常见的一个 gMmGetPhysicalAddressOrg 时序图的错误画法如图 6-15 所示。

A：开始　　　　　　　　　B：挂钩并给gMmGetPhysicalAddressOrg赋值

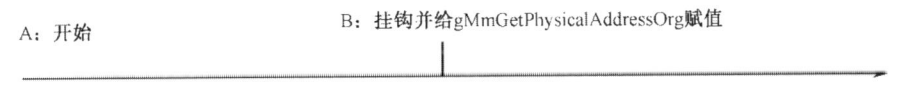

图 6-15　常见的一个 gMmGetPhysicalAddressOrg 时序图的错误画法

我们可以回看 6.2.4 节展示的函数 DoHookOnADriver 中的①处，其中赋值该全局变量的代码如下。

```
gMmGetPhysicalAddressOrg = (MmGetPhysicalAddressFt)
    DoIATHook(
        iat_entry,
        (PVOID)MyMmGetPhysicalAddressHook);
```

因为此段代码只调用了一行代码来完成赋值和挂钩，所以容易被误认为赋值和挂钩是同时完成的。事实并非如此。严格地说，在时序图上，如果想要标出一个关键事件，那么该事件必须是原子的。因此，上述代码的第一个错误是用返回值给 gMmGetPhysicalAddressOrg 赋值。此类操作没有锁定总线，在多核下可能会出现问题。

但这还不是问题的关键。问题的关键是 DoIATHook 是一个函数，而函数的执行显然不可能是原子的。我们永远不能把一个函数当成某个关键事件，而应该把它当作一个执行流，并从中抽取出关键事件。

请阅读 6.2.4 节展示的代码中函数 DoIATHook 的实现。其中，关键事件有两个：挂钩（使用的是 InterlockedCompareExchange64，因而是原子的）和返回。返回后，值被赋给 gMmGetPhysicalAddressOrg。因此，gMmGetPhysicalAddressOrg 时序图的正确画法如图 6-16 所示。

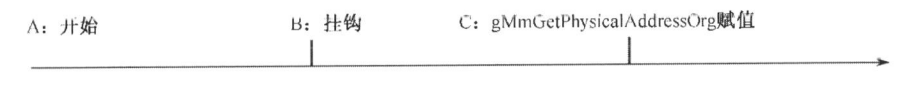

A：开始　　　　　　B：挂钩　　　　C：gMmGetPhysicalAddressOrg赋值

图 6-16　gMmGetPhysicalAddressOrg 时序图的正确画法

根据该时序图很容易看出，BC 段是一个明显的缺陷窗口。因为 B 点已经完成了挂钩，此时如果被挂钩的模块调用 MmGetPhysicalAddress，就会导致钩子函数被调用，而钩子函数就会使用 gMmGetPhysicalAddressOrg 的值。而 BC 段中该全局变量还没有赋值。

一般的黑盒测试很难测试出这样的缺陷，因为 B 点与 C 点之间的窗口很小，需要被挂钩模块刚好在这个窗口内调用 MmGetPhysicalAddress 才行。要想重现问题，可以使用扩大窗口的方式，如在 B 点与 C 点之间插入一个"睡眠若干时间"，问题就很容易重现。

明确定位问题之后，想要解决此问题是很容易的。我在本书中没有提供正确代码的写法，请读者自行思考并完成。

第 7 章 文件系统过滤与逆向调试

本章介绍文件系统过滤驱动的开发与利用逆向进行的调试。

本章之前讲述的调试工具仅限于 WinDbg，调试方法仅限于动态调试。从这一章开始，我们开始初步接触使用 IDA Pro 进行静态分析。

静态分析是一种常见的逆向手段。逆向和调试的目的不同。逆向是为了弄清某个产品背后的技术原理，而调试是为了解决缺陷。一般来说，软件产品在调试的时候，源代码都在调试者手中，因此无须用到逆向技术。但 Windows 内核调试和一般的软件产品调试有些不同。Windows 内核在调试的时候，我们手中掌握的源码仅限于我们自己开发的这一小部分，它深嵌在 Windows 内核中，而 Windows 内核并不公开源码。

此时你会发现在调试中，逆向技术大有用武之地。反之亦然，调试技术对逆向的帮助也很大。它们就像一对密不可分的孪生兄弟。

本章从解决一个文件系统过滤驱动常见的缺陷出发，引导读者使用 IDA Pro 进行静态分析来协助解决问题，涉及的相关技术比较简单。静态分析的更深入介绍会在第 8 章中给出。

7.1 微过滤驱动

本章要介绍的缺陷出现在微过滤驱动（Minifilter Driver）中。

微过滤驱动是 Windows 内核提供的标准的文件系统过滤接口，这是一个非常强大的工具。我们可以编写并安装一个微过滤驱动程序，进入用户的 Windows 内核。该驱动可以截获 Windows 系统中几乎[1]所有的文件操作。在截获的文件操作中，我们可以得到操作文件的进程、被操作的文件（也包括目录）等信息，这在扫描病毒或者主机防御等系统的开发中非常有用。

---

[1] 绕过微过滤驱动进行文件读写的技术是存在的，但不常规，一般可以被认定为恶意操作。

试想一下，病毒感染大概率是要写入文件的。对写入内容进行扫描就可以过滤掉大部分已知病毒。禁止可能恶意进程的文件操作，甚至仅允许可信进程对特定文件的读写，既能大大提高系统的安全性，也能提升网络渗透、留下长期驻留后门的难度。

微过滤驱动的工程创建和开发都相当简单。使用 Visual Studio 2019 及以上版本，可以直接使用工程向导来生成新的工程。但微软提供的原始的微过滤驱动程序都有一个特定的麻烦：它需要使用 inf 文件进行安装。

在很多情况下，我们并不提供 inf 文件给用户来进行驱动程序的安装。我们希望这些操作对用户来说是透明的。用户启动我们的软件、接受协议，我们的微过滤驱动就自动启动了。在非常驻的情况下，我们也需要在用户退出软件的时候，让我们的微过滤驱动自动停止。

直接使用 OSR Driver Loader 或参考第 4 章中介绍的用程序安装强制蓝屏驱动的例子来安装和运行 Visual Studio 向导生成的微过滤驱动会出现失败。失败的原因是缺乏微过滤驱动需要的一些注册表项和前置启动步骤。

本章首先介绍如何在驱动主函数 DriverEntry 中补齐这些步骤，这样微过滤驱动就可以和前面介绍的所有驱动一样加载了；然后介绍微过滤驱动的简单用法，以及最常见的一个缺陷应该如何调试。

7.1.1　补齐微过滤驱动所需要的注册表项

要想知道一个微过滤驱动需要哪些注册表项，最简单的方法是在用微软提供的 inf 文件安装微过滤驱动示例之后，打开注册表编辑器进行观察。安装完一个微过滤驱动之后，将注册表中的服务项导出为文本文件，然后我们可以看到，微过滤驱动示例安装后的注册表服务项内容如图 7-1 所示。

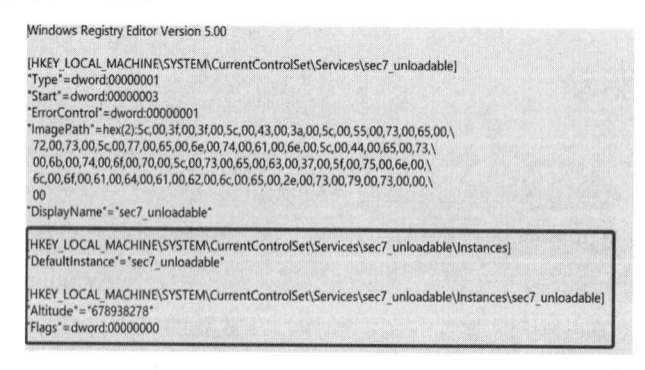

```
Windows Registry Editor Version 5.00

[HKEY_LOCAL_MACHINE\SYSTEM\CurrentControlSet\Services\sec7_unloadable]
"Type"=dword:00000001
"Start"=dword:00000003
"ErrorControl"=dword:00000001
"ImagePath"=hex(2):5c,00,3f,00,3f,00,5c,00,43,00,3a,00,5c,00,55,00,73,00,65,00,\
  72,00,73,00,5c,00,77,00,65,00,6e,00,74,00,61,00,6e,00,5c,00,44,00,65,00,73,00,73,\
  00,6b,00,74,00,6f,00,70,00,5c,00,73,00,65,00,63,00,37,00,5f,00,75,00,6e,00,\
  6c,00,6f,00,61,00,64,00,61,00,62,00,6c,00,65,00,2e,00,73,00,79,00,73,00,00,\
  00
"DisplayName"="sec7_unloadable"

[HKEY_LOCAL_MACHINE\SYSTEM\CurrentControlSet\Services\sec7_unloadable\Instances]
"DefaultInstance"="sec7_unloadable"

[HKEY_LOCAL_MACHINE\SYSTEM\CurrentControlSet\Services\sec7_unloadable\Instances\sec7_unloadable]
"Altitude"="678938278"
"Flags"=dword:00000000
```

图 7-1　微过滤驱动示例安装后的注册表服务项内容

其中，sec7_unloadable 是我们编写的驱动程序的服务名。我们可以看到，这些内容大部分和第 4 章介绍的驱动程序注册表服务项相同。

新增的部分出现在图 7-1 的框中，主要有以下两点。

- 新增了名为"Instances"的子键，下面有一个名为"DefaultInstance"的值，其内容为本驱动程序的服务名。
- "Instances"子键之下还有一个和服务名一样的子键，里面有"Altitude"和"Flags"两个值。

Altitude（层级）可以理解为微过滤驱动的唯一编号。此编号需要通过向微软的一个邮箱地址发送邮件来申请，审批时间约为半个月到一个月。在测试阶段，我们随意填写一个数字即可。图 7-1 中，Altitude 的数字是我随机填写的，请勿作为产品外发；Flags 则直接填写全 0 即可。

如果缺乏这些注册表内容，微过滤驱动就无法正确启动。因此，我们在编写驱动的时候，应该在 DriverEntry 中填写这些内容。

需要特别注意的是，与第 4 章安装驱动的情况不同，此次我们在 DriverEntry 中写入注册表，这是内核编程。在内核编程中读写注册表比在用户态麻烦，因此我们通过封装一些函数来简化工作。使用如下代码完成注册表项的创建（或打开），以及值的填写工作。

```
#include <fltKernel.h>
#include "sec7_minifilter.h"

// 为了方便从 do 循环中检测错误并跳出而定义的宏
#define IF_BREAK(a) if (a) break;
#define IF_BREAK2(a, b) if (a) {b; break;};

namespace sec7_minifilter {
    // 注册表操作：打开/创建注册表子键
    static NTSTATUS CreateKey(PHANDLE key_ptr, wchar_t* reg_path)
    {
        NTSTATUS ret = STATUS_UNSUCCESSFUL;
        do
        {
            IF_BREAK2(!key_ptr ||
                !reg_path, ret = STATUS_INVALID_PARAMETER);
            UNICODE_STRING reg_path_us = { 0 };
            RtlInitUnicodeString(&reg_path_us, reg_path);
            OBJECT_ATTRIBUTES obj_attr = { 0 };
            obj_attr.Length = sizeof(obj_attr);
            obj_attr.ObjectName = &reg_path_us;
            obj_attr.Attributes =
                OBJ_CASE_INSENSITIVE | OBJ_KERNEL_HANDLE;
            ret =ZwCreateKey(key_ptr, KEY_ALL_ACCESS,
```

```
        &obj_attr, 0, NULL, 0, NULL);
    } while (false);
    return ret;
}

// 注册表操作：设置键值
static NTSTATUS SetKeyValue(
    HANDLE hkey,
    wchar_t* key_name,
    ULONG type,
    PVOID data_ptr,
    ULONG data_size)
{
    NTSTATUS ret = STATUS_UNSUCCESSFUL;
    do
    {
        IF_BREAK2(!hkey ||
            !key_name ||
            !data_ptr ||
            !data_size,
            ret = STATUS_INVALID_PARAMETER);
        UNICODE_STRING keyname_us = { 0 };
        RtlInitUnicodeString(&keyname_us, key_name);
        ret = ZwSetValueKey(
            hkey, &keyname_us, 0,
            type, data_ptr, data_size);
    } while (false);
    return ret;
}
...
```

接下来，我们用下面的代码来实现微过滤驱动完整的注册表项的填写。

```
...
// 填写Minifilter的注册表项
// \\Registry\\Machine\\System\\CurrentControlSet
// \\Services\\服务名\\Instances
static NTSTATUS FillMinifilterRegPath(
    OUT wchar_t* buffer,
    IN ULONG length,
    IN UNICODE_STRING* service_name)
{
    NTSTATUS ret = STATUS_UNSUCCESSFUL;
```

```c
        do
        {
            IF_BREAK2(!buffer ||
                !MmIsAddressValid(buffer) || !length,
                ret = STATUS_INVALID_PARAMETER_1);
            IF_BREAK2(!service_name ||
                !MmIsAddressValid(service_name) ||
                !service_name->Length ||
                !MmIsAddressValid(service_name->Buffer),
                ret = STATUS_INVALID_PARAMETER_2);
            wchar_t reg_prefix[] =
                { L"\\Registry\\Machine\\System\\"
                L"CurrentControlSet\\Services\\" };
            wchar_t svc_name_wsz[MAX_PATH] = { 0 };
            wchar_t instance_wsz[] = { L"\\Instances" };
            ULONG len_ul = min(
                (sizeof(svc_name_wsz) - sizeof(wchar_t)),
                service_name->Length);
            memcpy(svc_name_wsz, service_name->Buffer, len_ul);
            ULONG count = (ULONG)(wcslen(reg_prefix) +
                    wcslen(svc_name_wsz) +
                    wcslen(instance_wsz));
            IF_BREAK2(count >= (length / sizeof(wchar_t)),
                ret = STATUS_BUFFER_TOO_SMALL);
            wcscat(buffer, reg_prefix);
            wcscat(buffer, svc_name_wsz);
            wcscat(buffer, instance_wsz);
            ret = STATUS_SUCCESS;
        } while (false);
        return ret;
}


// 创建注册表项，以此实现 Minifilter 安装
NTSTATUSMinifilterRegCreate(
    IN PDRIVER_OBJECT driver_object,
    INwchar_t* instance_name,
    INwchar_t* altitude_pws)
{
    HANDLE hkey = NULL;
    HANDLE hsubkey = NULL;
    NTSTATUS ret = STATUS_UNSUCCESSFUL;
```

```c
do
{
    IF_BREAK2(!instance_name || !altitude_pws,
        ret = STATUS_INVALID_PARAMETER_1);
    IF_BREAK2(!driver_object ||
        !MmIsAddressValid(driver_object),
        ret = STATUS_INVALID_PARAMETER_2);
    PDRIVER_EXTENSION driver_extension =
        driver_object->DriverExtension;
    IF_BREAK2(
        !driver_extension ||
        !MmIsAddressValid(driver_extension),
        STATUS_INVALID_PARAMETER_3);
    UNICODE_STRING* service_name =
        &(driver_extension->ServiceKeyName);
    //构建      \\Registry\\Machine\\System
    // \\CurrentControlSet\\Services
        // \\服务名\\Instances
    wchar_t reg_path[MAX_PATH] = { 0 };
    ret = FillMinifilterRegPath(reg_path,
                sizeof(reg_path),
                service_name);
    IF_BREAK(!NT_SUCCESS(ret));
    // 打开/创建 注册表项
    ret = CreateKey(&hkey, reg_path);
    IF_BREAK(!NT_SUCCESS(ret) || !hkey);
    // 设置 DefaultInstance Key
    wchar_t default_instance[] ={
        L'D', L'e', L'f', L'a', L'u', L'l', L't',
        L'I', L'n', L's', L't', L'a', L'n', L'c',L'e',
        0, 0 };
    ULONG data_size =
        (ULONG)((wcslen(instance_name) + 1) *
            sizeof(wchar_t));
    ret = SetKeyValue(
            hkey, default_instance, REG_SZ,
            (PVOID)instance_name, data_size);
    IF_BREAK(!NT_SUCCESS(ret));
    // 创建注册表项
    // \\Registry\\Machine\\System
```

```
            // \\CurrentControlSet\\Services
            // \\服务名\\Instances\\instance_name
            wchar_t prefix_wsz[] = { L'\\',0,0 };
            ULONGulCount = (ULONG)(wcslen(reg_path) +
                    wcslen(prefix_wsz) +
                    wcslen(instance_name));
            IF_BREAK2(ulCount >= MAX_PATH,
                ret = STATUS_BUFFER_TOO_SMALL);
            wchar_t sub_key_path[MAX_PATH] = { 0 };
            wcscat(sub_key_path, reg_path);
            wcscat(sub_key_path, prefix_wsz);
            wcscat(sub_key_path, instance_name);
            ret = CreateKey(&hsubkey, sub_key_path);
            IF_BREAK(!NT_SUCCESS(ret) || !hsubkey);
            // 设置 "Altitude" 表项
            data_size = (ULONG)(wcslen(altitude_pws) *
                sizeof(wchar_t));
            wchar_t altitude[] ={
                    L'A', L'l', L't', L'i', L't', L'u', L'd', L'e' ,
                    0, 0 };
            ret =SetKeyValue(hsubkey,
                    altitude, REG_SZ,
                    (PVOID)altitude_pws, data_size);
            IF_BREAK(!NT_SUCCESS(ret));
            // 设置 "Flags" 表项
            ULONG flags_ul = 0;
            wchar_t flags_wsz[] =
                { L'F', L'l', L'a', L'g', L's' , 0, 0 };
            ret =SetKeyValue(hsubkey, flags_wsz, REG_DWORD,
                    (PVOID)&flags_ul, sizeof(flags_ul));
            IF_BREAK(!NT_SUCCESS(ret));
    } while (false);
    if (hkey)
    {
        ZwClose(hkey);
    }
    if (hsubkey)
    {
        ZwClose(hsubkey);
    }
    return ret;
```

```
}
...
```

有了上述代码，在 DriverEntry 中只要调用 MinifilterRegCreate，即可补全微过滤驱动启动所需要的所有注册表项。但此时距离我们可以成功启动微过滤驱动还有一段漫漫长路要走。

7.1.2 启动微过滤驱动程序

除了填写注册表，微过滤驱动还必须执行独有的注册与启动过滤的程序。为了使用时更加简单、便捷，我把这两步放在一个函数中实现，这样只要在 DriverEntry 中调用这个函数，即可实现微过滤驱动的功能启动。

其中，注册使用函数 FltRegisterFilter，开始过滤则使用函数 FltStartFiltering。注意，这两个函数必须一起成功使用。如果函数 FltStartFiltering 失败了，那么我们应该用函数 FltUnregisterFilter 来解除注册。

```
NTSTATUS MinifilterInstallAndStart(
    PDRIVER_OBJECT driver,
    CONST FLT_REGISTRATION* filter_registration,
    PFLT_FILTER* filter)
{
    NTSTATUS status = STATUS_SUCCESS;
    status =FltRegisterFilter(
        driver,
        filter_registration,
        filter);
    if (NT_SUCCESS(status)) {
        status = FltStartFiltering(*filter);
        if (!NT_SUCCESS(status)) {
            FltUnregisterFilter(*filter);
        }
    }
    return status;
}
...
```

准备工作已经做好，下面就要开启真正的文件系统过滤了。工作的重点在准备上述函数 MinifilterInstallAndStart 需要的参数 filter_registration。

这是一个相当复杂的结构，但好在不需要经常修改。因此，我们可以定义一个只用一次的全局常量，其内容可按如下简单方式填写。

```
CONST FLT_REGISTRATION filter_registration ={
```

```
sizeof(FLT_REGISTRATION),
FLT_REGISTRATION_VERSION,
0,
NULL,
callbacks,
FilterUnload,
InstanceSetup,
InstanceQueryTeardown,
NULL,
NULL,
NULL,
NULL,
NULL
}
```

在填写时,仅需要关注上面那些不是 NULL 和 0,并且不是常量的内容。其中,最重要的是回调函数表数组 callbacks,但我们将其留到后面再解释。callbacks 后面是三个和微过滤驱动安装、卸载等有关的函数,这些函数可以简单编写如下。

```
NTSTATUS InstanceSetup(
    _In_ PCFLT_RELATED_OBJECTS FltObjects,
    _In_ FLT_INSTANCE_SETUP_FLAGS Flags,
    _In_ DEVICE_TYPE VolumeDeviceType,
    _In_ FLT_FILESYSTEM_TYPE VolumeFilesystemType)
{
    FltObjects, Flags, VolumeFilesystemType;
    PAGED_CODE();
    // 除了 CD_ROM(光驱),其他都绑定
    return (VolumeDeviceType !=
        FILE_DEVICE_CD_ROM_FILE_SYSTEM①) ?
        STATUS_SUCCESS :
        STATUS_FLT_DO_NOT_ATTACH;
}

NTSTATUS FilterUnload(_In_ FLT_FILTER_UNLOAD_FLAGS Flags)
{
    Flags;
    PAGED_CODE();
    // 反注册驱动程序
    FltUnregisterFilter(g_filter);
    // 调用 DriverUnload
    DriverUnload(g_driver);②
    return STATUS_SUCCESS;
```

```
}

NTSTATUS InstanceQueryTeardown(
    _In_ PCFLT_RELATED_OBJECTS FltObjects,
    _In_ FLT_INSTANCE_QUERY_TEARDOWN_FLAGS Flags)
{
    FltObjects, Flags;
    PAGED_CODE();
    return STATUS_SUCCESS;
}
```

上述函数一望便知，属于例行公事，几乎无法实现什么功能。以下几点需要注意。

- ①处表示当文件系统类型为 FILE_DEVICE_CD_ROM_FILE_SYSTEM 的时候，我们不做过滤。CD_ROM 用于光驱，现在光驱已经非常少见了。避免处理此种文件系统类型可以防止在某些有光驱的机器上出现问题。
- 在微过滤驱动卸载的时候，我们编写的函数 DriverUnload 并不会主动被调用。这是因为微过滤驱动的驱动对象下的 DriverUnload 函数指针并不由我们设置，而是由 Windows 内核设置。当卸载微过滤驱动的时候，被调用的是上面的 FilterUnload 函数。

因为我们会习惯性地把所有的收尾工作放在 DriverUnload 中，所以在 FilterUnload 中调用 DriverUnload 来实现和以前代码的无缝衔接。只是此时的函数 DriverUnload 仅是一个用来进行清理工作的函数，而不是真正的本驱动对象中使用的 DriverUnload 函数。

以上结构填写完成（还有 callbacks 这个最重要的参数没有介绍如何填写，具体请见 7.1.3 节）后，可以如此编写 DriverEntry。

```
extern "C" NTSTATUS DriverEntry(
    PDRIVER_OBJECT driver,
    PUNICODE_STRING reg_path)
{
    NTSTATUS status = STATUS_SUCCESS;
    driver, reg_path;

    BypassCheckSign(driver);
    KdBreakPoint();

    do{
        // 生成Minifilter需要的注册表
        status =MinifilterRegCreate(
            driver,
            L"sec7_unloadable",
            L"678938278");
```

```
            IF_BREAK(status != STATUS_SUCCESS);
            // 启动 Minifilter
            status = MinifilterInstallAndStart(
                driver,
                &filter_registration,
                &g_filter);①
            IF_BREAK(status != STATUS_SUCCESS);
        } while (0);
        if (status != STATUS_SUCCESS)
        {
            DriverUnload(driver);
        }
        return status;
    }
```

这样，完成 DriverEntry 后立刻编译，产生的 sys 文件就和我们通常编译的驱动程序一样，可以用 OSR Driver Loader 或其他加载工具来加载了。只是因为我们没有填写 callbacks，所以还无法确定如何捕获文件系统中的操作并加以干涉。

7.1.3 对文件打开进行过滤

现在回到我们在 7.1.2 节中漏掉的参数 callbacks，这个参数决定了我们想要过滤的行为。简单起见，我只过滤文件的打开，换句话说，我的主机防御驱动仅监控任何打开文件的操作。为此，我们必须定义一个 FLT_OPERATION_REGISTRATION 数组。

```
// 文件过滤驱动需要过滤的回调。因为我这里只临控进程打开的
// 文件，所以只监控 CREATE
CONST FLT_OPERATION_REGISTRATION callbacks[] ={
  {IRP_MJ_CREATE, 0, CreateIrpProcess, NULL},①
  {IRP_MJ_OPERATION_END},
};
```

微过滤驱动可以过滤很多种类型的文件操作，如文件的打开、文件的读写、文件属性的获取、文件的改名和删除等。如果我们需要捕获更多的操作，就必须在上述 callbacks 中增加更多的元素，也就是在上述定义中增加更多的类似于上述代码中①处的行。

在代码中①处，第一个成员 IRP_MJ_CREATE 是要捕获的文件操作的主功能号；类似地，有对应读操作的 IRP_MJ_READ 和对应写操作的 IRP_MJ_WRITE 等。第二个参数为操作标志，在一般情况下填写 0 即可。第二个参数非常重要，即我们自己编写的用来过滤文件操作行为的前回调函数指针。

所谓**前回调**函数，是指此回调函数的回调发生在文件操作行为将要发生，但尚未完成之前。比如，文件打开操作，只要有进程试图打开文件，Windows 内核就会调用此回

调函数。但此时文件并未被真正打开，我们也无法预知操作是否会真的成功。

与之对应的**后回调**函数指针是指最后一个成员，后回调发生在操作完成之后，此时可以明确知道文件打开后的结果是成功还是失败。在本章的例子中，我们只关心哪些文件正在被"试图打开"，而不关心打开的结果。因此，后回调函数指针直接设置为 NULL 即可。

此外，这个数组必须以 IRP_JM_OPERATION_END 结尾。否则，Windows 内核将无法知道这个数组究竟有多大。

这个数组被用在 7.1.2 节中的 filter_registration 结构中，最后被 7.1.2 节中的代码，DriverEntry 的实现中①处的函数 MinifilterInstallAndStart 所使用。

接下来，我们就要实现真正的文件打开操作回调函数了，也就是 7.1.3 节中，结构 FLT_OPERATION_REGISTRATION 的数组 callbacks 的定义中所引用的 CreateIrpProcess。此函数是我们自己命名的，编写完之后，我们只需要把函数指针放在 callbacks 数组中的正确位置上即可。

作为一个主机防御系统，我们有必要在文件打开的时候检查发起操作的进程，以及试图打开的文件是否在我们允许的范围内。但简单起见，同时考虑到很多病毒入侵都需要感染可执行文件，我们只实现如下功能："扫描"要打开或创建的文件是否可能是一个 PE[1]格式的文件。如果是，那么我们打印一条日志。

其实现原理相当简单。我们先从回调函数的参数中获取要打开的文件全路径，然后自行提前打开文件，并读取文件头。众所周知，PE 文件的文件头是以 MZ 开头的，我们读取两个字节即可做出初步判断。这个判断很不严谨，在实际项目中，你需要进行更多的判断，但本示例中作为演示已经足够。

提及打开文件，一般在内核编程中打开文件会使用 ZwCreateFile 函数。这里请回想一下前面介绍的关于"重入"的内容。

微过滤驱动本身作为文件过滤驱动程序，会过滤到文件打开操作而回调我们的函数 CreateIrpProcess。而我们在 CreateIrpProcess 中再次调用函数 ZwCreateFile 打开文件，如此反复操作，马上就会进入重入的死亡螺旋，系统必定会卡死。

正确的方法是，在微过滤驱动中，调用微软专门为微过滤驱动提供的 FltCreateFileEx 来避免重入。这个函数具有特殊的设计，可以确保文件打开的行为不会再次被自己过滤。类似的，还有 FltReadFile 可用于读文件。

CreateIrpProcess 的实现如下。

```
FLT_PREOP_CALLBACK_STATUS
    CreateIrpProcess(
        PFLT_CALLBACK_DATA data,
```

---

[1] PE 格式的文件（PE 文件）是 Windows 标准的可执行文件。

```
        PCFLT_RELATED_OBJECTS flt_obj,
        PVOID* compl_context)
{
    NTSTATUS status = STATUS_SUCCESS;
    FLT_PREOP_CALLBACK_STATUS flt_status =
        FLT_PREOP_SUCCESS_NO_CALLBACK;
    PFLT_FILE_NAME_INFORMATION name_info = NULL;
    BOOLEAN is_pe = FALSE;
    data, compl_context;

    do{
        // 获取要打开的文件的路径
        status = FltGetFileNameInformation(
            data,
            FLT_FILE_NAME_NORMALIZED,
            &name_info);①
        IF_BREAK(status != STATUS_SUCCESS ||
            name_info == NULL);
        status =IsPeFile(g_filter,
            flt_obj->Instance,
            &name_info->Name,
            &is_pe)②;
        IF_BREAK(status != STATUS_SUCCESS);
        if (is_pe)
        {
            //如果打开一个很可能是 PE 文件的文件，就输出 log
            SEC7_LOG(("Open file: %wZ", name_info->Name));
        }
    } while (0);
    if (name_info != NULL)
    {
        FltReleaseFileNameInformation(name_info);③
    }
    // 这个函数仅扫描打开的文件是否是 PE 文件，并不进行干涉
    // flt_status 始终都是 FLT_PREOP_SUCCESS_NO_CALLBACK
    return flt_status;④
}
```

此函数的参数中，data 提供了这次请求的信息，flt_obj 提供了微过滤器对象的信息。而 compl_context 是用来和后回调通信而使用的上下文指针。这些参数不必深究，只需要知道什么时候应该使用它们即可。

比较关键的是上面代码中的①处。这里我使用微过滤驱动框架提供的函数

FltGetFileNameInformation 来获得要操作的文件名信息，此函数返回的结果是一个结构指针 name_info，其中文件的全路径出现在 name_info->Name 中。

要特别注意的是，FltGetFileNameInformation 获得的文件名信息必须用框架提供的函数 FltReleaseFileNameInformation 来释放，否则会造成隐蔽的内存泄漏。上面的代码在③处释放了此结构。

如果既不打算拦截操作也不关心操作的结果，那么返回 FLT_PREOP_SUCCESS_NO_CALLBACK 即可，见上面代码中的④处。

为了判断文件是否是 PE 文件，我编写了函数 IsPeFile，见上面代码中的③处。这个函数传入的参数不仅有文件路径，还有 g_filter 和 flt_obj->Instance。

其中，全局变量 g_filter 见 7.1.2 节中 DriverEntry 的实现代码中的①处，对函数 MinifilterInstallAndStart 进行设置得到；而 flt_obj->Instance 则直接从本回调函数中的参数获得。

之所以需要这两个参数，是为了调用前面介绍过的微过滤驱动框架提供的函数 FltCreateFileEx 来打开这个文件，而 FltCreateFileEx 需要这些信息。

下面利用 FltCreateFileEx 打开文件、FltReadFile 读取文件的前两个字节来判断是否是 PE 文件的函数 IsPeFile 的实现。

```
// 在文件被打开之前，检查这个文件是否是 PE 文件。注意，这段代码中有非常明显的 Bug。
// 请不要通过代码寻找 Bug，而是利用这个过程来锻炼我们通过调试和逆向寻找 Bug 的能力
NTSTATUS IsPeFile(
    PFLT_FILTER filter,
    PFLT_INSTANCE instance,
    UNICODE_STRING* file_path,
    BOOLEAN* is_pe)
{
    NTSTATUS ret = STATUS_UNSUCCESSFUL;
    PFILE_OBJECT file_object = NULL;
    HANDLE file = NULL;
#define FILE_HEADER_SIZE 2
    UCHAR filter_header[FILE_HEADER_SIZE] = {0};
    do
    {
        IF_BREAK2(is_pe == NULL, ret = STATUS_INVALID_PARAMETER);
        *is_pe = FALSE;
        OBJECT_ATTRIBUTES obj_attr = { 0 };
        InitializeObjectAttributes(
            &obj_attr,
            file_path,
            OBJ_CASE_INSENSITIVE | OBJ_KERNEL_HANDLE,
```

```c
            NULL,
            NULL);
        IO_STATUS_BLOCK iosb = { 0 };
        ret =FltCreateFileEx(filter,
            instance,
            &file,
            &file_object,
            GENERIC_READ,
            &obj_attr,
            &iosb,
            NULL,
            FILE_ATTRIBUTE_NORMAL,
            FILE_SHARE_READ |
            FILE_SHARE_WRITE |
            FILE_SHARE_DELETE,
            FILE_OPEN,
            FILE_SYNCHRONOUS_IO_NONALERT,
            NULL,
            0,
            IO_IGNORE_SHARE_ACCESS_CHECK);
        IF_BREAK(!NT_SUCCESS(ret)
            || !NT_SUCCESS(iosb.Status));
        ULONG bytes_read = 0;
        LARGE_INTEGER offset = { 0 };
        ret =FltReadFile(
            instance,
            file_object,
            &offset,
            FILE_HEADER_SIZE,
            filter_header,
            FLTFL_IO_OPERATION_DO_NOT_UPDATE_BYTE_OFFSET,
            &bytes_read,
            NULL,
            NULL);
        IF_BREAK(!NT_SUCCESS(ret));
        IF_BREAK2(bytes_read < FILE_HEADER_SIZE,
            ret = STATUS_DATA_ERROR);
        if (filter_header[0] == 'M' &&
            filter_header[1] == 'Z')
        {
            *is_pe = TRUE;
```

```
            break;
        }
        FltClose(file);
    } while (false);

    if (file_object)
    {
        ObDereferenceObject(file_object);
    }
    return ret;
}
```

这个函数的主要工作分为三步：首先用 FltCreateFileEx 打开文件，其次用 FltReadFile 读取文件头的前两个字节，最后用 FltClose 关闭文件。

请注意，我特意在 IsPeFile 的实现中预留了缺陷。但请不要特意阅读这些代码去寻找缺陷，因为本章的目的是通过逆向来辅助调试，最终发现定位缺陷的存在。如果直接阅读源码找到缺陷，就缺少了逆向调试的收获。

你可以在读完本章之后，再输入此代码，编译运行并按 7.2 节中介绍的方式进行演示，一步步来重复定位的过程。

7.2 微过滤驱动的动态卸载问题

微过滤驱动虽然强大且好用，但是会存在一些不同于一般驱动程序的问题，第 3 章中介绍过的因为文件操作重入导入系统卡死的问题就是其中之一。本章主要介绍另一个文件过滤驱动的常见缺陷，即卸载失败。

Windows 的内核开发者在最初设计时，显然把文件系统过滤驱动程序设计成了随着系统启动的、常驻类型的驱动，因为他们实在想不到在什么情况下一个文件系统内核组件居然需要频繁地加载和卸载。即便他们提供了动态加载和卸载的功能，也仅是为了便于调试（这样就不用在每次重新编译运行的时候重启系统了）。

但谁也没有想到，在如今这个全民重视安全和隐私保护的时代，用户越来越厌恶常驻、不能退出的程序，并诉之为"流氓软件"。比如，用户在启动某游戏之后退出，发现游戏给系统安装了一个文件过滤驱动程序且程序无法退出，一定十分警惕程序的意图是否想要窃取隐私。

为此，驱动程序的动态卸载已经变得越来越重要。但相比常驻，动态卸载要解决非常多的麻烦。比如，文件系统中还有某些请求尚未完成，你能否动态卸载驱动程序？驱动程序动态卸载会不会导致正在执行的指令流出现问题？驱动程序动态卸载过程中，如果用户又启动了游戏该怎么办？如果用户启动了多个游戏，不断有游戏频繁退出和启动又该怎么办？

在测试机上完成一次卸载比较简单，但如何确保每天成千上万名用户每次卸载都不出现问题？动态卸载堪比给正在运行的高铁卸载车轮，是微过滤驱动最容易出问题的步骤之一。

本章不能解决上述所有问题，这需要另写一本新的技术专著。本章只举出一个相关例子，用来帮助读者学习借助逆向来解决问题的调试方法。

7.2.1　重现缺陷并进行初步定位

让我们回顾 7.1 节介绍的微过滤驱动的例子。如果我们编译该驱动程序并加载运行，就能看到每个进程打开可执行文件的日志。

在上述例子的代码中，似乎只打印了被打开的可执行文件的路径，并未打印进程名。但我使用的开源日志库在打印日志时附带打印了当前进程名。

一般而言，文件系统过滤驱动拦截到操作时的当前进程，就是打开文件的进程，因此日志等于记录了发起文件请求的进程。

用微过滤驱动捕获的进程打开可执行文件的日志如图 7-2 所示，我们捕获了 ctfmon.exe、MsMpEng.exe 这些进程不断打开文件的操作，而且记录的日志中打开对象全部是 dll 或 exe 这类可执行文件，符合我们的预期。

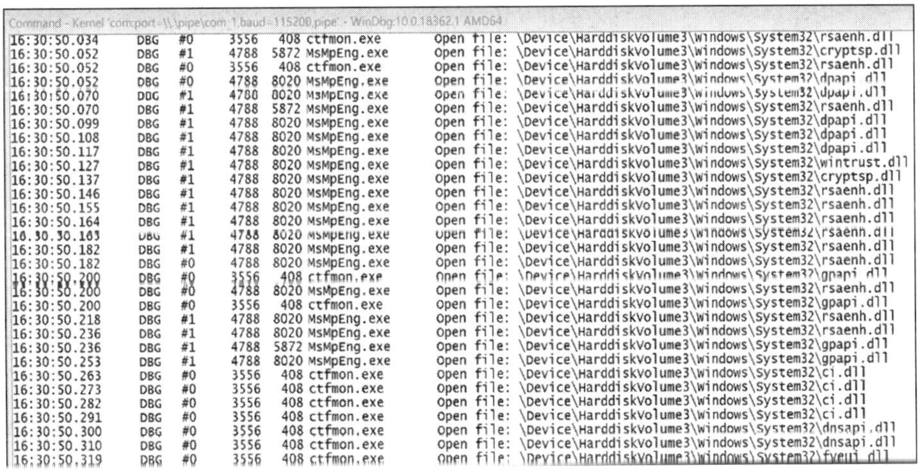

```
Command - Kernel 'com:port=\\.\pipe\com_1,baud=115200,pipe' - WinDbg:10.0.18362.1 AMD64
16:30:50.034   DBG  #0   3556   408 ctfmon.exe     Open file: \Device\HarddiskVolume3\Windows\System32\rsaenh.dll
16:30:50.052   DBG  #1   4788  5872 MsMpEng.exe    Open file: \Device\HarddiskVolume3\Windows\System32\cryptsp.dll
16:30:50.052   DBG  #0   3556   408 ctfmon.exe     Open file: \Device\HarddiskVolume3\Windows\System32\rsaenh.dll
16:30:50.052   DBG  #0   4788  8020 MsMpEng.exe    Open file: \Device\HarddiskVolume3\Windows\System32\dpapi.dll
16:30:50.070   DBG  #1   4788  8020 MsMpEng.exe    Open file: \Device\HarddiskVolume3\Windows\System32\dpapi.dll
16:30:50.070   DBG  #1   4788  5872 MsMpEng.exe    Open file: \Device\HarddiskVolume3\Windows\System32\rsaenh.dll
16:30:50.099   DBG  #1   4788  8020 MsMpEng.exe    Open file: \Device\HarddiskVolume3\Windows\System32\dpapi.dll
16:30:50.108   DBG  #1   4788  8020 MsMpEng.exe    Open file: \Device\HarddiskVolume3\Windows\System32\dpapi.dll
16:30:50.117   DBG  #1   4788  8020 MsMpEng.exe    Open file: \Device\HarddiskVolume3\Windows\System32\dpapi.dll
16:30:50.127   DBG  #1   4788  8020 MsMpEng.exe    Open file: \Device\HarddiskVolume3\Windows\System32\wintrust.dll
16:30:50.137   DBG  #1   4788  8020 MsMpEng.exe    Open file: \Device\HarddiskVolume3\Windows\System32\cryptsp.dll
16:30:50.146   DBG  #1   4788  8020 MsMpEng.exe    Open file: \Device\HarddiskVolume3\Windows\System32\rsaenh.dll
16:30:50.155   DBG  #1   4788  8020 MsMpEng.exe    Open file: \Device\HarddiskVolume3\Windows\System32\rsaenh.dll
16:30:50.164   DBG  #1   4788  8020 MsMpEng.exe    Open file: \Device\HarddiskVolume3\Windows\System32\rsaenh.dll
16:30:50.173   DBG  #1   4788  8020 MsMpEng.exe    Open file: \Device\HarddiskVolume3\Windows\System32\rsaenh.dll
16:30:50.182   DBG  #1   4788  8020 MsMpEng.exe    Open file: \Device\HarddiskVolume3\Windows\System32\rsaenh.dll
16:30:50.182   DBG  #0   4788  8020 MsMpEng.exe    Open file: \Device\HarddiskVolume3\Windows\System32\rsaenh.dll
16:30:50.200   DBG  #0   3556   408 ctfmon.exe     Open file: \Device\HarddiskVolume3\Windows\System32\gpapi.dll
16:30:50.200   DBG  #0   4788  8020 MsMpEng.exe    Open file: \Device\HarddiskVolume3\Windows\System32\rsaenh.dll
16:30:50.200   DBG  #0   3556   408 ctfmon.exe     Open file: \Device\HarddiskVolume3\Windows\System32\gpapi.dll
16:30:50.218   DBG  #1   4788  8020 MsMpEng.exe    Open file: \Device\HarddiskVolume3\Windows\System32\rsaenh.dll
16:30:50.236   DBG  #1   4788  8020 MsMpEng.exe    Open file: \Device\HarddiskVolume3\Windows\System32\rsaenh.dll
16:30:50.236   DBG  #1   4788  5872 MsMpEng.exe    Open file: \Device\HarddiskVolume3\Windows\System32\gpapi.dll
16:30:50.253   DBG  #1   4788  8020 MsMpEng.exe    Open file: \Device\HarddiskVolume3\Windows\System32\gpapi.dll
16:30:50.263   DBG  #0   3556   408 ctfmon.exe     Open file: \Device\HarddiskVolume3\Windows\System32\ci.dll
16:30:50.273   DBG  #0   3556   408 ctfmon.exe     Open file: \Device\HarddiskVolume3\Windows\System32\ci.dll
16:30:50.282   DBG  #0   3556   408 ctfmon.exe     Open file: \Device\HarddiskVolume3\Windows\System32\ci.dll
16:30:50.291   DBG  #0   3556   408 ctfmon.exe     Open file: \Device\HarddiskVolume3\Windows\System32\ci.dll
16:30:50.300   DBG  #0   3556   408 ctfmon.exe     Open file: \Device\HarddiskVolume3\Windows\System32\dnsapi.dll
16:30:50.310   DBG  #0   3556   408 ctfmon.exe     Open file: \Device\HarddiskVolume3\Windows\System32\dnsapi.dll
16:30:50.319   DBG  #0   3556   408 ctfmon.exe     Open file: \Device\HarddiskVolume3\Windows\System32\fveui.dll
```

图 7-2　用微过滤驱动捕获的进程打开可执行文件的日志

这个程序在运行时是正常的，但当我试图动态卸载它的时候，问题出现了。点击“Stop Service”之后，该按钮没有反应，而 OSR Driver Loader 也陷入失去响应的状态。这是一个进程强卡死的症状。试图卸载微过滤驱动时发生的卡死现象如图 7-3 所示。

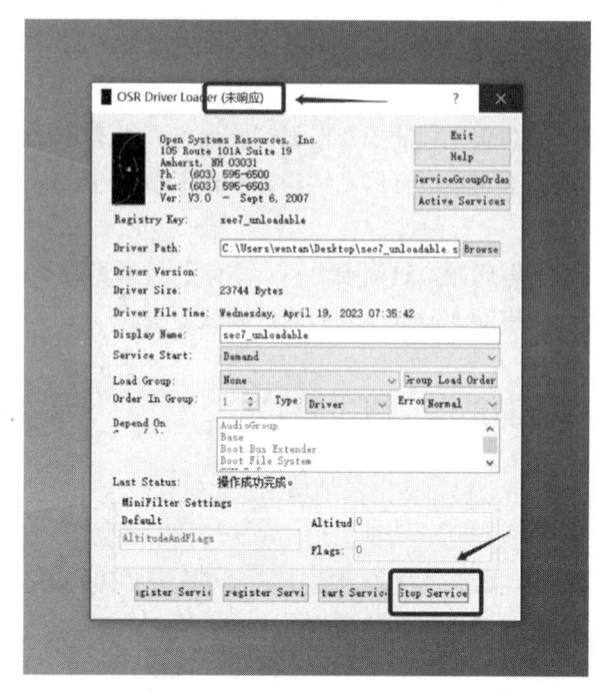

图 7-3 试图卸载微过滤驱动时发生的卡死现象

图 7-3 中的卡死状态发生时，Windows 系统本身并未卡死，其他程序依然可以正常运作。此类卡死对用户而言往往并不是可见的（真实用户的机器不会用 OSR Driver Loader 这样的工具卸载驱动），因为并未崩溃，所以不会蓝屏，也不会有转储文件上报。

但驱动程序的卸载是不可取消也不可逆的。一旦微过滤驱动卸载失败，该驱动也将无法再次启动，除非用户重启系统。因此，如果用户再次点开我们的软件，就会出现问题：驱动程序无法加载，完全失去功能。

为了便于演示，本章的例子设置为 100%必然卸载卡死。在实际项目中，类似问题往往是随机出现的，因为必现的问题肯定已经在测试阶段发现了。此类问题在外网偶现会非常让人头痛，想要重现，以及寻找用户配合都非常困难。

对厂商而言，它们实际见到的是日志上报中提示偶发，甚至大面积的驱动程序加载失败，但原因不明。此时可行的解决方案是，根据上报信息联系对应的用户（如果用户同意留下联系方式），然后发送强制蓝屏工具给用户。

我们可以建议用户在驱动无法加载的状态下，启动强制蓝屏获得一个转储文件，发送到开发部门进行调试。

假定一切顺利进行，我们获得了转储文件，此时就可以打开 WinDbg 进行调试了。我在本章中是直接连接 WinDbg 进行调试的，请注意其中细节上的不同。

我们先要进行初步定位，但这个时候直接用 k 命令查看崩溃时的调用栈是毫无意义的，因为问题并不是崩溃，而是卡死。

我看到的是一个进程 OSR Driver Loader 强卡死（当然，在用户发来的转储文件中，你看到的不会是 OSR Driver Loader，而是软件中负责卸载驱动的进程）。根据第 3 章学习到的经验，强卡死大概率和进程自身无关，问题出现在内核中，不用去审视 OSR Driver Loader 的代码。

既然是点击“Stop Service”的时候卡死，那么大概率和内核中对应的驱动程序的卸载有关。我们应该把目光集中到开发的与驱动程序的卸载相关的代码中，这就算是完成了问题的初步定位。

7.2.2　寻找案发第一现场

如果直接审查我们编写的驱动中和卸载有关的代码，就会看到 FilterUnload 和 DriverUnload 中的代码寥寥无几，用来进行的都是例行公事的操作，实在看不出什么问题。

那就只好抛开代码，从现象出发。既然遇到卡死的情况，那么关键是要找到真正被卡死的线程。

考虑到卸载驱动往往最终（这里驱动卸载的请求由 OSR Driver Load 发起，但一系列的卸载动作在 System 进程中完成）由 System 进程（PID=4 的进程）负责，我们可以猜测被卡线程是 System 进程中的线程之一。

我们可以使用学习过的!dml_proc 命令，找到 System 进程的进程地址。这个过程非常简单，因为 System 进程往往在结果中排名第一位，如图 7-4 所示。

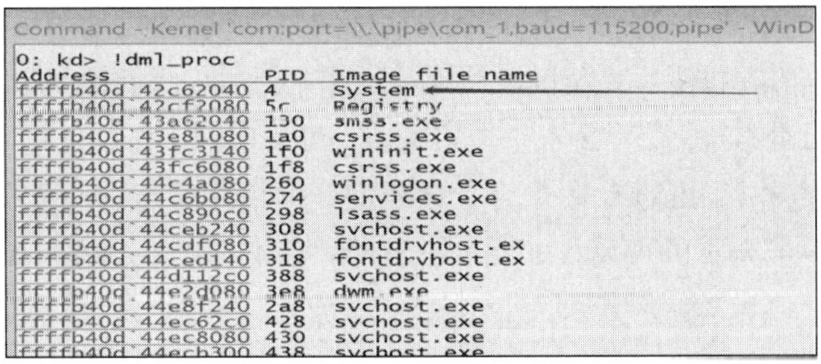

```
Command - Kernel 'com:port=\\.\pipe\com_1,baud=115200,pipe' - WinD
0: kd> !dml_proc
Address            PID  Image file name
ffffb40d`42c62040  4    System
ffffb40d`42cf2080  5c   Registry
ffffb40d`43a62040  130  smss.exe
ffffb40d`43e81080  1a0  csrss.exe
ffffb40d`43fc3140  1f0  wininit.exe
ffffb40d`43fc6080  1f8  csrss.exe
ffffb40d`44c4a080  260  winlogon.exe
ffffb40d`44c6b080  274  services.exe
ffffb40d`44c890c0  298  lsass.exe
ffffb40d`44ceb240  308  svchost.exe
ffffb40d`44cdf080  310  fontdrvhost.ex
ffffb40d`44ced140  318  fontdrvhost.ex
ffffb40d`44d112c0  388  svchost.exe
ffffb40d`44e2d080  3e8  dwm.exe
ffffb40d`44e8f240  2a8  svchost.exe
ffffb40d`44ec62c0  428  svchost.exe
ffffb40d`44ec8080  430  svchost.exe
ffffb40d`44ecb300  438  svchost.exe
```

图 7-4　用!dml_proc 命令枚举进程，System 进程排在第一位

接下来的任务是寻找究竟哪个线程是真正卡死的线程。一般而言，被卡死的线程调用栈中都会有等待事件、等待锁等。能否根据是否在等待事件来判断哪个线程卡死呢？

实际上，当我们枚举每个线程的时候，就会发现大部分线程都处在等待状态，都在等待某个事件，因此这个方法不可行。

但考虑到引发卡死的是我们的驱动程序，可以认为，如果某个线程的调用栈中存在和我们的驱动程序相关的代码，那么其大概率是真正卡死的线程。

下面我用简单的方法检索 System 进程下所有线程的调用栈，查看是否存在与我们的驱动有关的代码。我们先用!process 命令枚举 System 进程下所有线程，如图 7-5 所示。

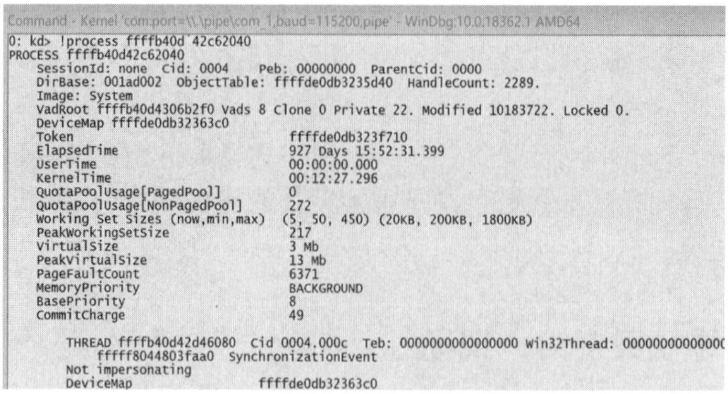

```
Command - Kernel 'com:port=\\.\pipe\com_1,baud=115200,pipe' - WinDbg:10.0.18362.1 AMD64
0: kd> !process ffffb40d 42c62040
PROCESS ffffb40d42c62040
    SessionId: none  Cid: 0004    Peb: 00000000  ParentCid: 0000
    DirBase: 001ad002  ObjectTable: ffffde0db3235d40  HandleCount: 2289.
    Image: System
    VadRoot ffffb40d4306b2f0 Vads 8 Clone 0 Private 22. Modified 10183722. Locked 0.
    DeviceMap ffffde0db32363c0
    Token                             ffffde0db323f710
    ElapsedTime                       927 Days 15:52:31.399
    UserTime                          00:00:00.000
    KernelTime                        00:12:27.296
    QuotaPoolUsage[PagedPool]         0
    QuotaPoolUsage[NonPagedPool]      272
    Working Set Sizes (now,min,max)   (5, 50, 450) (20KB, 200KB, 1800KB)
    PeakWorkingSetSize                217
    VirtualSize                       3 Mb
    PeakVirtualSize                   13 Mb
    PageFaultCount                    6371
    MemoryPriority                    BACKGROUND
    BasePriority                      8
    CommitCharge                      49

        THREAD ffffb40d42d46080  Cid 0004.000c  Teb: 0000000000000000 Win32Thread: 0000000000000
            fffff8044803faa0 SynchronizationEvent
        Not impersonating
        DeviceMap                     ffffde0db32363c0
```

图 7-5 用!process 命令枚举 System 进程下所有线程

> 在使用 WinDbg 枚举线程之前，强烈建议使用.reload 命令重新加载符号表，因为我们很难确保 WinDbg 是否正确加载了符号表。
>
> 枚举系统进程的线程非常耗时。如果执行完毕才发现没有加载符号表，大部分线程的调用栈显示不正确，就得一切重来。

注意，!process 命令后的参数是 System 进程地址，在图 7-4 中使用!dml_proc 命令得到。这个命令在打印每个线程的时候，会同时打印线程此时的调用栈。如果某个线程是被我们的驱动卡死的，那么调用栈中大概率存在我们的代码。

但因为 System 进程下的线程非常多，所以这个命令执行起来相当耗时，实际打印的时间超过五分钟，内容较多，无法肉眼阅读。打印完毕后，我们把 WinDbg 输出窗口内所有内容复制到了记事本中，在记事本中搜索 sec7_unloadable，果然找到了真正卡死的线程。

回到 WinDbg 中用!thread 命令查看该线程，即可排除掉所有无关信息。该线程在 sec7_unloadable 中卡死时的调用栈如图 7-6 所示，从中可以看到它卡死的过程。

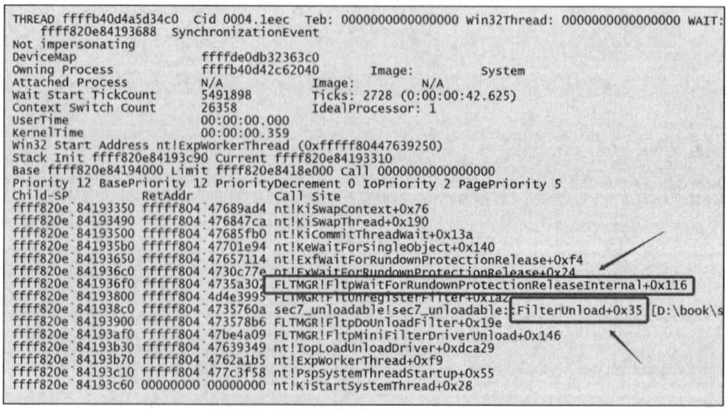

```
THREAD ffffb40d4a5d34c0  Cid 0004.1eec  Teb: 0000000000000000 Win32Thread: 0000000000000000 WAIT:
    fffff820e84193688  SynchronizationEvent
Not impersonating
DeviceMap                 ffffde0db32363c0
Owning Process            ffffb40d42c62040       Image:         System
Attached Process          N/A                     Image:         N/A
Wait Start TickCount      5491898                 Ticks: 2728 (0:00:00:42.625)
Context Switch Count      26358                   IdealProcessor: 1
UserTime                  00:00:00.000
KernelTime                00:00:00.359
Win32 Start Address nt!ExpWorkerThread (0xfffff80447639250)
Stack Init ffff820e84193c90 Current ffff820e84193310
Base ffff820e84194000 Limit ffff820e8418e000 Call 0000000000000000
Priority 12 BasePriority 12 PriorityDecrement 0 IoPriority 2 PagePriority 5
Child-SP          RetAddr           Call Site
ffff820e`84193350 fffff804`47689ad4 nt!KiSwapContext+0x76
ffff820e`84193490 fffff804`476847ca nt!KiSwapThread+0x190
ffff820e`84193500 fffff804`47685fb0 nt!KiCommitThreadWait+0x13a
ffff820e`841935b0 fffff804`47701e94 nt!KeWaitForSingleObject+0x140
ffff820e`84193650 fffff804`47657114 nt!ExfWaitForRundownProtectionRelease+0xf4
ffff820e`841936c0 fffff804`4730c77e nt!ExWaitForRundownProtectionRelease+0x24
ffff820e`841936f0 fffff804`4735a302 FLTMGR!FltpWaitForRundownProtectionReleaseInternal+0x116
ffff820e`84193800 fffff804`4d4e3995 FLTMGR!FltpUnregisterFilter+0x132
ffff820e`84193800 fffff804`4735760a sec7_unloadable!sec7_unloadable!FilterUnload+0x35 [D:\book\s
ffff820e`84193900 fffff804`473578b6 FLTMGR!FltpDoUnloadFilter+0x19e
ffff820e`84193af0 fffff804`47be4a09 FLTMGR!FltpMiniFilterDriverUnload+0x146
ffff820e`84193bf0 fffff804`47639349 nt!IopLoadUnloadDriver+0xdca29
ffff820e`84193b70 fffff804`4762a1b5 nt!ExpWorkerThread+0xf9
ffff820e`84193c10 fffff804`477c3f58 nt!PspSystemThreadStartup+0x55
ffff820e`84193c60 00000000`00000000 nt!KiStartSystemThread+0x28
```

图 7-6 该线程在 sec7_unloadable 中卡死时的调用栈

该过程的第一步是 FilterUnload 中调用了函数 FltUnregisterFilter，这没有问题，是例行公事，如果不调用就无法卸载。该过程的第二步是函数 FltUnregisterFilter 中调用了一个内部函数导致等待。

该函数名为 FltpWaitForRundownProtectionReleaseInternal（函数名过长，后面一律简写为 FltpWaitXxx），此函数最终调用了 KeWaitForSingleObject。这是在等待某种事件，而事件一直都没有发生，因此可以确定这就是卡死的第一案发现场。

按照我们正常的调试手段，如果假定调用 FltpWaitXxx 就会卡死，那么必须弄清楚 FltUnregisterFilter 函数为何会调用 FltpWaitXxx。

用 WinDbg 来查看函数 FltUnregisterFilter 中相关的代码实现，如图 7-7 所示。仔细阅读这些指令，很快发现我们陷入了海量的汇编指令中。

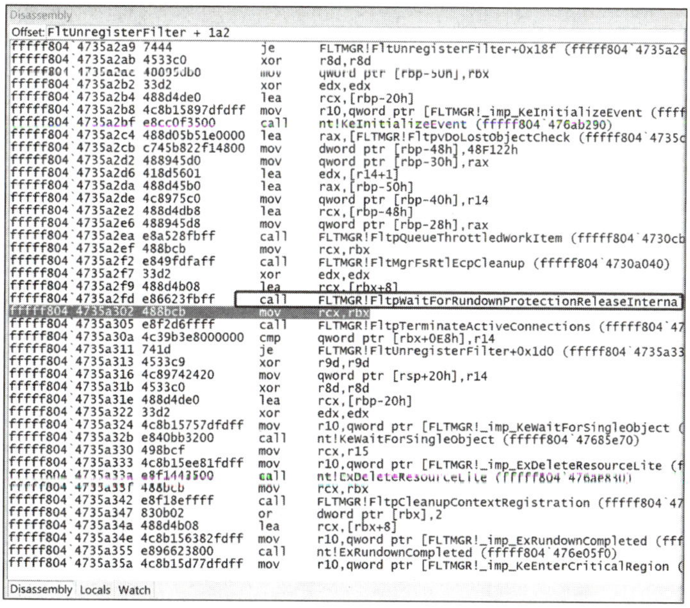

图 7-7　函数 FltUnregisterFilter 中相关的代码实现

WinDbg 的问题在于缺乏起码的变量标注、代码注释的功能。即便我们能暂时读懂一些汇编指令，回头来看又会忘得一干二净。如果要通过分析 FltUnregisterFilter 函数的汇编指令，来确认在何种情况下会调用 FltpWaitXxx，我们就必须把这些汇编指令复制到记事本中，并逐步写上注释，画出流程图。

我曾经这样做过，但其实这是没有必要的。实际上，已经有非常好的工具可以帮我们逆向所有汇编指令，让我们随意修改变量名、加入注释、画出跳转图，甚至逆向成 C 语言的工具存在了，这就是我在 7.3 节马上要介绍的 IDA Pro。

215

7.3 利用 IDA Pro 进行静态分析

在 Windows 内核调试中，我们往往需要从没有源码的、铺天盖地的汇编指令中寻找问题的根源。

比如，7.2.2 节所说的卡住，是指函数 FltUnregisterFilter 调用了 FltpWaitXxx，而 FltpWaitXxx 永远等不到它要的结果，那么有以下两个可能。

- 函数 FltUnregisterFilter 在某些条件组合下导致它调用了 FltpWaitXxx，而 FltpWaitXxx 本身大概率就是等不到结果的。
- FltpWaitXxx 本应可以等到结果，但是因为某种原因而一直没等到。

在逆向中，通常而言，**解读程序的流程比解读数据的意义更容易**。而在上述两个问题中，第一个问题涉及解读流程，第二个问题则涉及 FltpWaitXxx 要等待数据的意义。

本着先易后难的原则，我们先尝试解决第一个问题。这不一定是正确的，但努力不会白费。一个选项被认定错误，就等于确认另一个选项是正确的。

这样，我们需要逆向函数 FltUnregisterFilter 的汇编指令，寻找它在何种情况下会调用 FltpWaitXxx。此时，IDA Pro 是最好的工具。

7.3.1 IDA Pro 操作入门

和 WinDbg 不同，IDA Pro 是 Hex-Rays 公司出品的专业软件，因此比 WinDbg 问题少很多，但是它也有一些特别的地方需要在使用时习惯，后面将详细介绍。

在进行逆向之前，我们必须先知道要逆向的是什么。IDA Pro 可以逆向的是可执行文件，因此先要找到 FltUnregisterFilter 函数所在的可执行文件。

注意图 7-6 中出现的函数 FltUnregisterFilter，感叹号之前的部分是此函数所属的模块名，即 FLTMGR。

在大多数情况下，Windows 内核中的模块名和对应的 sys 文件同名（有一个重要的例外，Windows 内核主模块 nt 的文件名为 ntoskrnl.exe，后面我们马上会用到）。

打开我们调试所用的虚拟机，在 Windows\system32\drivers 目录下搜索 FLTMGR.sys，找到后复制到桌面上。

需要注意的是，为了和 WinDbg 中的调试信息尽量对应，请直接从被调试的虚拟机中复制，而不要用其他来源的文件替代。因为不同 Windows 版本上的内核模块文件的版本也可能是不同的，这会导致静态逆向结果和动态调试时不一致。

事实上，即便从同一个虚拟机中复制出的文件也不一定可靠，因为联网运行的虚拟机中的内核随时可能更新，而复制出来的文件不会。我就遭遇了这样的问题。因此，本书中 WinDbg 分析的内核和 IDA Pro 分析的内核版本是有细微差别的。

如果出现问题的是远方的用户，那么可以让用户直接将 sys 文件发送过来，或者点击鼠标右键，弹出菜单后点击"属性"查看文件版本，然后设法找到同一个版本。

获得 sys 文件之后，打开 IDA Pro，使用鼠标把 fltMgr.sys 拖入 IDA Pro 的窗口后，其状态如图 7-8 所示。

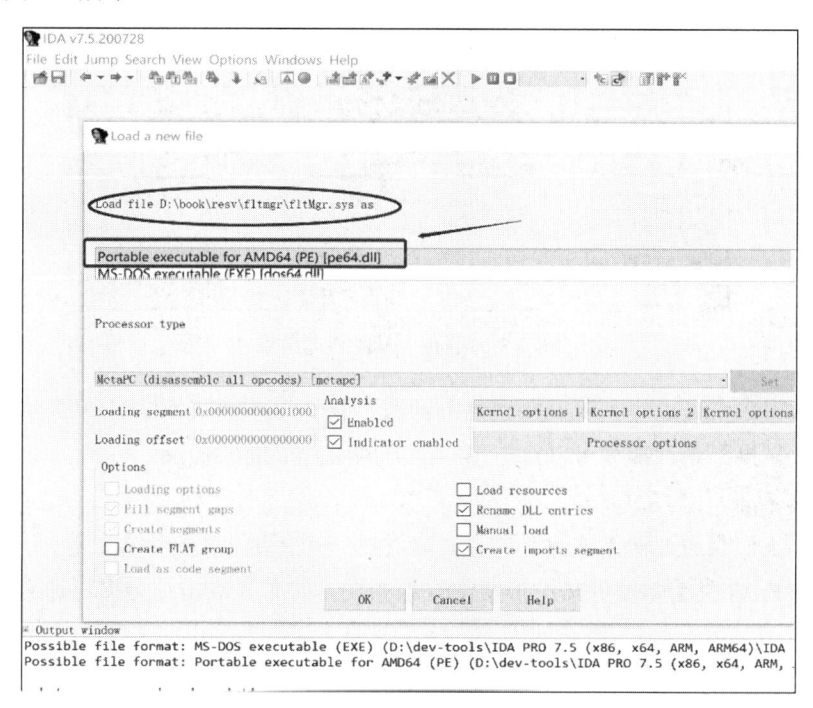

图 7-8　把 fltMgr.sys 拖入 IDA Pro 的窗口后的状态

IDA Pro 中会出现一个"Load a new file"窗口，此时应选择文件的类型，在正常情况下，选择（Portable executable tor AMD64（PE）[pe64.dll]）即可。

下面的选项都使用默认项，点击"OK"按钮，逆向就开始了。

和 WinDbg 需要进行设置不同，IDA Pro 会非常贴心地自动下载符号表（当然，你的机器必须能联网），但 IDA Pro 的分析需要一定的时间。分析结束之后，我们就会看到 fltMgr.sys 的逆向结果，如图 7-9 所示。

注意，在图 7-9 中，IDA Pro 的界面分为几个主要的部分。左边的是函数窗口（Functions window），右边的是汇编视图 A（IDA View-A）。

打开 IDA Pro 之后，窗口的布局并不一定完全与图 7-9 相同，但这没有关系，你可以通过主菜单"View"下面的"Open subviews"找到所有的子窗口，并可以自由拖动它们并改变位置。

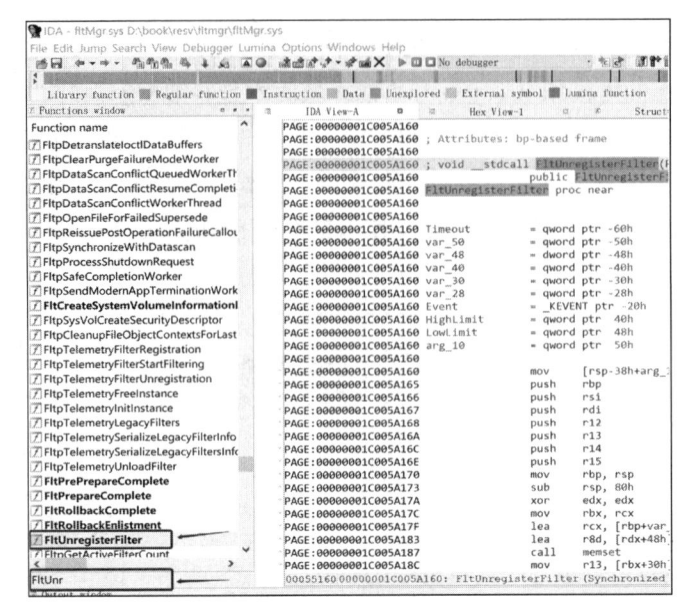

图 7-9 fltMgr.sys 的逆向结果

在函数窗口中可以找到我们要逆向的函数，默认这些函数是以函数名的字母顺序进行排名的。如果不是，那么可以点击窗口上方的"Function name"栏，实现按函数名的字母顺序排名。

但如果我们想通过输入函数名的方式来寻找一个函数，就要特别注意，IDA Pro 在这方面的操作与 Vi 类编辑器的热键搜索法较为相似：必须先点击这个窗口让它获得焦点，然后击键。

连续输入"FltUnr"，你就可以看到窗口下方有你输入的字母（但这并不是一个可编辑的文本框），而窗口中的函数随之滚动，定位到你要找的函数。如果有字母输入错误，就必须按 Backspace 键进行回删。

很快我们定位到了要逆向的函数 FltUnregisterFilter。用鼠标双击这个函数，汇编代码立刻出现在右侧的反汇编窗口中。在默认情况下，我们看到的反汇编窗口和图 7-9 不同，而是许多代码块相互用箭头连接代表跳转的跳转图，代码块之间的跳转图，如图 7-10 所示。

此时只需要不断按空格键，反汇编窗口就会在普通的汇编指令和跳转图之间跳转。

在图 7-9 展示的状况下，如果我们想要解读这些汇编指令，就可以不断地加入注释、修改变量的名称，使我们对代码的理解被代码本身记录下来，最终把这些代码变成可理解的形式。

在反汇编窗口中，绿色代表变量。如果理解了任何一个变量，我们就可以把它改成一个有意义的名字。对它点击右键，选择"Rename"，或者直接鼠标移动上去，输入热键"N"即可。同时，在任何位置按下 Insert 键都可以插入注释。

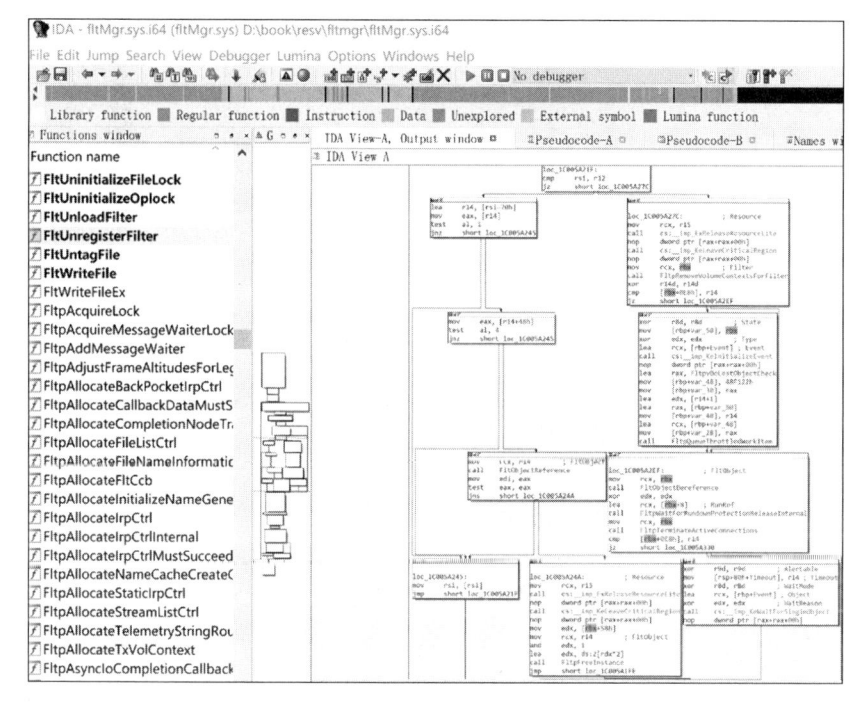

图 7-10　代码块之间的跳转图

改名和插入注释是 IDR Pro 逆向中我们最常做的工作。当不认识的代码变成可以理解的代码，注释回答了我们想要理解的一切时，逆向的工作也就完成了。

在 IDA Pro 中，另一个重要的操作是 Esc 键。当我们双击了其他位置或按钮导致跳出了其他窗口，我们又想回到原处的时候，可以选择按 Esc 键。到了这里你可能会发现，IDA Pro 和一般惯用鼠标加菜单及各种文本输入框的软件有所不同，它非常重视热键。如果惯用热键，那么效率会大大提升。

IDA 还有一个超强热键，即 F5 键，7.3.2 节将会呈现相关内容。

7.3.2　利用 IDA Pro F5 逆向 FltUnregisterFilter

按 7.3.1 节介绍的逐步解读汇编，加上注释，完成函数 FltUnregisterFilter 的逆向是可行的，但是这个时代已经过去了。

现在，IDA Pro 中按 F5 键即可生成 C 语言代码。虽然这些 C 语言代码和人工编写的源码不太一样，但是已经足够用来理解跳转逻辑了。

再过几年，当人工智能技术应用到逆向上，从二进制直接还原符合人类常用编码命名规范的源码完全不是问题，那时我们就不再需要如此辛苦地逆向了。

鼠标对准 FltUnregisterFilter，按下 F5 键之后，IDA Pro 会出现名为 "Pseudocode-A" 的窗口，如图 7-11 所示。

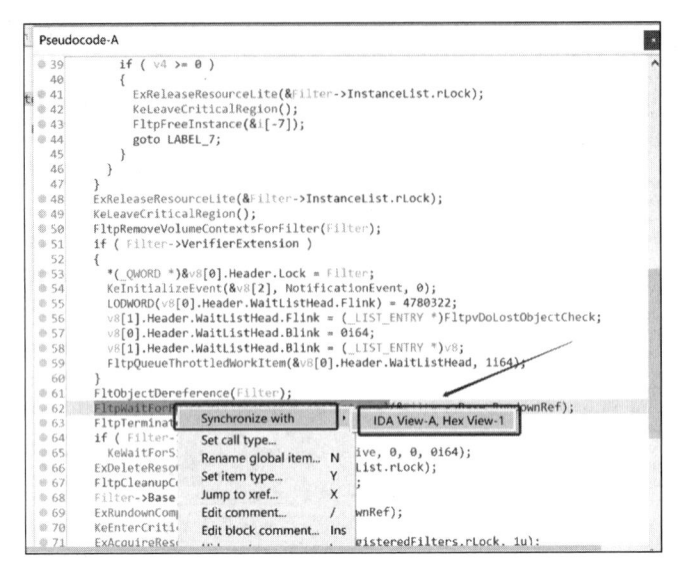

图 7-11　对 FltUnregisterFilter 按下 F5 键后 IDA Pro 会出现的 Pseudocode-A 窗口

C 语言代码能够非常清晰地展现跳转逻辑。但在此之前，我们还需要解决一个问题：我们必须把 C 语言代码和汇编指令一行行对应起来，否则就无法从一个 WinDbg 中的地址对应到 C 语言代码行，除非地标特征非常明显。

这个操作则同样在图 7-11 上展示。对 C 语言代码中任何一行点击鼠标右键，在弹出菜单中选择 "Synchronize with"，然后选择正确的反汇编窗口。C 语言代码和汇编代码之间的同步效果如图 7-12 所示。

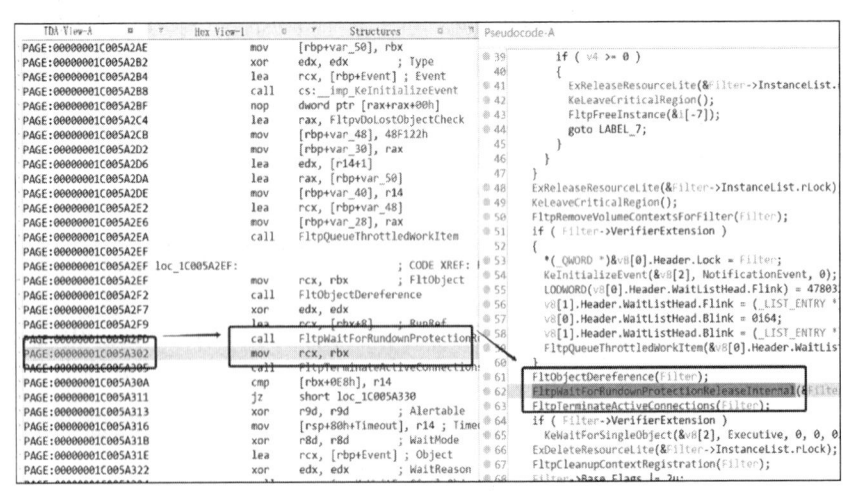

图 7-12　C 语言代码和汇编代码之间的同步效果

这样，C 语言代码窗口和汇编代码窗口将呈现同步的效果。当我们用鼠标在 C 语言代码窗口中选择一条语句时，在对应同步的汇编代码窗口中，该行指令也会被灰色横条选中，反过来也如此。

回看图 7-6，卡死之后的调用栈中，调用 FltpWaitXxx 的位置是 FltUnregisterFilter+0x53 的位置。注意，在 IDA Pro 中并没有运行环境，因此 FltUnregisterFilter 的起始地址与 WinDbg 不同，但大概率偏移不会改变。

我们对应在 IDA Pro 中找到 FltUnregisterFilter 的起始地址+0x53 的位置。如图 7-12 所示，地址 1C005A302 这条指令的前一条指令就是 call FltpWaitXxx，刚好和 WinDbg 中调用栈里的返回地址对应。

因为汇编代码窗口和 C 语言代码窗口已经设置为同步，所以选择此条指令，C 语言代码中对应的行也会被选择。

下面仔细阅读 C 语言代码。C 语言代码的好处是，比起完整版的汇编代码或跳转图，其逻辑要清楚很多。要想判断程序的走向，往往只需要注意 if 和 goto 两类语句。我用方框和箭头标出了决定是否能执行到 FltpWaitXxx 的两处条件，如图 7-13 所示。

图 7-13 使用方框和箭头标出决定是否能执行到 FltpWaitXxx 的两处条件

两处决定性的跳转我都用方框标记了出来。此外，我们发现没有任何条件阻碍 FltpWaitXxx（图 7-13 中的第 62 行代码）被执行。

实际上，图 7-13 中第二处标识（第 44 行）中的 goto LABEL_7 也不会妨碍 FltpWaitXxx 的执行，因为 LABEL_7 的位置在更前面的第 31 行，所以这部分代码要么无限地执行

goto 导致卡死，要么就一定要跳出循环，最终执行第 62 行的 FltpWaitXxx。
　　第二个条件排除，我们只有一个条件需要审视了。第一个条件由 v3 决定，对应代码如下。

```
v3 = _InterlockedOr((volatile signed __int32 *)Filter, 1u) & 1;
if(v3)
{
    FltObjectDereference(Filter);
}
else
{
    …
}
```

　　注意，_InterlockedOr 是按位或的操作。这个代码的意义是，将 Filter 结构中的前 32 位整数按位或 1，然后把原始值按位与 1。因此，v3 代表的其实是 Filter 结构中前 32 位尾数（最后 1 位）是 0 还是 1。
　　如果是 1，就简单地执行 FltObjectDereference 返回结束；如果是 0，就或 1。
　　这样做的作用是什么呢？很容易让人想到这其实是一个多线程同步标记，意思是 Filter 主要的卸载工作只由一个线程来执行。
　　任何线程如果开始卸载，就检查一下这个标记。如果为 1，就说明有别的线程已经在开始卸载它了，除减少引用计数外什么都不用做。如果为 0，就说明没有其他线程在操作，卸载动作由我来完成。
　　我们的卸载过程并没有别的线程会调用，因此这个问题无须考虑。结论非常简单，图 7-13 中第 62 行的 FltpWaitXxx 调用一定会执行。
　　我们原本的期望是找出某个条件导致 FltpWaitXxx 执行然后卡死，根据这个条件反推我们的缺陷根源。现在，我们发现这个条件并不存在，FltpWaitXxx 一定要执行，问题并非出现在函数 FltUnregisterFilter 中。
　　失败是成功之母。接下来我们就要看为什么 FltpWaitXxx 这个函数会卡死了。该函数（全名 FltpWaitForRundownProtectionReleaseInternal）一看就是一个未公开的内部函数。
　　对于公开的函数，我们要做的是先查公开的文档，根据公开的文档来猜测它内部的实现，但对于未公开的函数，这一步就不太有意义了。我们直接开始逆向。好在这个函数的逆向 C 语言代码并不太复杂，而且其中能找到卡死调用栈中曾出现的 ExWaitForRundownProtectionRelease，如图 7-14 所示。
　　回顾图 7-13 中第 62 行代码，此函数执行时的第二个参数是 0，这个 0 就是图 7-14 中的第 1 行代码的参数 a2，故 a2 永远都是 0。因此，第 19 行的 if(a2) 这个判断不会为真，最终必被执行的一定是第 22 行，也就是图 7-14 中红框标示的 ExWaitForRundownProtectionRelease。

```
1 void __fastcall FltpWaitForRundownProtectionReleaseInternal(PEX_RUNDOWN_REF RunRef, char a2)
2 {
3   __int64 DeferredContext[4]; // [rsp+30h] [rbp-79h] BYREF
4   struct _KEVENT Event; // [rsp+50h] [rbp-59h] BYREF
5   PVOID P; // [rsp+68h] [rbp-41h]
6   struct _KTIMER Timer; // [rsp+80h] [rbp-29h] BYREF
7   struct _KDPC Dpc; // [rsp+C0h] [rbp+17h] BYREF
8
9   memset(&Dpc, 0, sizeof(Dpc));
10  memset(&Timer, 0, sizeof(Timer));
11  memset(DeferredContext, 0, 0x48ui64);
12  DeferredContext[0] = 0i64;
13  DeferredContext[2] = (__int64)FltpSendModernAppTerminationWorker;
14  DeferredContext[3] = (__int64)DeferredContext;
15  KeInitializeEvent(&Event, NotificationEvent, 0);
16  KeInitializeDpc(&Dpc, FltpSendModernAppTermination, DeferredContext);
17  KeInitializeTimer(&Timer);
18  KeSetTimer(&Timer, (LARGE_INTEGER)-100000000i64, &Dpc);
19  if ( a2 )
20    ExWaitForRundownProtectionReleaseCacheAware((PEX_RUNDOWN_REF_CACHE_AWARE)RunRef);
21  else
22    ExWaitForRundownProtectionRelease(RunRef);
23  if ( KeCancelTimer(&Timer) )
24  {
25    if ( P )
26      ExFreePoolWithTag(P, 0);
27  }
28  else
29  {
30    KeWaitForSingleObject(&Event, Executive, 0, 0, 0i64);
31  }
32 }
```

图 7-14　卡死调用栈中曾出现的 ExWaitForRundownProtectionRelease

回顾图 7-6 也可以印证，调用栈中出现的最终导致无限等待的函数的确是 ExWaitForRundownProtectionRelease，因此我们双击这个函数试图继续逆向，但这时出现了一点意外。

IDA 显示的不是 ExWaitForRundownProtectionRelease 的实现代码，而是图 7-15 中的奇怪内容。这是因为此函数并不是在 FLTMGR.sys 中实现的，这是一个导入函数，在外部模块中实现。

回想一下，在 IDA Pro 打开之后，我们拖入的是 FLTMGR.sys，而不是其他模块，它不是像 WinDbg 一样的完整的执行环境，因此指望它显示出这个函数的完整实现是不可能的。

回顾图 7-6，我们可以看到 ExWaitForRundownProtectionRelease 这个函数属于模块 nt。在 Windows 中，nt 模块对应的可执行文件是 ntoskrnl.exe，在被调试的虚拟机系统目录下搜索这个文件，并复制出来拖入 IDA Pro 中即可。

7.3.3　逆向 nt 模块中的 ExWaitForRundownProtectionRelease

下面进一步逆向函数 ExWaitForRundownProtectionRelease。出乎意料，这个函数非常简单，因为它是一个外部导入函数。外部导入函数在 IDA Pro 中的呈现如图 7-15 所示。

在一般情况下，需要进行静态分析的代码会比这复杂得多。但无论如何复杂，需要做的事都只有两件。

- 根据已有的各种信息推断出变量的意义，然后把变量名重命名为具有意义的变量名。

- 根据代码执行的逻辑推断关键判断和调用的目的，写出注释。

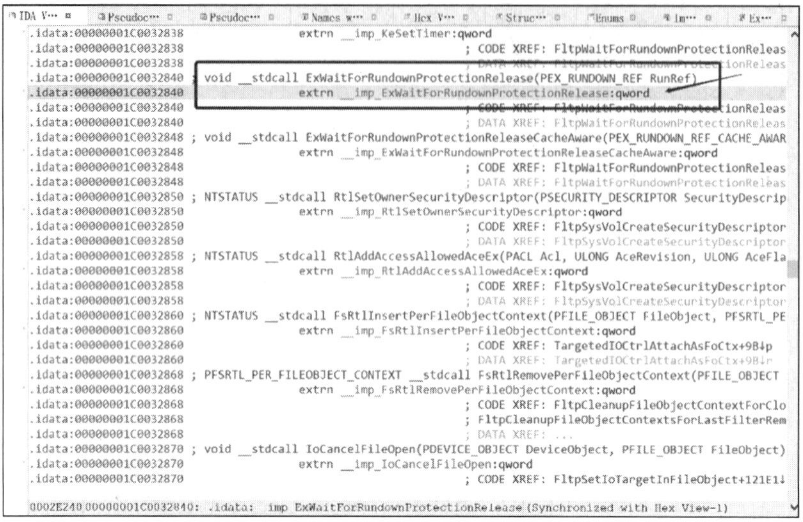

图 7-15 外部导入函数在 IDA Pro 中的呈现

进一步逆向 ExWaitForRundownProtectionRelease 的结果如图 7-16 所示。因为代码简单，所以所占篇幅较少、理解也较容易。在实际工作中，即便我们遇到的代码再复杂，也可以如法炮制。

首先是图 7-16 中的 v1，这是决定是否指向下面的函数 ExfWaitXxx 的关键。通过 _InterlockedCompareExchange64 这个文档我们可以得知，第 5 行代码的意义是用 1 和 RunRef 进行比较。如果 RunRef 为 0，就将它变成 1。

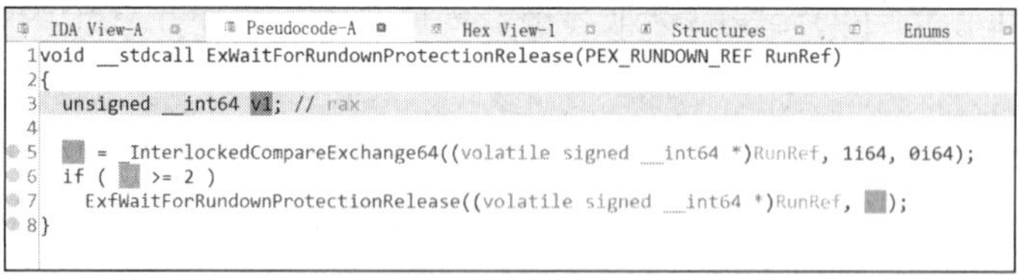

图 7-16 进一步逆向 ExWaitForRundownProtectionRelease 的结果

无论比较交换是否成功，原始值都会返回，返回值是 RunRef 的原始值，因此我把 v1 重命名为 org_ref。

在 IDA Pro 中，选中变量使用鼠标右键点击"Rename"（或直接按下热键 N）即可重命名变量。在 IDA Pro 中，将变量重命名以赋予意义的操作效果如图 7-17 所示。

以上代码的意义也比较明确：RunRef 并非一个结构，而是一个 64 位的整数。当这个整数为 0 的时候赋为 1，如果这个数字大于 1，就调用另一个函数，即 ExfWaitForRundownProtectionRelease。

据此在代码行上按下 Insert 键插入注释。经过变量重命名和注释添加之后的逆向结果如图 7-18 所示，简单又易读。

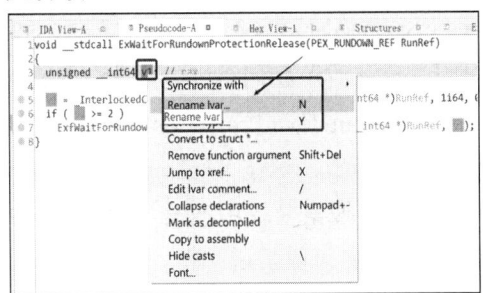

图 7-17　在 IDA Pro 中将变量重命名以赋予意义的操作效果

图 7-18　经过变量重命名和注释添加之后的逆向结果

理论上我应该继续逆向 ExfWaitForRundownProtectionRelease 了，但我忽然来了灵感，RunRef 这个变量的名称及判断它是否大于 1 的做法，让我联想到，这不会是一个引用计数吧？

Windows 的引用计数不一定是以 0 为开始的。有些对象在分配之初把引用计数设置为 1，当"有人宣称要使用它"的时候引用计数加 1，当"有人宣称不使用它"的时候引用计数减 1。

当引用计数变成 1，就说明已经没有人使用它了，那么它就可以释放了；反之，如果引用计数不为 1，就无法释放，要等到引用计数归 1 才能释放。而图 7-18 中的第 6 行代码就像是在补充处理引用计数为 0 的意外情况（若为 0 则变成 1）。

此外，整个函数的意义是，若引用计数为 1 则结束；若引用计数大于 1，则调用函数 ExfWaitXxx 继续等待。

这样一来，继续逆向 ExfWaitXxx 的意义就不大了。其中的内容无非是引用计数减 1，如果还是大于 1 就继续等待某个事件。重要的是，为何我们的微过滤驱动在卸载的时候，RunRef 这个引用计数会大于 1？

7.4　IDA Pro 分析和 WinDbg 调试的协同

7.4.1　通过符号表查找线索

一般来说，要想查找某个变量在什么情况下会被修改（如加 1 减 1），可以通过在调试的时候设置读写断点来尝试捕获，但不一定能成功。

这一次我没有这样操作，而是通过符号名来进行猜测。微软有一个很好的命名习惯，Release 一般和 Acquire 对应，这就给了我们很好的线索。

既然存在函数 ExWaitForRundownProtectionRelease，那么对应的应该存在 ExAcquireXxxRunDownXxx 类的函数，这在 WinDbg 中很容易搜索到。

WinDbg 中的 x 命令专门用于搜索模块中的符号，其后可以添加一个参数，格式为<模块名>!<符号名>，其中的符号名可以带通配符。

我进行了两次搜索。其中，第二次搜索的时候，通过修改匹配模板缩小了范围，只关注 Ex 开头的函数。连续两次用 x 命令在 nt 模块中搜索符号的操作如图 7-19 所示。

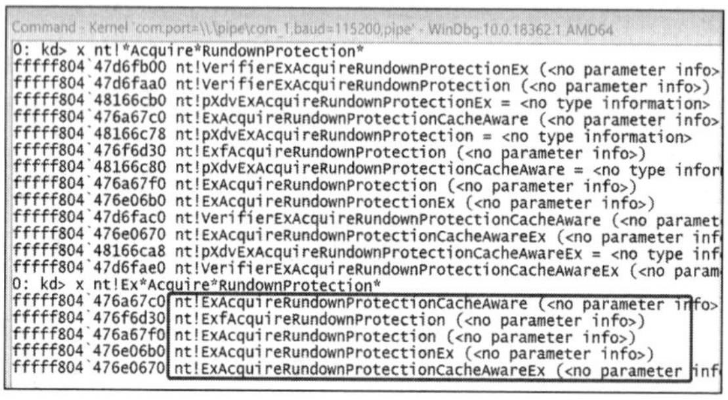

```
Command - Kernel 'com:port=\\.\pipe\com_1,baud=115200,pipe' - WinDbg:10.0.18362.1 AMD64
0: kd> x nt!*Acquire*RundownProtection*
fffff804`47d6fb00 nt!VerifierExAcquireRundownProtectionEx (<no parameter info>
fffff804`47d6faa0 nt!VerifierExAcquireRundownProtection (<no parameter info>)
fffff804`48166cb0 nt!pXdvExAcquireRundownProtectionEx = <no type information>
fffff804`476a67c0 nt!ExAcquireRundownProtectionCacheAware (<no parameter info>
fffff804`48166c78 nt!pXdvExAcquireRundownProtection = <no type information>
fffff804`476f6d30 nt!ExfAcquireRundownProtection (<no parameter info>)
fffff804`48166c80 nt!pXdvExAcquireRundownProtectionCacheAware = <no type infor
fffff804`476a67f0 nt!ExAcquireRundownProtection (<no parameter info>)
fffff804`476e06b0 nt!ExAcquireRundownProtectionEx (<no parameter info>)
fffff804`47d6fac0 nt!VerifierExAcquireRundownProtectionCacheAware (<no paramet
fffff804`476e0670 nt!ExAcquireRundownProtectionCacheAwareEx (<no parameter inf
fffff804`48166ca8 nt!pXdvExAcquireRundownProtectionCacheAwareEx = <no type inf
fffff804`47d6fae0 nt!VerifierExAcquireRundownProtectionCacheAwareEx (<no param
0: kd> x nt!Ex*Acquire*RundownProtection*
fffff804`476a67c0 nt!ExAcquireRundownProtectionCacheAware (<no parameter info>
fffff804`476f6d30 nt!ExfAcquireRundownProtection (<no parameter info>)
fffff804`476a67f0 nt!ExAcquireRundownProtection (<no parameter info>)
fffff804`476e06b0 nt!ExAcquireRundownProtectionEx (<no parameter info>)
fffff804`476e0670 nt!ExAcquireRundownProtectionCacheAwareEx (<no parameter inf
```

图 7-19　连续两次用 x 命令在 nt 模块中搜索符号的操作

分两次而不是一次完成是因为第一次搜索得到的结果实在太多，无法简单处理。但考虑到卡死的等待函数 ExWaitForRundownProtectionRelease 是 Ex 开头的，我猜测对应的 Acquire 也是 Ex 开头的。

这样一来，我成功确定了可能引起 RunRef 引用计数增长的函数。

理论上来说，IDA Pro 能自动下载 Windows 内核符号表，因此通过 IDA Pro 也能搜索出这些函数名。遗憾的是，我并未在 IDA Pro 中找到如 WinDbg 中 x 命令这样好用的命令，可以一次列出我所需要查找的所有结果。

上述值得怀疑的函数共有五个，有一些重复的可以排除。ExAcquireXxx 和 ExfAcquireXxx 类的函数一般是相互调用的关系，函数 Xxx 和函数 XxxEx 也一般是相互调用的关系，通过逆向它们很容易确证这一点。如果不想进一步逆向，就可以简单地把所有函数列为怀疑对象。

接下来，我们要确定到底哪里的代码导致了这些函数被调用，以至于 RunRef 引用计数增长之后，再也没有减下来。

7.4.2　IDA Pro 静态分析寻找调用者

已知某个函数导致了问题，要想知道是哪里调用了它，有两种方法。其中一种是静态分析，用 IDA Pro 列出所有调用者，这在无法调试的时候尤其管用，这里必须介绍一下。

因为问题出在 FLTMGR.sys 中，所以我们再次把这个文件拖入 IDA Pro。目的是想知道哪里调用了 ExAcquireRundownProtectionCacheAwareEx 这个函数。

要注意的是，对于 FLTMGR.sys 来说，这其实不是一个函数，而是一个外部导入符号，在函数窗口中是无法找到它的。在 IDA Pro 的主菜单中找到"View"，选择"Open Subviews"，然后选择"Names"，即可打开名字窗口。

在名字窗口点击顶部"Name"，让所有内容按名字的字母排序，很容易就可以找到我们要寻找的符号，在名字窗口找到我们要寻找符号的操作如图 7-20 所示。接下来双击这个符号，就会进入汇编代码窗口。

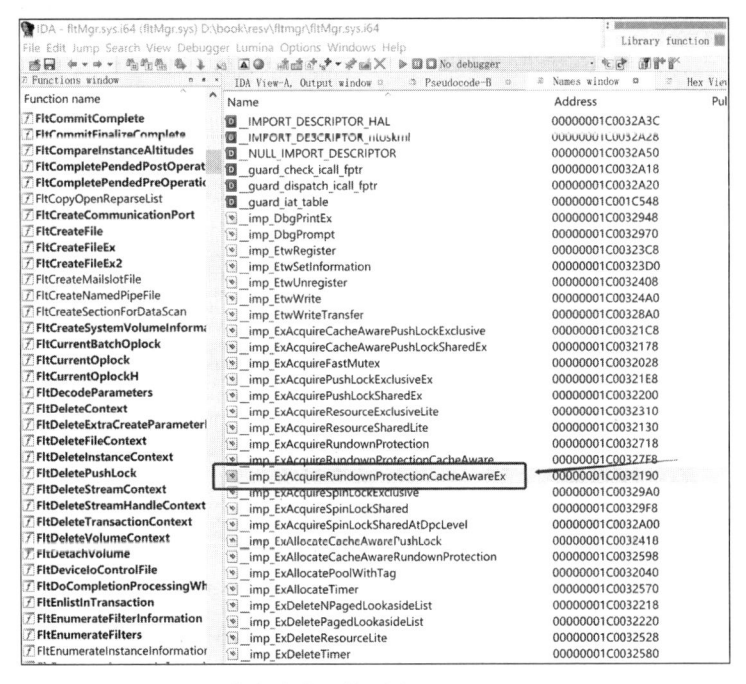

图 7-20　在名字窗口找到我们要寻找符号的操作

在汇编代码窗口将鼠标移动到函数名上，然后点击鼠标右键。在符号上弹出菜单中选择"Jmp to xref to operand…"如图 7-21 所示。选择"Jump to xref to operand…"和直接按热键 X 效果一样，即可出现 IDA Pro 的交叉引用窗口，如图 7-22 所示。

查找交叉引用这个操作和变量重命名、插入注释一样，是 IDA Pro 中最重要且最有用的操作之一。从图 7-22 中可以看到，交叉引用窗口中的每行都是一个调用点，也就是模块中引用了这个符号的位置。

使用静态分析寻找调用点的缺点是，我们往往能找到很多调用点，但往往不能直接找到我们的代码和调用者之间的关系。

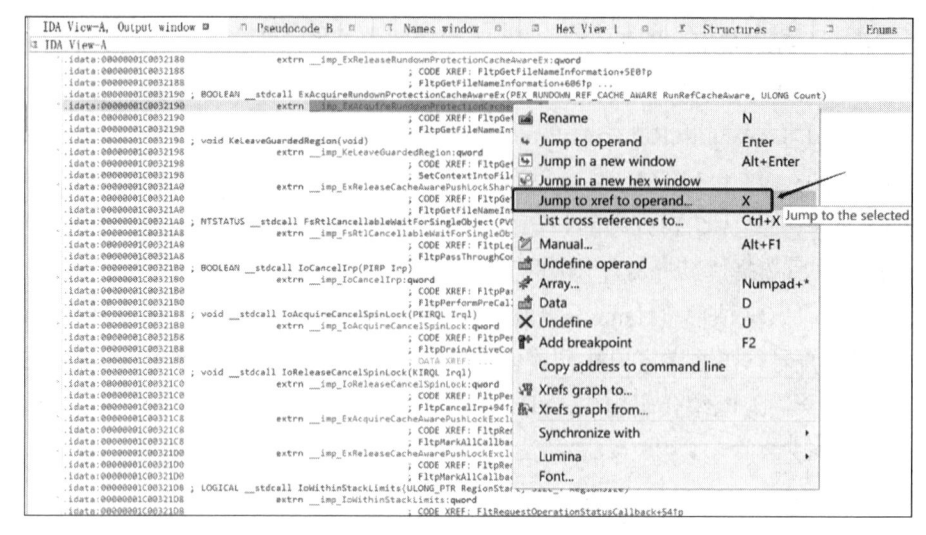

图 7-21　在符号上弹出菜单中选择"Jmp to xref to operand…"

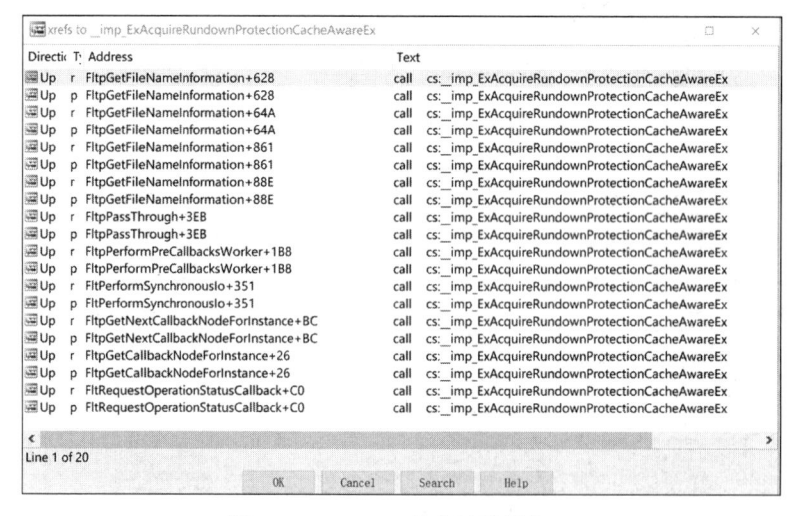

图 7-22　IDA Pro 的交叉引用窗口

比如，在上述结果中，我们卡死的驱动并未调用过图 7-22 中左边任何函数中的一个。在大多数情况下，调用是间接发生的。如果想要找到关系，就要继续寻找调用点的调用点，以此查找和可疑代码之间的关系。

调用关系超过两层之后，复杂度急剧提高，完全遍历会成为人力几乎不可能完成的操作。另外，静态分析能找到很多调用点，但实际执行的时候很多调用点并不会真的执行，这时分析它们会浪费很多体力。

7.4.3 节将介绍如何用动态调试的方法，寻找我们自己的代码中可能调用这些可疑函数的地方。

7.4.3 WinDbg 动态调试寻找调用者

在实际解决问题的时候，我常常是在静态分析和动态调试之间不断切换，这样的效果是最好的。如果在使用一种手段时遇到了困难，我们就必须好好想想另一种手段是不是更好，切忌一条小路走到黑，沉迷于泥潭中不能自拔。

要想知道程序真实运行的时候系统哪些地方调用了某几个函数，最简单的办法是在 WinDbg 中对这些函数设置断点，等到断点被断下来的时候用 k 命令查看调用栈，即可看到是其从哪里调过来的。

但这存在一个问题，若这样设置断点，则系统中任何地方调用这些函数都会被中断，调试中断会不断发生。我只关心我的驱动中哪里调用了这些函数，对系统中其他地方谁调用了没有兴趣。

那么，我们可以采用一个折中的办法，即对这些函数不设置任何断点，仅在执行流进入我们的驱动和离开我们的驱动的位置设置断点。

驱动程序的指令流的入口是 DriverEntry 函数，以及一组回调函数。具体到本章的例子中，DriverEntry 无可疑之处，回调函数只有 CreateIrpProcess。我们在 CreateIrpProcess 的入口和出口设置断点，如图 7-23 所示。如果你的微过滤驱动设置了更多的回调函数，那么也要设置更多的断点。

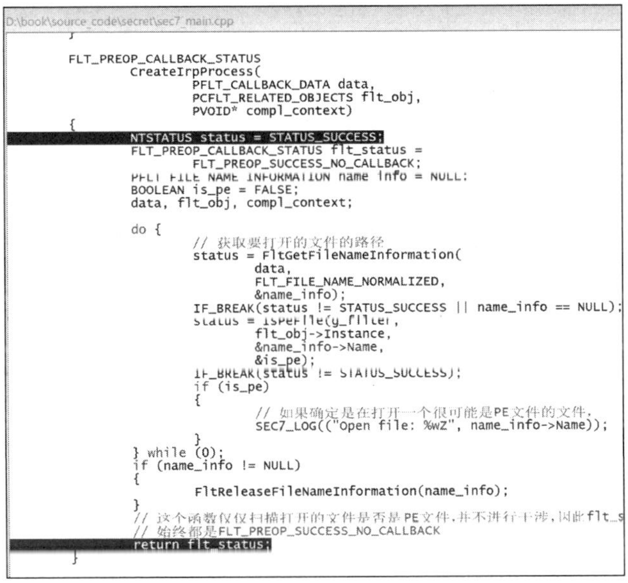

```
D:\book\source_code\secret\sec7_main.cpp
}

FLT_PREOP_CALLBACK_STATUS
        CreateIrpProcess(
                PFLT_CALLBACK_DATA data,
                PCFLT_RELATED_OBJECTS flt_obj,
                PVOID* compl_context)
{
        NTSTATUS status = STATUS_SUCCESS;
        FLT_PREOP_CALLBACK_STATUS flt_status =
                FLT_PREOP_SUCCESS_NO_CALLBACK;
        PFLT_FILE_NAME_INFORMATION name_info = NULL;
        BOOLEAN is_pe = FALSE;
        data, flt_obj, compl_context;

        do {
                // 获取要打开的文件的路径
                status = FltGetFileNameInformation(
                        data,
                        FLT_FILE_NAME_NORMALIZED,
                        &name_info);
                IF_BREAK(status != STATUS_SUCCESS || name_info == NULL);
                status = IsPeFile(g_filter,
                        flt_obj->Instance,
                        &name_info->Name,
                        &is_pe);
                IF_BREAK(status != STATUS_SUCCESS);
                if (is_pe)
                {
                        // 如果确定是在打开一个很可能是PE文件的文件，
                        SEC7_LOG(("Open file: %wZ", name_info->Name));
                }
        } while (0);
        if (name_info != NULL)
        {
                FltReleaseFileNameInformation(name_info);
        }
        // 这个函数仅仅扫描打开的文件是否是PE文件，并不进行干涉，因此flt_s
        // 始终都是FLT_PREOP_SUCCESS_NO_CALLBACK
        return flt_status;
}
```

图 7-23　在函数 CreateIrpProcess 的入口和出口设置断点

随后我们开始调试，当系统在我们设置的第一个断点断下来后，再把所有可疑函数都设置断点，然后继续执行。这样做的好处是，断下来的调用大概率在我们期待的范围之内。即便有少数情况不是，输入 k 命令并查看调用栈之后也很容易排除。

在实际操作中，把五个可疑的函数全部设置了断点，如图 7-24 所示。这时使用 bl 命令可以看到所有的断点，其中包括函数 CreateIrpProcess 的出口和入口，以及五个可疑的函数。

第一个断点，也就是 CreateIrpProcess 的入口处处于中断状态。此时如果按 F5 键或输入 g 命令，先断下的是断点 1，即 CreateIrpProcess 的出口处，说明这些可疑函数根本没被我调用过。

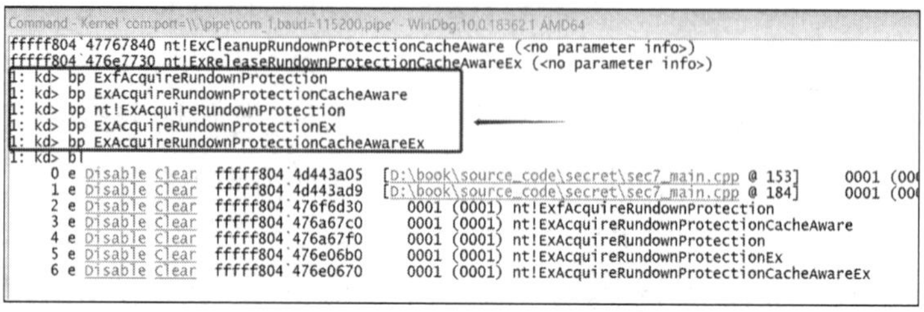

图 7-24 设置五个可疑函数的断点

如果先断下来的可疑函数中的某一个，就可以通过 k 命令来查看详情，此时得到的大概率就是我们要的信息。事实也是如此，按 F5 键之后首先中断的是断点 6。CreateIrpProcess 入口处断下后，再次按 F5 键继续执行，然后中断的第一个断点调用栈，如图 7-25 所示。

图 7-25 中断的第一个断点调用栈

从图 7-25 中可以清晰地看到，我们调用 FltGetFileNameInformation 的行为，导致了 RunRef 的增大。

审视图 7-23 中的代码后发现，在我们调用 FltGetFileNameInformation 之后，只要这个函数调用成功，我们都会调用 FltReleaseFileNameInformation。很容易猜测到，FltReleaseFileNameInformation 会对应地使 RunRef 减小。请读者自己动手用 IDA Pro 逆向这个函数或用 WinDbg 调试来证实这一点。

排除了 FltGetFileNameInformation 可能带来的问题后，我们继续排查其他代码。下面改变断点的设置，调整断点，跳过已经排除的可疑流程，如图 7-26 所示。

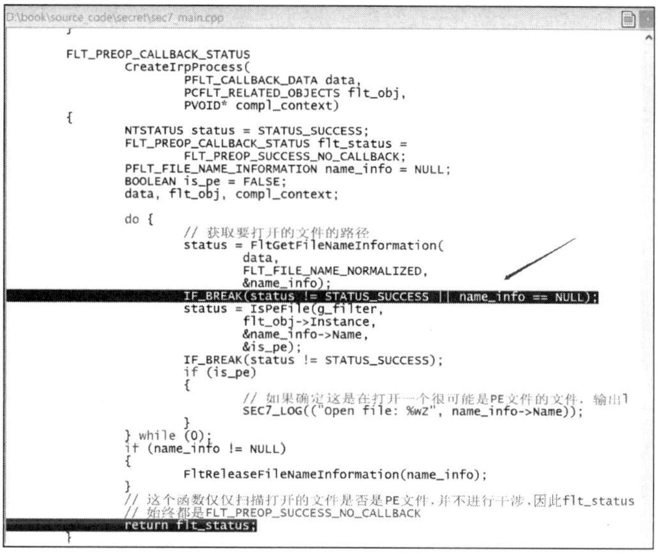

图 7-26 调整断点，跳过已经排除的可疑流程

可以看到，包含 FltGetFileNameInformation 的部分流程已经被排除在外。此时我们开始重复之前的步骤，先在入口处断下后，再设置五个可疑函数的断点。最终我们发现 IsPeFile 会触发 RunRef 增大。IsPeFile 触发的 RunRef 增大时的调用栈如图 7-27 所示。

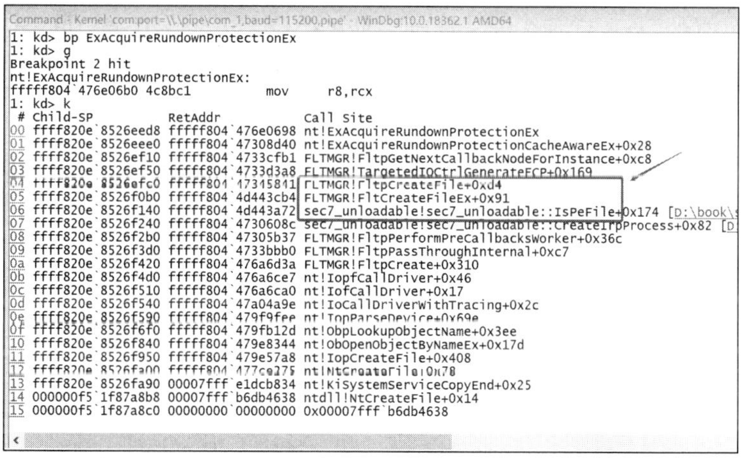

图 7-27 IsPeFile 触发的 RunRef 增大时的调用栈

这说明另一个可疑的点是 IsPeFile 这个函数。这个函数调用了 FltCreateFileEx 打开文件，这个操作也会让 RunRef 增大。

打开文件之后有没有关闭，是一个老生常谈的问题。这让我们立刻就会想到，会不会是我们用 FltCreateFileEx 打开了一个文件但没有关闭它，FLTMGR.sys 才会阻止我们将其卸载呢？

请回顾 7.1.3 节有关函数 IsPeFile 代码实现的内容。重新审视相关代码后，我们很容易发现问题，我把部分有问题的代码放在下面进行展示。

```
        ...
        IF_BREAK(!NT_SUCCESS(ret));
        IF_BREAK2(bytes_read < FILE_HEADER_SIZE, ret = STATUS_DATA_ERROR);
        if (filter_header[0] == 'M' && filter_header[1] == 'Z')
        {
            *is_pe = TRUE;
            break;    ①
        }
        FltClose(file);    ②
    } while (false);

    if (file_object)
    {
        ObDereferenceObject(file_object);
    }
    return ret;
}
```

注意代码中的①处。在判断确定这个文件是 PE 文件之后，代码通过 break 跳出了 do while 循环，这导致了一个后果，那就是②处的 FltClose(file)无法执行。因此，被打开的文件始终不会关闭，导致卸载失败。此时，只需要把 FltClose(file)移动到 do while 之外，并与 ObDereferenceObject 一样加上一个简单的判断即可完成修复。

本章展示的缺陷非常简单，不一定需要通过逆向和调试才能确认，简单审视代码往往也能确认。但在实际应用中，发生问题的代码和逻辑都要复杂很多，而且往往只在极为巧合的情况之下才会暴露，有时甚至不一定有源码可以审视。

本章介绍的技术极为重要，读者需要勤加练习，才能在实际项目中自如地应对各种问题。

第 8 章 非文档开发与调试

8.1 使用非文档方式定位函数

第 6 章展示了一个模块挂钩另一个模块的导入地址表之后,产生冲突的例子。当时是函数 MmGetPhysicalAddress 被挂钩,然而挂钩者没有很好地处理时序问题,导致钩子函数在调用原始函数时崩溃。

假设我们是受害者,当然可以要求肇事者对代码进行修改。但肇事者是否进行修改,以及修改的时间和进度完全是不可控的,我们只好对自己的代码进行修改,以此规避这个问题。

既然问题是友商挂钩我们对函数 MmGetPhysicalAddress 的调用而引发的,那么避免我们对函数 MmGetPhysicalAddress 的调用被挂钩即可解决这个问题。又因为对方是通过修改我们的导入地址表实现挂钩的,所以只要我们不使用导入地址表来"导入" MmGetPhysicalAddress 这个函数,对方自然就无法再实现挂钩了。

要想既不使用导入地址表,又要实现同样的功能,有如下几种方式。

- 不再使用系统提供的 MmGetPhysicalAddress,而是自己编写一个具有同等功能的函数。
- 继续使用 MmGetPhysicalAddress,但不使用导入地址表,而是自己想办法定位这个函数的位置。

前者虽然可行,但实现起来很麻烦。有人或许会认为读取页表即可获得虚拟地址对应的物理地址,这样可行,但必须注意各种同步问题,因为在 Windows 运行的时候,页表是不断被修改的。后者相对简单,因为函数的位置在运行的 Windows 内核中不会变化,本节将以此为例进行讲解。

上述两种操作都涉及非文档(Undocumented)操作。**本书的所谓非文档操作是指不符合微软文档规范,或者文档没有相关说明的操作。**开发者一般可能认为非文档操作根本就不应该出现。但相反地，在 Windows 内核开发的竞争中，决定胜负的关键往往是非文档操作。

想象一下，你是安全软件的开发人，你的对手是恶意软件开发者。你难道认为他们所有的操作都会严格遵循微软文档规范吗？

因为缺乏微软文档指导，所以非文档操作往往需要通过大量调试和逆向来寻找正确的方法，并排除缺陷。这就是本章要介绍的内容。

8.1.1　内核函数的公开、导出和未导出

Windows 内核中有很多函数，这些函数根据使用的"方便性"可以分为三类。

（1）**公开函数**：指在微软的 MSDN 网站上能查到对应文档的函数。此类函数的参数和返回值是明确的，并且不会再变化，在正常情况下有相关的头文件。在我们的项目中，只要包含相关的头文件，函数就能安全地使用。

（2）**导出函数**：指 Windows 内核的主模块 ntoskrnl.exe 中有导出的函数。此类函数中一部分是公开的，同时也是公开函数，它们有明确的调用参数和返回值；另一部分则没有公开，只能靠查阅资料或自己调试和逆向来了解，但这部分函数只要了解其原型，自己声明后即可使用。

（3）**内部函数**：Windows 内核的主模块 ntoskrnl.exe 中存在大量函数未导出，但我们可以看到函数的名字，其名字仅来源于公开的 Windows 符号表。**本书后面将未公开的导出函数和内部函数一起称为"未公开函数"。**

Windows 符号表虽然公开了函数的名字，但并不公开函数的参数结构。因此，通过逆向来猜测未公开参数和返回值，以及参数涉及的数据结构，成为 Windows 内核逆向最主要的任务。但更需要注意的是，**在 Windows 的不同版本中，此类函数的参数和返回值都可能会变化。**

内部函数无法直接使用。即便自己声明了正确的原型，在调用时也无法找到链接，因此必须使用函数指针。我们可以在内核中找到正确的地址，将其赋给函数指针再调用，可以参考 8.1.3 节中的例子。

要想了解 Windows 内核有哪些公开函数非常容易，在 MSDN 网站上查找即可。

如果想要了解 Windows 内核有哪些导出函数，那么可以在对应 Windows 版本的 Windows\System32 目录下找到 ntoskrnl.exe 这个文件，并拖入 IDA Pro 中（具体的操作见 7.3.1 节）。

选择 Exports 窗口即可看到所有的导出函数，如图 8-1 所示。我们可以见到这个版本的 Windows 内核有 3084 个导出函数（不同版本的 Windows 内核导出函数的数量不一定相同）。

图 8-1　选择 Exports 窗口即可看到所有的导出函数

在 IDA Pro 的 Functions 窗口中看到的则是 ntoskrnl.exe 中所有有符号的函数。除了导出函数，剩下的全部是内部函数。用 IDA Pro 查看 ntoskrnl.exe 中所有有符号的函数，如图 8-2 所示。

图 8-2　ntoskrnl.exe 中所有有符号的函数

关于这些符号的命名规律，虽然并非放之四海而皆准，但大致经验为：Nt、Rtl、Ke、Ex、Ps、Io、Hal、Mm 开头的函数大概率是导出函数；Ki、Exp、Psp、Iop、Halp、Mi 开头的函数基本上都是内部函数。你一定发现了，i 和 p 这两个字母一定对 Windows 内核开发组有着特殊的意义。

这些函数之间大致存在下面的关系。

（1）Ke 开头的公开函数与 Ki 开头的内部函数对应。

（2）Mm 开头的公开函数与 Mi 开头的内部函数对应。

（3）Ex、Ps、Io、Hal 开头的公开函数分别和 Exp、Psp、Iop、Halp 开头的内部函数对应。

一般而言，导出函数是通过调用相对应的内部函数来实现的。

8.1.2 绕过导入表来定位函数

MmGetPhysicalAddress 是典型的公开函数，在 MSDN 网站上能找到相关的文档。如果在代码中需要调用 MmGetPhysicalAddress，只需要包含头文件 fltKernel.h，就可以自由地对其进行调用。只是为了获得这样编译的结果，我们的程序会使用导入地址表来调用此函数。

如果不想使用导入地址表，那么可以用 MmGetSystemRoutineAddress 来获得 MmGetPhysicalAddress 的地址，相关代码如下。

```
typedef PHYSICAL_ADDRESS(*MmGetPhysicalAddressFt)(PVOID va);
UNICODE_STRING func_name =
    RTL_CONSTANT_STRING(L"MmGetPhysicalAddress");
MmGetPhysicalAddressFt MmGetPhysicalAddressPtr =
    (MmGetPhysicalAddressFt)MmGetSystemRoutineAddress(
        &func_name);
```

注意，使用 MmGetSystemRoutineAddress 来定位函数依然是文档化操作。

使用 MmGetPhysicalAddressPtr(address)来调用这个函数不会用到导入地址表，这样第三方厂商挂钩导入地址表的问题就不会发生。但是，此时 MmGetSystemRoutineAddress 自身仍然要用到导入地址表，存在对方通过挂钩 MmGetSystemRoutineAddress，检查到我方通过此函数获取 MmGetPhysicalAddress 的地址时，返回钩子函数地址的可能。

如果 MmGetSystemRoutineAddress 也不能使用，就只能通过一些逆向的手段来获取函数的位置。注意，下面的方法在使用内部函数时也可行。

我们打开 IDA Pro，将需要处理的 ntoskrnl.exe 文件拖入其中，然后在函数窗口中选择函数（请参考 7.3.1 节所介绍的方法）MmGetPhysicalAddress。MmGetPhysicalAddress 的机器码如图 8-3 所示。

最简单的方法是，将这些机器码字节序列的全部或部分当作特征码，对整个 nt 模块进行搜索。这样做的缺点是，要遍历整个 nt 模块的可执行节，扫描范围较大，性能损耗较高。此外，每个 Windows 版本的此函数的实现可能一样，针对不同的版本可能需要准备不同的特征码。

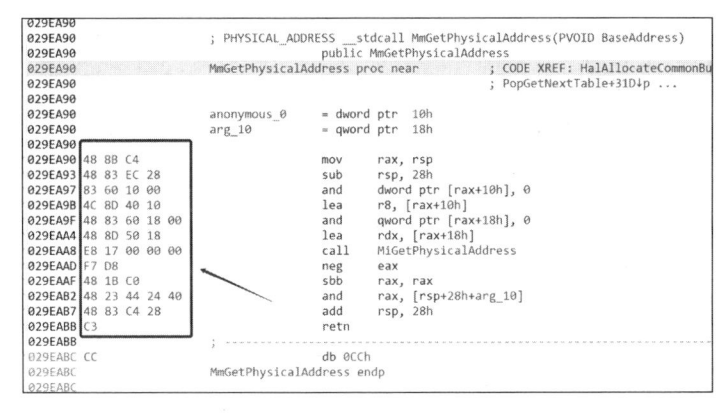

图 8-3　MmGetPhysicalAddress 的机器码

还有一个常用的方法是，通过其他不常用的导出函数的位置来间接定位目标函数的位置。假定我们首先寻找的导出函数是不常用的，它一般不存在被挂钩的可能，因此可以相信它的位置是正确的。

操作方法是：先把鼠标移动到 MmGetPhysicalAddress 上，然后按下热键 X。热键 X 被按下后，IDA Pro 会显示 nt 模块中调用了 MmGetPhysicalAddress 的位置，如图 8-4 所示。这些函数大部分是 nt 模块中的函数，它们内部都调用了 MmGetPhysicalAddress。函数名后的 "+" 之后表示的是，具体发起调用指令的位置相对于函数起始位置的偏移。

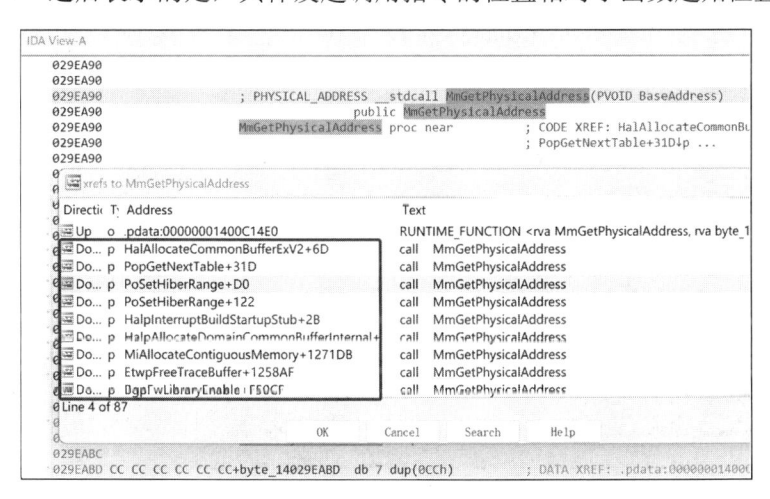

图 8-4　nt 模块中调用 MmGetPhysicalAddress 的位置

显然，通过这些函数就可以间接地找到 MmGetPhysicalAddress 的位置，但是我们需要的是一个导出函数（只有导出函数才可以被我们轻松地找到）。根据 8.1.1 节的经验，类似 Halp、Etwp、Pop 这些前缀带 p 结尾的函数，以及 Mi 开头的函数都是内部函数，无法直接定位。剩余函数已经不多，只有两个，即 HalAllocateCommonBufferExV2 和 PoSetHiberRange。

在这两个函数中任选一个即可。通常而言，虽然两个函数都是导出函数，但我们希望函数自身版本越稳定越好。HalAllocateCommonBufferExV2 不但包含 Ex 还包含一个 V2，让我感觉其版本非常不稳定，因此凭直觉选择了 PoSetHiberRange。

当然，要通过 PoSetHiberRange 来定位 MmGetPhysicalAddress 的前提是 PoSetHiberRange 是导出函数。这一点不能仅凭名字判断，可以通过查看 IDA Pro 的 Exports 窗口来证实。如图 8-5 所示，PoSetHiberRange 出现在 IDA Pro 的 Exports 窗口中。

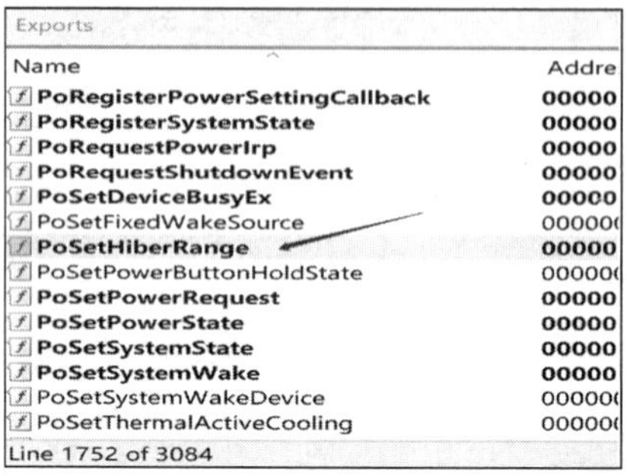

图 8-5　PoSetHiberRange 出现在 IDA Pro 的 Exports 窗口中

下面我们来看如何在 PoSetHiberRange 中定位 MmGetPhysicalAddress 的值。由于明确了 MmGetPhysicalAddress 的引用会出现在 PoSetHiberRange+0xD0 的位置，所以我们用 IDA Pro 打开 PoSetHiberRange 的反汇编，之后直接拖到 0xD0 的位置。PoSetHiberRange+D0 附近的反汇编代码如图 8-6 所示。

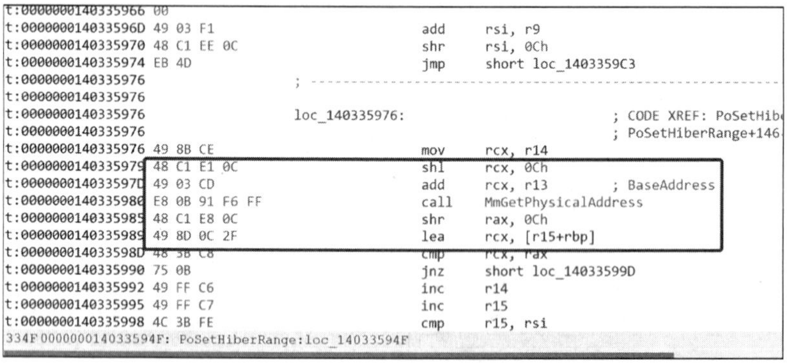

图 8-6　PoSetHiberRange+D0 附近的反汇编代码

从图 8-6 中可以看到最关键的、指引我们找到目标的指令，是我框出部分的 call MmGetPhysicalAddress。从反汇编指令左边可以看到机器码。

0xE8 是 call 的指令码。后面的 0x0B、0x91、0xF6、0xFF 由四字节构成了一个整型。因为 x64 是小头字节序，所以这个四字节整型是 0xFFF6910B。这是一个带符号的整数偏移，该偏移是目标地址与紧跟当前指令的下一条指令的地址（也就是图 8-6 中的 shr 指令）之间的差。有经验的读者可以看出这是一个负数，说明 MmGetPhysicalAddress 的位置在 PoSetHiberRange 的前面（更小的地址）。

在实际项目中，我们先定位 PoSetHiberRange 的位置，然后在+0xD0 处获得 call 指令，取出其中偏移，根据 call 指令下一条指令的地址就可以计算出 MmGetPhysicalAddress 了。

再次需要提醒读者的是，虽然 MmGetPhysicalAddress 是公开函数，但是同样地，任何未公开的函数都可以用类似的方法获得其地址，然后就可以在内核驱动中调用了。这一点常常给某些驱动程序带来意想不到的能力。

8.1.3 间接定位函数的代码实现

下面是通过函数 PoSetHiberRange 定位函数 MmGetPhysicalAddress 的具体源码。我们把代码写在了 DriverEntry 中，这样驱动程序一加载，代码就会运行。要注意的是，上述方式只能用于本书理论的验证，真正的商业项目需要适配更多的系统。

我们用函数 MmGetPhysicalAddressLocateByPoSetHiberRange 获得了函数 MmGetPhysicalAddress 在 Windows 内核中的地址，并把地址保存在一个函数指针 MmGetPhysicalAddressPtr 中（见代码中的①处）。

接着，我们使用这个函数指针对某个虚拟地址求物理地址（见代码中的②处）。为了验证这个方法的可靠性，我们还用正常导入地址表方式调用了一次 MmGetPhysicalAddress（见代码中的③处）。如果我们的预想没有问题，那么这两个结果应该是一样的。

```
extern "C" NTSTATUS DriverEntry(
    PDRIVER_OBJECT driver, PUNICODE_STRING reg_path)
{
    NTSTATUS status = STATUS_SUCCESS;
    MmGetPhysicalAddressFt MmGetPhysicalAddressPtr = NULL;
    KdPrint(("Hello, world.\r\n"));
    BypassCheckSign(driver);
    KdBreakPoint();
    driver->DriverUnload = DriverUnload;

    do{
        PHYSICAL_ADDRESS pa1, pa2;
        MmGetPhysicalAddressPtr =
            MmGetPhysicalAddressLocateByPoSetHiberRange(); ①
        if (MmGetPhysicalAddressPtr == NULL)
        {
            //这里主要是系统版本不匹配导致的不支持。实际外网如果有这
            // 类反馈，就必须增加支持更多的版本
            status = STATUS_NOT_SUPPORTED;
            break;
```

```
        }
        // 获得 MmGetPhysicalAddressPtr 地址之后，我们尝试用它
        // 获取某个虚拟函数的物理地址
        pa1 = MmGetPhysicalAddressPtr(
            (PVOID)DriverEntry);        ②
        // 再用导入地址表方式调用 MmGetPhysicalAddress，
        // 看看结果是否一样
        pa2 = MmGetPhysicalAddress(
            (PVOID)DriverEntry);        ③
        KdPrint(("pa1 = %llud, pa2 = %llud\r\n",
            pa1.QuadPart, pa2.QuadPart));
    } while (0);

    if (status != STATUS_SUCCESS)
    {
        Cleanup();
    }
    return status;
}
```

下面的关键是 MmGetPhysicalAddressLocateByPoSetHiberRange 这个函数的实现，其代码如下。

```
static MmGetPhysicalAddressFt
    MmGetPhysicalAddressLocateByPoSetHiberRange()
{
    UNICODE_STRING func_name =
            RTL_CONSTANT_STRING(L"PoSetHiberRange");
    PVOID PoSetHiberRangePtr = NULL;
    MmGetPhysicalAddressFt ret = NULL;
    RTL_OSVERSIONINFOW os_ver = { 0 };
    PUCHAR byte_ptr = NULL;
    LONG32 offset = 0;
    LONG64 start = 0;
    PVOID target_ptr = NULL;
    do{
        if(RtlGetVersion(&os_ver) != STATUS_SUCCESS ||
            os_ver.dwBuildNumber != 19042)       ①
        {
            // 首先获得系统版本号。如果不是 19042 版本，那么这种方法
            // 无法支持；必须根据市面上不同版本给出不同的代码
            break;
        }
```

```c
// 第一步，先用 MmGetSystemRoutineAddress 获得
// PoSetHiberRange 的开始地址
PoSetHiberRangePtr =
    MmGetSystemRoutineAddress(&func_name);         ②
//如果找不到 PoSetHiberRangePtr，就直接返回
if (PoSetHiberRangePtr == NULL)
{
    break;
}

// 第二步，如果找到了 PoSetHiberRangePtr，那么这个位置+D0
// 应该是：
// E8 0B 91 F6 FF   call    MmGetPhysicalAddress
// 48 C1 E8 0C      shr     rax, 0Ch
byte_ptr = (PUCHAR)PoSetHiberRangePtr;
byte_ptr += 0xd0;                                   ③
// 这里进行基本的检查，避免因字节内容不正确触发后面的崩溃
if(byte_ptr[0] != 0xe8 ||
   byte_ptr[5] != 0x48 ||
   byte_ptr[6] != 0xc1)
{
    break;
}
// 第三步，注意 offset 和 start 的求法：offset 是 4 字节带符号整数
// 而 start 是 call 指令的下一条指令。目标地址是 start + offset
offset = *(LONG32*)&byte_ptr[1];                    ④
start = (LONG64) & byte_ptr[5];
target_ptr = (PVOID)(start + offset);
if (!MmIsAddressValid(target_ptr))
{
    break;
}
// MmGetPhysicalAddress 的开头是这样的：
// 48 8B C4        mov     rax, rsp
// 48 83 EC 28     sub     rsp, 28h
// 这里再检查一下，确保没有问题
byte_ptr = (PUCHAR)target_ptr;                      ⑤
if(byte_ptr[0] != 0x48 ||
   byte_ptr[1] != 0x8b ||
   byte_ptr[2] != 0xc4)
```

```
        {
            break;
        }
        // 没问题就可以返回了
        ret = (MmGetPhysicalAddressFt)target_ptr;
    } while (0);
    return ret;
}
```

编写这份代码尤其需要注意的是，代码和 Windows 的具体版本强相关。此份代码是我用 19042 版本的 Windows10 逆向编写的，因此我只知道它能兼容 19042 版本的 Windows，故而在上面代码的①处我们先用 RtlGetVersion 获得系统版本号，然后判断其 BuildNumber 是否是 19042，如果不是就返回失败。

这类代码放到外网之后，应该上报不兼容的系统版本。这样根据后台收集的信息，就可以大致了解外网有多少用户存在不兼容的情况，以及存在哪些不兼容的 Windows 版本。开发人员可以根据每个 Windows 版本覆盖的用户数量排序，先后进行适配开发。

在上面代码中的③处，我们定位到了 PoSetHiberRange+0xD0 所处的位置，此处会调用 MmGetPhysicalAddress。这也正是我们找到这个最终目标函数的地址所希望实现的。

要注意的是，之后我们检查了字节内容，这是谨慎且保险的方式。如果我们找到的地址不对，那么算出来的内容也是不对的。把一个错误的地址当作函数来调用，结果会是灾难性的，Windows 内核必然崩溃。

接着要注意的是代码中的④处。如何从 call 指令中提取偏移？如何求得一个基准地址？三行代码胜过千言万语。注意，代码中的 offset 就是偏移，而 start 是一个基准地址，因此 start+offset 就是我们要求的目标。

计算完毕之后，在代码中的⑤处我们再次进行了检查，确认这至少大概率是一个函数的开头（而不是某种乱码），然后返回这个地址。这个地址赋给函数指针之后，函数指针即可直接调用（绕开了该函数的导入地址表，也不再存在第 6 章中所述的被挂钩了导入地址表之后产生的冲突问题）。

使用两种不同方法调用 MmGetPhysicalAddress，所获得的结果对比如图 8-7 所示，箭头和方框指示的部分是有效的输出。实际输出显示，用这种方法调用获得的结果和用导入地址表调用函数获得的结果是完全一样的，证实了这种方法的有效性。

本节以"避免冲突"为由绕开了导入地址表，但实际项目中，这种方法主要还是用在调用 Windows 内核中的未公开内部函数时。因为内部函数本来就没有导出，所以不可能通过导入地址表来进行调用。此方法在本书后面的内容中还会不断地被使用。

图 8-7　两种不同方法调用 MmGetPhysicalAddress 获得的结果对比

8.2　使用非文档方式探索内核功能

从 Windows 内核提供的标准接口注册回调函数（进程通知回调、线程通知回调、模块通知回调）开始，到文件系统过滤，再到内核的导入地址表挂钩，我们已经掌握了一系列可以用于监控恶意软件的能力，包括监控进程、线程的创建、监控模块的加载、监控任何文件的操作等。

在第 6 章，我们进一步尝试了监控可能是恶意的驱动程序调用 MmGetPhysicalAddress 的行为。在 8.1.2 节中，我们又介绍了可能绕过这种监控的方法。在内核的丛林世界中，冲突与和平、恶意与安全就是这样相互对抗而发展起来的。

在 8.1 节中，我们学习了部分非文档开发的能力。现在我们要用这种能力来将我们的安全监控能力往更深层次发展，以此继续对抗恶意软件对我们可能采取的恶意措施。

8.2.1　尝试监控 MmMapIoSpace 的调用

考虑到恶意的内核程序可能使用特殊手段，足以绕过我们的导入地址挂钩实现 MmGetPhysicalAddress 监控的手段，接下来我们要增强自己的纵深。

让我们从恶意内核程序作者的角度来思考：他获取了某个关键的虚拟地址的物理地址，一定试图要做点什么。众所周知，物理地址本身并没有什么用，有用的是该地址对应的内存。要想访问某个物理地址对应的内存，就必须将它重新映射成虚拟地址。

243

在内核中，将物理地址重新映射成虚拟地址也有很多种方法，但最简单的是使用内核提供的函数 MmMapIoSpace，该函数的原型如下。

```
PVOID MmMapIoSpace(
  [in] PHYSICAL_ADDRESS    PhysicalAddress,
  [in] SIZE_T              NumberOfBytes,
  [in] MEMORY_CACHING_TYPE CacheType
);
```

其中，参数 PhysicalAddress 就是需要映射的物理地址；NumberOfBytes 则是需要映射的内存片的长度；CacheType 是内存缓冲类型，在正常情况下使用 MmCached 即可。函数的返回值就是映射好的地址，这是一个内核地址。如果映射失败了，就会返回 NULL。

想要增强监控的纵深，我们可以考虑同时监控调用 MmMapIoSpace 的行为。也就是说，有一个恶意程序调用 MmGetPhysicalAddress 的时候绕过了监控，但是后续它继续调用 MmMapIoSpace 的时候还是会被我们监控到。

继续使用导入地址表挂钩当然可以监控 MmMapIoSpace 的调用，但是同样的招数不要使用两次！

我们现在已经具备了一定的逆向能力，就应该利用自己的能力去寻找别人没有尝试过的新方法，这才是我们能实现别人所未能实现的技术的原因。

既然要监控 MmMapIoSpace，那么最好的办法是查看 MmMapIoSpace 的实现中做了什么，其中有没有什么是可以被挂钩或被监控的。用 IDA Pro 看到的 MmMapIoSpace 的实现如图 8-8 所示，注意其中一些变量被我重命名成了有意义的名字。

```
1 PVOID __stdcall MmMapIoSpace(PHYSICAL_ADDRESS PhysicalAddress, SIZE_T NumberOfBytes, MEMORY_CACHING_TYPE CacheType)
2 {
3   int cache_type; // eax
4   __int64 cache_type_ex; // r8
5
6   cache_type = (unsigned __int8)CacheType;
7   if ( (unsigned __int8)CacheType >= (unsigned int)MmMaximumCacheType )
8     return 0i64;
9   cache_type_ex = 0x40i64;
10  if ( cache_type != 1 )
11  {
12    cache_type_ex = 0x240i64;
13    if ( cache_type == 2 )
14      cache_type_ex = 0x404i64;
15  }
16  return (PVOID)MmMapIoSpaceEx(PhysicalAddress.QuadPart, NumberOfBytes, cache_type_ex);
17 }
```

图 8-8　用 IDA Pro 看到的 MmMapIoSpace 的实现

我们可以看到，MmMapIoSpace 本质上是 MmMapIoSpaceEx 的一层封装。除了 CacheType 经过了一重转换，另外两个参数都是原样照搬的。这中间没有任何可以落足的点，我们只能继续往后看 MmMapIoSpaceEx 的实现。

用 IDA Pro 看到的 MmMapIoSpaceEx 如图 8-9 所示，我们会发现，MmMapIoSpaceEx 只不过是 MiMapContiguousMemory 的一层封装。

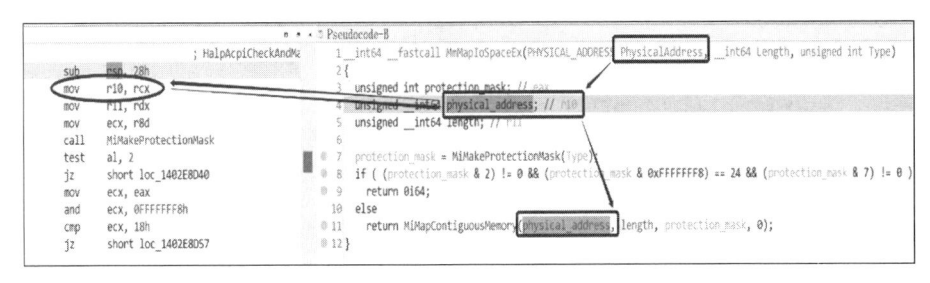

图 8-9　用 IDA Pro 看到的 MmMapIoSpaceEx

这层代码本身非常简单。但不太好理解的是图 8-9 中右边 C 语言代码的第 4 行，我们会看到这里定义了一个变量 physical_address（这个 physical_address 是我重命名的，代表一个复制的参数 PhysicalAddress）。你会发现 physical_address 完全没有经过任何赋值，直接传入了第 11 行的 MiMapContiguousMemory 中作为第一个参数。

如果是真正的 C 语言代码，这等于直接使用未初始化的变量，是个明显的缺陷。**IDA Pro 的反 C 语言代码并不完全是正确的**。注意图 8-9 的第 4 行中 physical_address 的定义之后有注释"// r10"，表示这个变量就是寄存器 r10。

我们知道，在 64 位的 Windows 中，r10 并不直接用于传递函数的参数。函数的参数从第一个开始分别是 rcx、rdx、r8、r9，后面的参数用栈传递。那么，r10 的值从何而来？这就要结合汇编语句来看了。

在图 8-9 的左边，我用椭圆框圈出了"mov　r10,rcx"这一句。也就是说，这条指令之后，r10 的值就是 rcx，即第一个参数。这个变量代表的就是 MmMapIoSpaceEx 的第一个参数，就是要映射虚拟地址的物理地址。同样，第 5 行的变量 length 没有经过任何赋值，但其实就是第二个参数，也就是要映射的内存片的长度。

这部分是题外话。下面回到正题，我们继续看下一个函数，也就是 MiMapContiguousMemory 的具体实现。此函数的实现比较长，无法全部截取，但这个函数实现的最后部分的一个调用很容易引起我们的注意，即 MiMapContiguousMcmory 中对 MiInsertPteTracker 的调用，如图 8-10 所示。

将物理地址映射到虚拟地址上，在硬件上是在页表上增加一项（也就是一个 PTE）的行为。而 Tracker 这个单词本身就很有特色，意为跟踪者。这时你一定会大吃一惊：原来 PTE 还有一个 Tracker？

MiInsertPteTracker 这个函数的存在说明，Windows 内核中有一个原生的 PTE 监控机制，直接利用这个机制就能监控物理地址映射的行为。那么，何必费尽心思去挂钩 MmMapIoSpace 之类的函数呢？

245

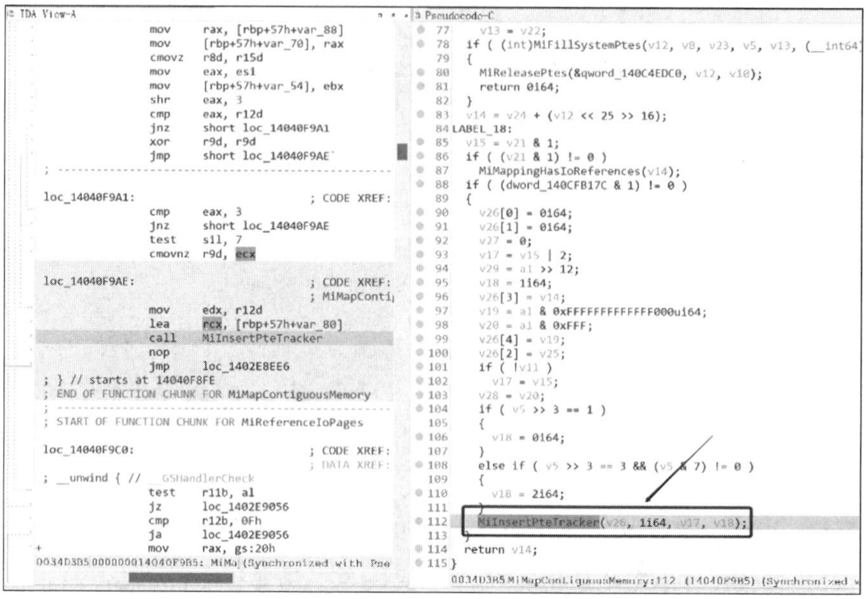

图 8-10　MiMapContiguousMemory 中对 MiInsertPteTracker 的调用

> Windows 内核中有多少个 Tracker？这个可以简单地在 WinDbg 调试 Windows 内核的时候用 x 命令来展示。
>
> 用 x 命令可以展示出所有的符号，而且可以使用通配符。你可以通过亲手输入"x nt!*Tracker*"，展示出所有 nt 模块下"Tracker"相关的符号，可以看到不少 Tracker。
>
> 这些 Tracker 是否有可能用来监控 Windows 内核中可能存在的异常行为？当然有可能。只是没有任何文档会指示你应该如何去做。但对已掌握 Windows 内核调试和逆向技术、擅长非文档操作的你来说，这并不是问题。

8.2.2　研究 PTE Tracker 如何开启

在明确打算利用 PTE Tracker 来监控异常的 MmMapIoSpace 的行为的时候，我们不必急于尝试 PTE Tracker 捕获的数据内容如何获取。首先应该搞清楚的是，PTE Tracker 是否真的会被执行？

我用 bp 命令给 MiInsertPteTracker 函数设置了断点，然后随意地使用 Windows。非常遗憾的是，我发现无论如何使用 Windows，这个断点都不会被触发。而后，我发现 MiMapContiguousMemory 设置断点后很容易触发，如图 8-11 所示。

这就产生了一个麻烦的问题。如果 MiInsertPteTracker 不能被执行，那么我们的计划就毫无意义。

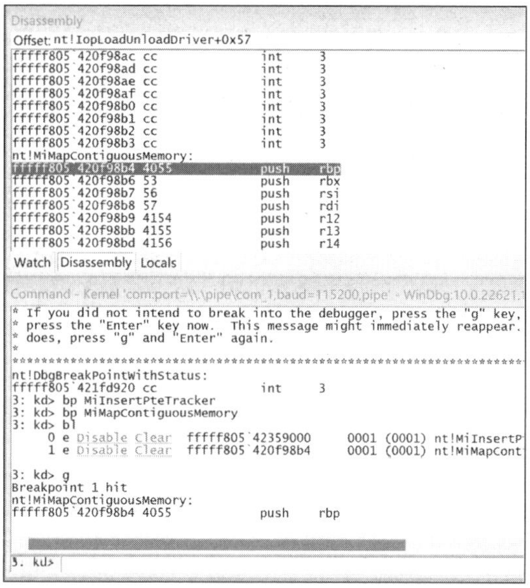

图 8-11　MiMapContiguousMemory 设置断点后很容易触发

好在 IDA Pro 的反 C 语言功能能够很好地看到执行的条件。我们可以回看图 8-10 右侧的函数 MiMapContiguousMemory 的反 C 语言代码。距离 MiInsertPteTracker 被执行最近的一处条件判断出现在第 88 行（注意，IDA Pro 反 C 语言代码左边有行号）。

一般而言，类似 dword_140CFB17C 这样命名的变量，对应的是 Windows 内核中的全局变量。而将此变量与 1 进行位与，则暗示该位是标志位。只有当该全局标志位被设置为 1 的时候，MiInsertPteTracker 才会被执行。

此时我们当然会想到，可以用 WinDbg 调试 Windows 内核，尝试手动将这个标志位设置为 1，查看 MiInsertPteTracker 是否能如我们期望的那样被执行。

问题是，要如何把 IDA Pro 中看到的 MiMapContiguousMemory 的反 C 语言代码对应到 WinDbg 中的汇编地址上，以便手动修改变量的值呢？

首先，我们用图 7-11 所介绍的反 C 语言代码与反汇编指令同步的方式，找到第 88 行 C 语言代码对应的反汇编指令，如图 8-12 所示。我发现对应的汇编指令为 0x1402E8ED7。这个地址是 IDA Pro 中展开模块后生成的地址，和 WinDbg 中模块实际加载运行时的地址是不一样的。但是该地址到所在函数开头之间的偏移，在 IDA Pro 和 WinDbg 中情况基本[1]不变，我们找到偏移就好办了。

在我的 IDA Pro 中，MiMapContiguousMemory 开头的地址为 0x1402E8D68。而调用 MiInsertPteTracker 之前，第 88 行条件判断语句对应的汇编地址为 0x1402E8ED7，二者之间的偏移为：0x1402E8ED7-0x1402E8D68 = 0x16F。

---

[1] 二者并不一定严格一致。IDA Pro 分析的 Windows 内核并不会自动更新，而 WinDbg 调试的 Windows 内核可能会自更新。出于这个原因，本书中许多例子有版本差别。

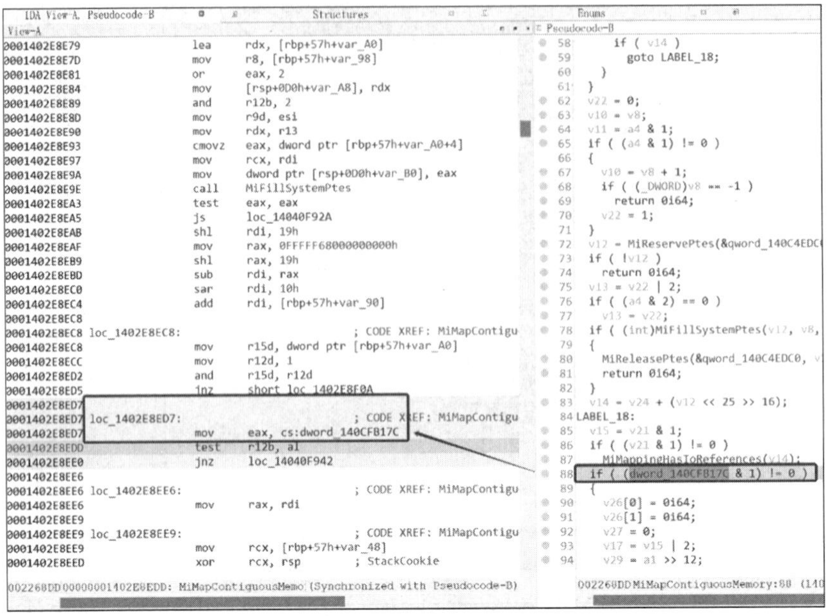

图 8-12　寻找反 C 语言代码对应的汇编指令

其次，我在 WinDbg 的反汇编窗口中输入 MiMapContiguousMemory + 0x16F 定位指令的位置，如图 8-13 所示。

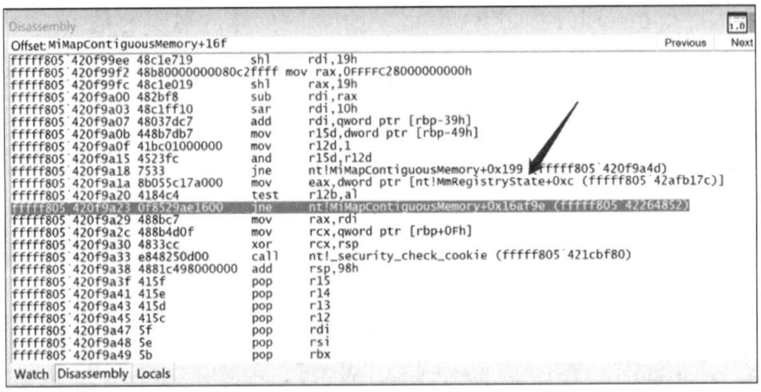

图 8-13　MiMapContiguousMemory + 0x16F 定位指令的位置

可以看到，WinDbg 中函数加上偏移之后，定位到的指令和 IDA Pro 并不完全相同，但我们看到了相同的指令序列，即都是先把标志位写入 eax，然后用 al 和 r12b 进行比较，而 r12b 在之前已经设定为 1。

IDA Pro 中地址为 0x1402E8ED7 的指令为读取全局标志写入 eax，该指令在 WinDbg 中对应的是图 8-13 中的箭头指向的代码所示的地址。现在我在该地址上设置断点，输入 g 命令让 WinDbg 继续执行。

中断到这一点之后，我们来查看关键的全局标志位的值。该标志位的地址在

0xfffff805`420f9a1a 这个地址对应的 mov 指令中进行了注明,也就是括弧里面的 0xfffff805`42afb17c。打开 memory 窗口,我发现该变量为全 0。

现在我要把最低字节改为 1。直接把光标点入 memory 窗口中要修改的位置后,输入数字即可进行修改。在 memory 窗口中,将关键全局标志位的值修改为 1 的操作,如图 8-14 所示。

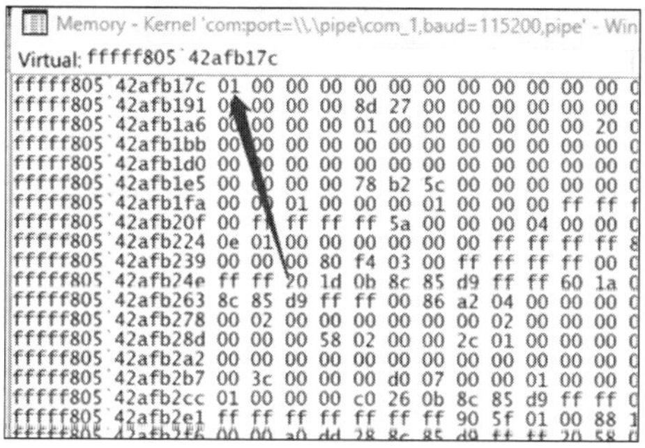

图 8-14　在 memory 窗口中将关键全局标志位的值修改为 1

此时要注意 MiInsertPteTracker 上设置过的断点是否还有效。如果没有断点,就重新设置上,然后输入 g 继续执行,查看 MiInsertPteTracker 是否如我们期望的会被执行。

结果如我所料,MiInsertPteTracker 果真被执行了！只可惜万事都不可能一帆风顺,根据我的跟踪,MiInsertPteTracker 的执行过程是正常的,但是当我跟踪完毕,去掉所有断点,并输入 g 让系统继续执行的时候,Windows 内核崩溃了。

8.2.3　解决 PTE Tracker 开启后的蓝屏问题

产生很难预料的副作用是非文档操作的通病。因为没有文档,所以我们做任何事都无法预知其后果,只能通过充分的测试和在外网的实际应用来发现和解决问题。

输入 !analyze 后,可以看到 PTE Tracker 开启后的蓝屏对应的缺陷检查码 0xda,如图 8-15 所示。

图 8-15　开启 PTE Tracker 后的蓝屏对应的缺陷检查码 0xda

从中看不出太多信息。我们可以理解这是 PTE 的错误操作。但是我们的手动修改只是开启了 PTE Tracker,并不会让 PTE 有任何实际改变,为什么会导致出现 PTE 错误操作呢？如果查看 MSDN 网站,我们会发现 MSDN 网站上对缺陷检查码 0xda 第一参数为

0x06 的解释如图 8-16 所示。

| 0x06 | The MDL specified by the driver | The virtual address specified by the driver | The number of mappings to free (specified by the driver) | The MDL being freed was never (or is currently not) mapped. |

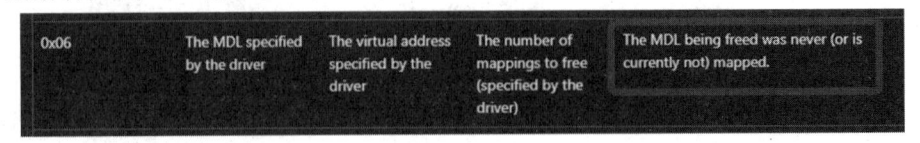

图 8-16　MSDN 网站上对缺陷检查码 0xda 第一参数为 0x06 的解释

注意，图 8-16 中的 0x06 对应图 8-15 中的 Arg1，文字表述为"一个从未被映射过的内存描述符正在被释放"，这让我恍然大悟。

因为系统本来没有开启 PTE Tracker，所以历史上的映射肯定是没有被 PTE Tracker 捕获过的。在某个时刻，我忽然开启了 PTE Tracker，那么在映射的内存被释放的时候，系统开启了检查：一旦发现释放没有被 Tracker 捕获过的内存，就一律蓝屏！这让原本的计划完全失败，因为这类检查意味着我的"中途开启操作"可能变得完全不可行。

非文档操作就是这样，看似可行的道路不一定能走通，但看似堵死的道路有时候又会忽然柳暗花明。做此类工作时，你要随时有大半年的心血因为微软对 Windows 内核的升级而付之东流的准备，但也不能轻易放弃。

不甘失败的我输入 k 命令，发现引发缺陷检查 0xda 的调用栈如图 8-17 所示。调用这个 KeBugCheck 的位置，发现是函数 MiRemovePteTracker 偏移 0x14c 处。此时我用刚刚介绍过的方法，在 IDA Pro 中找到对应的反 C 语言代码，观察一下是否还有翻盘的机会。

```
0: kd> k
 # Child-SP          RetAddr           Call Site
00 fffff805`486a6258 fffff805`42312082 nt!DbgBreakPointWithStatus
01 fffff805`486a6260 fffff805`42311666 nt!KiBugCheckDebugBreak+0x12
02 fffff805`486a62c0 fffff805`421f5b87 nt!KeBugCheck2+0x946
03 fffff805`486a69d0 fffff805`423593cc nt!KeBugCheckEx+0x107
04 fffff805`486a6a10 fffff805`4223eb51 nt!MiRemovePteTracker+0x14c
05 fffff805`486a6a70 fffff805`48e4f0b2 nt!MmUnmapLockedPages+0x1c0f91
06 fffff805`486a6aa0 fffff805`48e4f162 vm3dmp+0xf0b2
07 fffff805`486a6ad0 fffff805`48e4c6cb vm3dmp+0xf162
08 fffff805`486a6b40 fffff805`48e4d95a vm3dmp+0xc6cb
09 fffff805`486a6b80 fffff805`4200781e vm3dmp+0xd95a
0a fffff805`486a6bb0 fffff805`42006b04 nt!KiExecuteAllDpcs+0x30e
```

图 8-17　引发缺陷检查 0xda 的调用栈

在 IDA Pro 中看到的缺陷检查 0xda 被调用的相关代码如图 8-18 所示，留意我用方框和箭头标记出的 C 语言代码和汇编指令之间的关系。

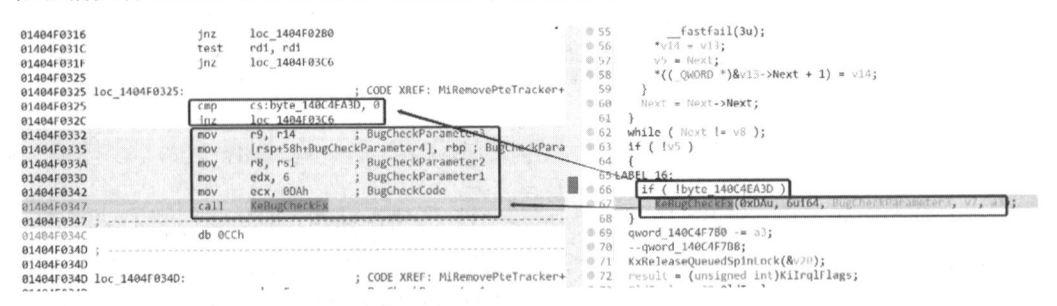

图 8-18　在 IDA 中看到的缺陷检查 0xda 被调用的相关代码

我们可以看到，KeBugCheckEx 被调用之前，存在一个全局标志字节（byte_140C4EA3D）的判断，只有它为 0 才会触发蓝屏。那么，只要我把它改成非 0，这个问题是否就不会发生，并且还能让 PTE Tracker 正常工作？

现在回顾我们总结的经验。如果想要触发 PTE Tracker 且不引发蓝屏，那么我们要执行两个步骤。

- 在 MiMapContiguousMemory + 0x16F 附近（WinDbg 中实际要提前几个字节）设置断点修改相关标志，让 MiInsertPteTracker 发生。
- 在 MiRemovePteTracker + 0x14c 附近（WinDbg 中也是提前几个字节）找到关键的全局变量字节，将它设置为 0。

重新启动系统之后，我们完成了上面的步骤。其中，第二步是在 MiRemovePteTracker 中设置断点，并在中断后修改关键字节为非 0，如图 8-19 所示。注意右边反汇编窗口中高亮指令最右侧括号内的地址，恰好就是保存全局标志字节的位置，和左边内存窗口地址栏中的地址对应。修改这个字节，将其从 0 改为 1，之后系统完全正常执行，没有产生其他的副作用。

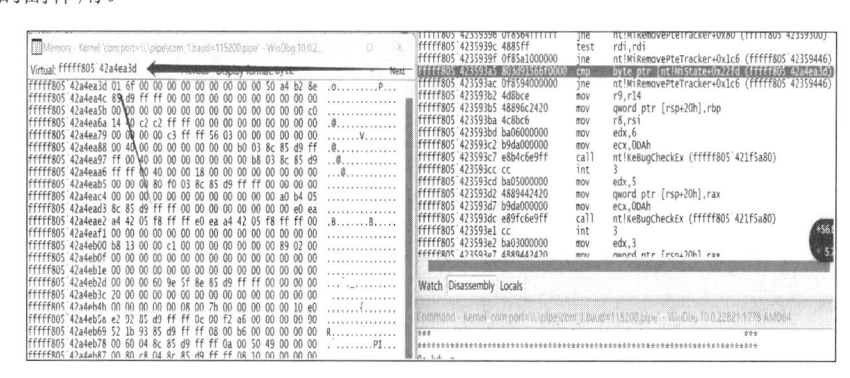

图 8-19　在 MiRemovePteTracker 中设置断点，并在中断后修改关键字节为非 0

至此，我们成功地通过调试探索到了安全开启 PTE Tracker 的道路。请注意，作为一个解决蓝屏问题的简单例子，我在这里并没有进行充分的测试，并未确保排除了所有可能造成蓝屏的因素。

8.3 逆向 Windows 内核数据结构

8.3.1 从公开参数到未公开参数

至此，我们已经成功地开启了 PTE Tracker，那么下一个问题是：如何读取 PTE Tracker 中记录的数据？

毫无疑问，可以从函数 MiInsertPteTracker 的实现中找到答案。既然 MiInsertPteTracker 能插入一条 PTE Tracker 的记录，它的实现中就一定展现了这些记录是如何组织的，我们自然也能把这些数据读取出来。

打开 IDA Pro，再次查看 MiInsertPteTracker 的实现，确认是否能从中找到我们需要的东西。让人眼花缭乱的 MiInsertPteTracker 的内部实现如图 8-20 所示，这些逆向代码非常复杂，充斥着各种毫无意义的变量名，很难理解。

图 8-20 让人眼花缭乱的 MiInsertPteTracker 的内部实现

尽管代码复杂，我们还是能提炼一些有用的信息。比如，图 8-20 右侧的反汇编代码中，我们能看到几处"_SLIST_ENTRY"结构类型。SLIST_ENTRY 是 Windows 内核常用的单向链表结构。KeAcquireInStackQueuedSpinLock 则显而易见是调用自旋锁。

我们可以合理地猜测：Windows 内核将 PTE Tracker 抓获的信息保存在单链表（实际上这个猜测并不正确，但这并不重要，8.2.3 节中有补充说明）中，操作的时候用自旋锁进行了加锁。那么，我们只要从这个单链表中把数据读出来就行了。

对单链表的操作不是重点。单链表的结构是公开的，你总是可以把链表中的数据读出来。重点在于，读出来的内容如何进行进一步解读，我们需要解析 PTETracker 保存的数据结构。

我发现数据结构都是用单个变量填写的，如果了解了变量的意义，自然就能解读出数据结构的意义。

所有变量的源头都可以追溯到函数的传入参数，变量要么是由参数直接传递而来，要么是参数经过变换和计算而来。如果想让变量变得有意义，就必须让参数变得有意义。IDA Pro 逆向的 MiInsertPteTracker 的参数如图 8-21 所示。

```
Pseudocode-B
  1  __int64 __fastcall MiInsertPteTracker(__int64 a1, int a2, char a3, char a4)
  2 {
  3    PSLIST_ENTRY v8; // rdi
  4    PSLIST_ENTRY v9; // rax
  5    _SLIST_ENTRY *Next; // rcx
  6    _SLIST_ENTRY *v11; // rbx
  7    __int64 result; // rax
  8    unsigned __int64 v13; // rcx
  9    __int64 v14; // rcx
 10    __int64 v15; // rax
 11    unsigned __int64 v16; // rcx
```

图 8-21　IDA Pro 逆向的 MiInsertPteTracker 的参数

这些参数有和没有并无太大区别，因为我们完全读不懂任何一个参数的意义。无奈之中，我产生了一个想法：既然无法读懂这里的 MiInsertPteTracker，那么在调用它的地方，或许能找到读懂它的线索？于是我在 IDA Pro 中打开了调用它的函数的实现。MiMapContiguousMemory 中调用 MiInsertPteTracker 的位置如图 8-22 所示。

```
● 101      if ( !v11 )
  102         v17 = v15;
● 103         v28 = v20;
● 104      if ( v5 >> 3 == 1 )
  105      {
● 106         v18 = 0i64;
  107      }
● 108      else if ( v5 >> 3 == 3 && (v5 & 7) != 0 )
  109      {
● 110         v18 = 2i64;
  111      }
● 112      MiInsertPteTracker(v26, 1i64, v17, v18);
  113
● 114      return v14;
  115   }
```

图 8-22　MiMapContiguousMemory 中调用 MiInsertPteTracker 的位置

在这里，发现我们必须知道 v26、v17、v18 这些变量的意义。知道了这些变量的意义，也就知道了 MiInsertPteTracker 的参数的意义，但想要明白这些变量的意义，又必须回溯到 MiMapContiguousMemory 的参数。

因为 MiMapContiguousMemory 不是公开函数，所以 IDA Pro 看到的也是 a1、a2 这类无意义的参数名。但绝望中存有一线生机：调用 MiMapContiguousMemory 的 MmMapIoSpaceEx 是公开的。

只有公开函数的参数是公开的。因此，我们要想了解未公开函数的参数，就必须从公开函数的参数开始推导。从公开函数的参数到非公开函数的内部数据结构，整个过程其实是这样的：**公开函数的参数→内部变量→未公开函数的参数→内部变量→未公开的内部结构**。记住这个推导过程。

下面查看从 MmMapIoSpaceEx 推导出 MiMapContiguousMemory 的参数的过程。MmMapIoSpaceEx 的实现很简单，非常适合进行讲解。当函数变得复杂时，推导过程也随之变得复杂，但基本方法是永恒不变的。

首先我们回顾 8.2.1 节，以及图 8-8。8.2.1 节的文字和图片非常清晰地展示了 MiMapContiguousMemory 第一个参数的推导过程，即 MmMapIoSpaceEx 的第一个参数为物理地址 PhysicalAddress（此函数有文档可查），是一个 PHYSICAL_ADDRESS 结构，该结构本质为一个 64 位整数，因为其是第一个参数，所以由寄存器 rcx 传递。内部变量 physical_address 在 C 语言代码中未见赋值，但是对应到左边的汇编代码可以看到其由 rcx 传递给寄存器 r10，最后传递给 MiMapContiguousMemory 作为第一个参数，其中没有发生改变，因此 MiMapContiguousMemory 的第一个参数为物理地址确认无疑。

同理，可以推导出 MiMapContiguousMemory 的第二个参数。该参数由内部变量 length（这个变量也是我们确认意义后重命名的，请暂时忽视单词的字面意义）直接传入。变量 length 实际上就是寄存器 r11，由 mov r11,rdx 指令传值。rdx 是 MmMapIoSpaceEx 的第二个参数，该参数表示要映射的物理地址长度，因此将其命名为 length。这样，已确认 MiMapContiguousMemory 的第二个参数为长度。

文档可查 MmMapIoSpaceEx 的第三个参数为 Type，代表映射的内存缓冲类型。这个参数在图 8-8 的右侧第 7 行 MiMakeProtectionMask(Type)引用之后，传递给了另一个内部变量。MiMakeProtectionMask 也是一个未公开函数。但根据字面意义，我们可以确认它返回的是一个保护掩码，因此我们将返回值传递的变量重命名为 protection_mask。在图 8-8 的 IDA Pro 界面中观察，这个变量是一个 32 位整数，被传递给 MiMapContiguousMemory 作为第三个参数。因此，我们要求的第三个参数是一个未知的保护类型掩码。

MmMapIoSpaceEx 调用 MiMapContiguousMemory 传递的最后一个参数是一个单字节 0。我们很难猜测这个 0 的意义，但可以假定这个参数就是一个常数 0。

这样，经过推导之后，我们打开 MiMapContiguousMemory 的实现，重写函数原型。确认参数之后重写的 MiMapContiguousMemory 原型如图 8-23 所示。

```
Pseudocode-B
1  __int64 __fastcall MiMapContiguousMemory(
2          ULONG64 PhysicalAddress,
3          ULONG64 Length,
4          unsigned int ProtectionMask,
5          char Zero)
6  {
7    unsigned int v5; // esi
8    ULONG64 v7; // rcx
9    ULONG64 v8; // r13
10   ULONG_PTR v9; // rcx
11   unsigned int v10; // er15
12   int v11; // er14
```

图 8-23　确认参数之后重写的 MiMapContiguousMemory 原型

8.3.2　从参数到内部变量和结构

下面回到之前提过的目标，我们打算破解 MiInsertPteTracker 的原型，并了解其参数的意义。这就像在破解某种已经失传已久的文字，我们只能根据已知的内容开始推导。

现在 MiMapContiguousMemory 的参数已经基本破解，回看 MiMapContiguousMemory

调用 MiInsertPteTracker 时使用的参数。图 8-22 中调用 MiInsertPteTracker 使用了四个参数，分别是 v26、1、v17、v18。

其中，第二个参数值为 1，是一个常数。虽然这个参数可能有特殊的意义，但是我们确认 MiMapContiguousMemory 调用 MiInsertPteTracker 时总是调用 1，因此可假设它就是常数 1，无须考虑其他的可能。

在剩下的参数中，第三个参数和第四个参数相对简单。先看第三个参数 v17。如果你想了解 v17 的来龙去脉，办法是在 IDA Pro 中用鼠标选中 v17，这时会发现 IDAPro 的反 C 语言代码窗口中所有的 v17 呈现黄色高亮的效果。v17 的来龙去脉如图 8-24 所示。

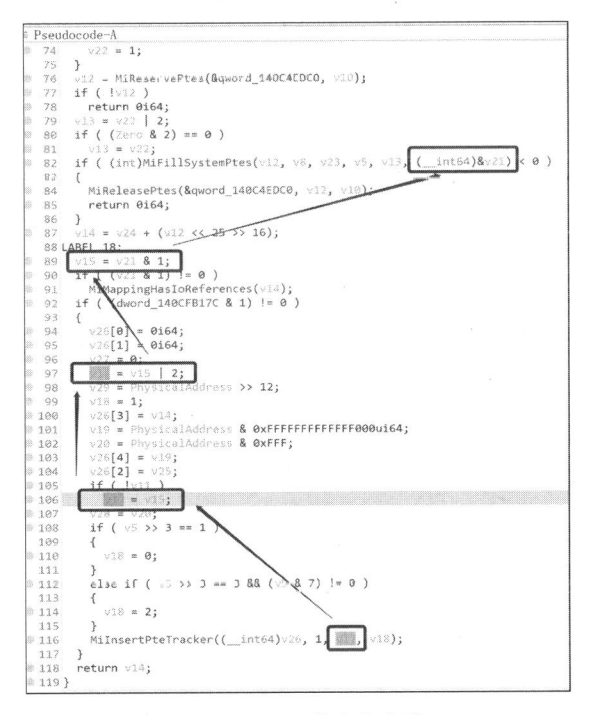

图 8-24 v17 的来龙去脉

在图 8-24 中，顺着标注的箭头，你会发现 v17 要么就是 v15（第 106 行），要么是 v15|2（第 97 行），也就是 v15 中仅修改从右起第二个位。而 v15 则来源于第 89 行，即 v21 & 1。换句话说，v15 只有 1 个位。要么是 0，要么是 1。因此可以肯定，v15 只相当于一个布尔类型。虽然意义不甚明了，但我们知道它只是一个简单的真假开关就可以了，因此，将它重命名为 TrueOrFalse。

然后是 v18。根据图 8-24 中的第 99 行、第 110 行和第 114 行（注意，图中没有像 v17 那样将其特意框出，请读者根据图 8-24 左侧的行号仔细寻找），v18 只可能是 0、1、2（其实在 MiInsertPteTracker 调用之前，其只可能是 0 与 2）。此类数字基本都是标志位（因为 1 和 2 写成二进制数字都只有 1 个位是 1），并且 v18 的值只由 v5 来决定。v5 的

255

值见图 8-26，它只来源于参数 ProtectionMask（这正是 8.3.1 节解读的 MiMapContiguousMemory 的参数之一）。我们可以进行合理推断，v18 是一个和 ProtectionMask 有关的标志位。我暂时命名它为 ProtectionFlags。

图 8-24 经过一定程度的改造（不断将变量重命名）之后，效果如图 8-25 所示。你会发现这些代码越来越易懂，这就是逆向。MiInsertPteTracker 剩下最重要的参数是 v26。其看起来像是一个数组。

但实际上，如果出现图 8-25 中被我标示的几个框中的赋值方式，你就可以猜测这不是数组，而是一个数据结构。因为**真正的数组赋值一般都采用循环复制的方式，不会为每个元素填入完全不同类型的数据**。IDA Pro 之所以将它标成数组，是因为并不清楚它的数据结构。

```
 74     v22 = 1;
 75   }
 76   v12 = MiReservePtes(&qword_140C4EDC0, v10);
 77   if ( !v12 )
 78     return 0i64;
 79   v13 = v22 | 2;
 80   if ( (Zero & 2) == 0 )
 81     v13 = v22;
 82   if ( (int)MiFillSystemPtes(v12, v8, v23, v5, v13, (__int64)&v21) < 0 )
 83   {
 84     MiReleasePtes(&qword_140C4EDC0, v12, v10);
 85     return 0i64;
 86   }
 87   v14 = v24 + (v12 << 25 >> 16);
 88 LABEL_18:
 89   flags = v21 & 1;
 90   if ( (v21 & 1) != 0 )
 91     MiMappingHasIoReferences(v14);
 92   if ( (dword_140CFB17C & 1) != 0 )
 93   {
 94     v26[0] = 0i64;
 95     v26[1] = 0i64;
 96     v27 = 0;
 97     TrueOrFalse = flags | 2;
 98     v29 = PhysicalAddress >> 12;
 99     ProtectionFlags = 1;
100     v26[3] = v14;
101     v19 = PhysicalAddress & 0xFFFFFFFFFFFF000ui64;
102     v20 = PhysicalAddress & 0xFFF;
103     v26[4] = v19;
104     v26[2] = 
105     if ( !v11 )
106       TrueOrFalse = flags;
107     v28 = v20;
108     if ( v5 >> 3 == 1 )
109     {
110       ProtectionFlags = 0;
111     }
112     else if ( v5 >> 3 == 3 && (v5 & 7) != 0 )
113     {
114       ProtectionFlags = 2;
115     }
116     MiInsertPteTracker((__int64)v26, 1, TrueOrFalse, ProtectionFlags);
117   }
118   return v14;
119 }
```

图 8-25　v26 的操作方式类似数组

这个结构由 5 个 64 位整数组成。其中第一个、第二个元素被填为 0（见图 8-25 第 94 行和第 95 行）。第四个元素被填成了 v14。而 v14 这个变量的探索需要我们突破陈规，不用看它的来源。

查看图 8-25 中的第 118 行代码，v14 原来是 MiMapContiguousMemory 的返回值。MiMapContiguousMemory 的返回值就是 MmMapIoSpaceEx 的返回值，返回的是映射之后的虚拟地址。因此，v14 就是映射后的虚拟地址，可以命名为 MappedVirtualAddress。

继续看图 8-25 中的第 103 行代码。v26 结构的第五个元素被填充为 v19。v19 在第

101 行被赋值，为 PhysicalAddress & 0xFFFFFFFFFFFFF000。在正常情况下，内存中每个页面的大小是 0x1000，因此它由传入的物理地址舍去零头，求整数物理页面的物理地址，可以命名为 PhysicalPageAddress。

最后是第 104 行，v26 结构的第三个元素被填充为 v25。v5 和 v25 都来源于 MiMapContiguousMemory 输入的参数，如图 8-26 所示。你会发现，v25 就是 MiMapContiguousMemory 的输入参数中需要映射的内存的长度。如果我们没有预先破解这个函数的参数，就无法获得这样的信息。

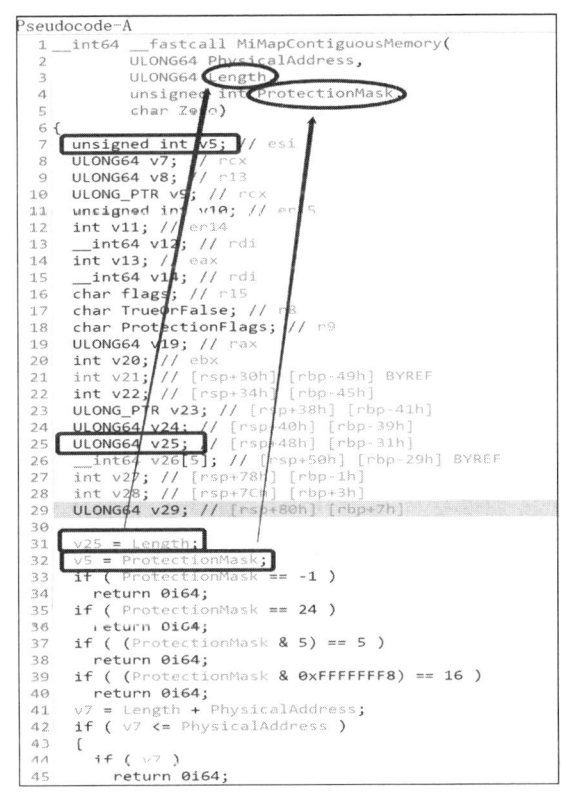

图 8-26　v5 和 v25 都来源于 MiMapContiguousMemory 输入的参数

到了这里，我们基本上已经破解了 v26 的数据结构。编写成 C 语言代码的结构大致如下。

```
typedef struct PTE_TRACK_INPUT_{
    ULONG64 zero1;
    ULONG64 zero2;
    ULONG64 length;
    ULONG64 virtual_address;
    ULONG64 physical_page_address;
} PTE_TRACK_INPUT;
```

注意，这个结构不一定完整，甚至不一定完全正确。但我们的目的并不是破译出完整的参数结构，而是将我们逆向的这些有价值的信息传递下去，有助于我们读懂后面的代码，从而实现获取 PTE Tracker 信息的目的。

现在我们把这个结构输入到 IDA Pro 中，以便它可以自动用在逆向的 C 语言代码中。首先，在 IDA Pro 界面上选中"Structures"窗口或选项卡（如果没有，那么可以从主菜单"View"的"Open Subviews"下找到）；其次，按下热键 Insert 或鼠标右键选择弹出菜单"Add Struct Type"，弹出添加新结构窗口（Create structure/union），如图 8-27 所示，并自己输入一个易懂的结构名。

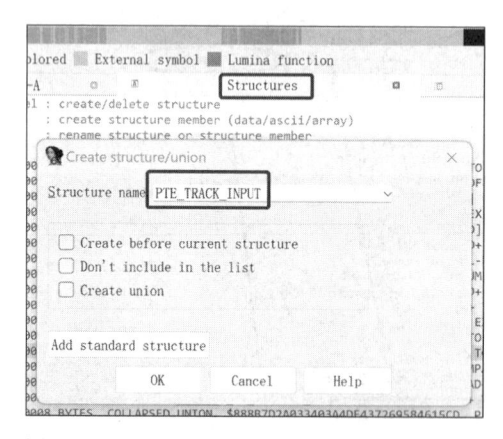

图 8-27　选择弹出菜单"Add Struct Type"弹出的添加新结构窗口

接下来的操作可能会让你感到一头雾水，因为 IDA Pro 和一般的软件操作风格完全不同。在"Structures"窗口中输入结构体，如图 8-28 所示。注意，在该图中，我们已经将数据结构输入完毕。

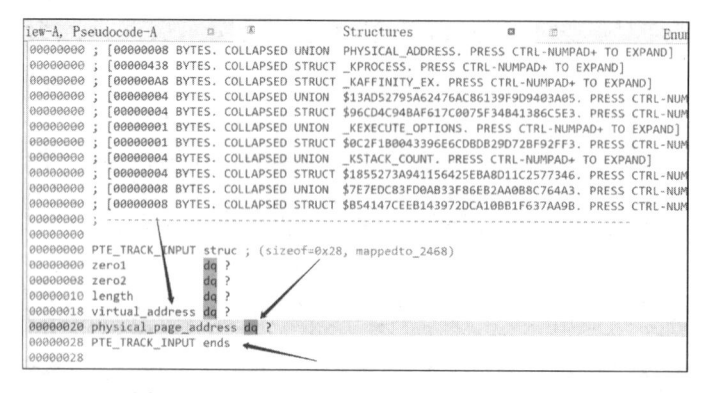

图 8-28　在"Structures"窗口中输入结构体

注意，图 8-28 中用箭头指示了三个位置。首先是右下角的 ends，这里指示数据结构的结束。最初结构体是空的，里面没有任何成员。我们要知道如何插入成员，即将光标移动到 ends 后面，然后按下 D 键。

其次在插入之后，成员的名字是由 IDA Pro 定义的。我们要想实现自定义名字，需要把鼠标移动到图 8-28 上左侧箭头所指的位置，也就是成员名字处，按下热键 N 就可以重命名了。

最后是每个成员的大小。注意图 8-28 中右侧指向 dq 的箭头，将鼠标移动到这里并按下 D 键，数据成员的大小就会在 db、dw、dd、dq 之间切换。这里的 dq 是指 64 位数据，相应地，db、dw、dd 分别表示 8 位、16 位和 32 位数据。

然后给 IDA Pro 中的函数参数选定新的数据结构，如图 8-29 所示。在反 C 语言代码窗口中打开函数 MiInsertPteTracker，然后用鼠标选中第一个参数的类型，右键点击弹出菜单后，选择"Convert to struct *"，然后选择我们之前输入的数据结构。

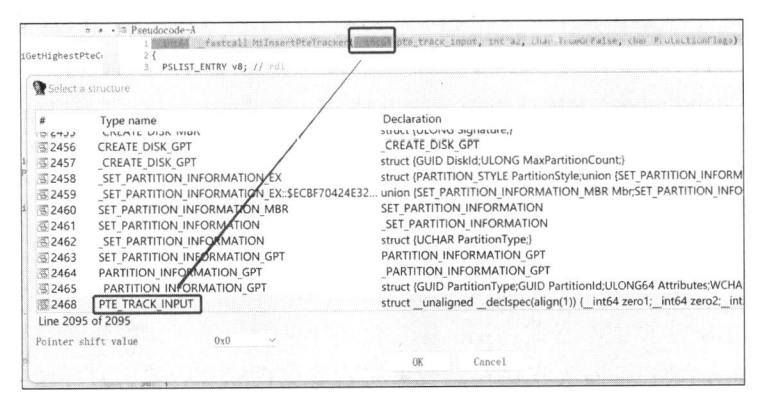

图 8-29　给 IDA Pro 中的函数参数选定新的数据结构

到这一步之后，重新标注函数原型的 MiInsertPteTracker 如图 8-30 所示，你会发现可读性变强了很多。但是这还不够，在下面的内容中，将展示真正的捷径。

图 8-30　重新标注函数原型的 MiInsertPteTracker

8.3.3　通过各种参考资料逆向内核

逆向 Windows 内核的过程要注意的是：Windows 内核的符号表是公开的，公开的符号表中含有所有的函数名和内部数据结构，缺失的是函数的原型、参数和变量所使用的数据结构类型。因此，逆向 Windows 内核主要是破解函数的参数，以及参数、变量使用的数据结构。

在 8.3.1 节中，介绍了破解未公开函数的参数的方法，主要是通过公开函数推导在公开函数内部调用的未公开函数的参数，这是万能但是艰难的方案，真实世界中我们是不会第一步就这样做的。

在现实项目中，当我们面对一个未公开函数时，第一件事是在 WRK 的代码中搜索这个函数。WRK 的全称是"Windows Research Kernel"，它是微软提供的一份教学代码，可以编译出一个 Windows 内核主模块（也就是 ntoskrnl.exe），你可以在网上很容易地找到这份代码并下载。

如果我们想要寻找的函数或数据结构属于 ntoskrnl.exe，那么大概率可以从这份代码中找到。但遗憾的是，WRK 至少有 20 年的历史了，这 20 年中其从未更新，而 Windows 已经升级了许多个版本，许多函数和结构都已经发生变化。

如果在 WRK 中搜索不奏效，那么第二步是用搜索引擎直接搜索该函数名。有时我们要尝试逆向的函数已经有人揭秘过，那就没有必要重新逆向了。有一些开源项目试图模仿 Windows 内核，也会提供类似的源码。

具体到我们试图破解的 MiInsertPteTracker 函数，在 WRK 中的确可以搜索到其原型。WRK 中 MiInsertPteTracker 的相关代码如图 8-31 所示。

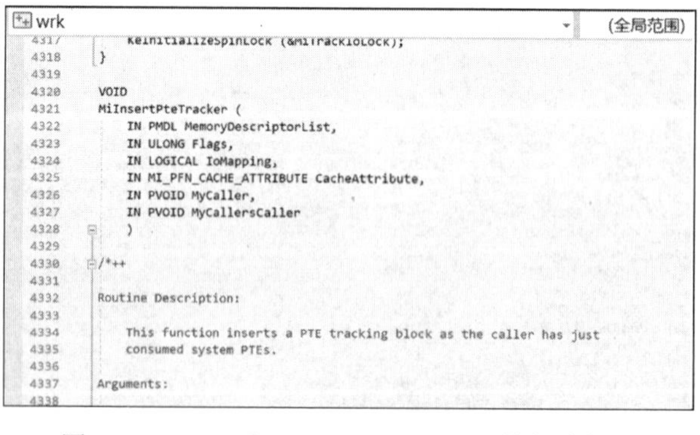

图 8-31　WRK 中 MiInsertPteTracker 的相关代码

但将这份代码和图 8-30 我们自己逆向的 MiInsertPteTracker 原型进行对比，你会发现二者大相径庭。即便只比较第一个参数的数据结构，我们也可以肯定地说，我们逆向的 PTE_TRACK_INPUT 结构和这份代码里的 MDL 不是一回事儿。显然，这个函数已经经过了较大升级，我们无法将 WRK 的源码套用到现在的系统上。

但是，上面这个 WRK 中的 MiInsertPteTracker 原型对我们来说还是很有参考价值的，比如，之前逆向的不知所谓的 Just1（见图 8-30 中第二个参数），很大概率就是 WRK 版 MiInsertPteTracker 原型中的 Flags。依此类推，WRK 版 MiInsertPteTracker 原型中的 IoMapping 和 CacheAttribute，分别可能是图 8-30 中的第三个参数 TrueOrFalse、第四个参数 ProtectionFlags。

这些中间结论不一定是正确的（后续我们发现 PTE_TRACK_INPUT 的结构的确并非完整，而且可能有错），但后续的逆向有两种可能，一种可能是这些参数实际上对我们需要了解的关键信息来说并不重要，对和错都无所谓；另一种可能是这些参数对我们很重要，即便错了，也很容易回过头来进行调整。因此，我们暂且不论对错，并重新命名了这些参数。

接下来我们要理解的是 MiInsertPteTracker 函数代码的实现流程。虽然这个函数已经升级，参数和 WRK 已经不同了，但是先阅读一遍 WRK 的代码，你就会发现较大的惊喜。原因很简单，代码的升级往往并不是完全重写，而是在老代码上修修补补。

WRK 中 MiInsertPteTracker 函数开始阶段的代码如图 8-32 所示。

```
ASSERT (KeGetCurrentIrql() <= DISPATCH_LEVEL);

if (ExQueryDepthSList (&MiDeadPteTrackerSListHead) < 10) {
    Tracker = (PPTE_TRACKER) InterlockedPopEntrySList (&MiDeadPteTrackerSListHead);
}
else {
    SingleListEntry = ExInterlockedFlushSList (&MiDeadPteTrackerSListHead);

    Tracker = (PPTE_TRACKER) SingleListEntry;

    if (SingleListEntry != NULL) {

        SingleListEntry = SingleListEntry->Next;

        while (SingleListEntry != NULL) {

            NextSingleListEntry = SingleListEntry->Next;

            ExFreePool (SingleListEntry);

            SingleListEntry = NextSingleListEntry;
        }
    }
}

if (Tracker == NULL) {

    Tracker = ExAllocatePoolWithTag (NonPagedPool,
                                     sizeof (PTE_TRACKER),
                                     'y5mM');

    if (Tracker == NULL) {
        MiTrackPtesAborted = TRUE;
        return;
    }
}
```

图 8-32　WRK 中 MiInsertPteTracker 函数开始阶段的代码

仔细和 IDA Pro 逆向的 C 语言代码对应，你会发现这两段代码相互吻合，尽管我们逆向的是 Windows 10 的 19042 版本，距离 WRK 发布接近 20 多年。我们根据 WRK 的代码对 IDA Pro 的反 C 语言代码重命名变量，重标注变量类型的 MiInsertPteTracker，如图 8-33 所示。

261

```
30
31     BackTraceHash = 0;
32     memset(&LockHandle, 0, sizeof(LockHandle));
33     // 参考WRK，此全局变量其实是PTE Tracker记录数据的回收链表，是个SLIST，名为MiDeadPteTrackerSListHead
34     if ( LOWORD(MiDeadPteTrackerSListHead.Alignment) < 0xAu )
35     {
36         // 根据WRK代码，这其实是根据SLIST的深度，小于10的时候pop一个元素出来
37         tracker_item = (_PTE_TRACKER *)RtlpInterlockedPopEntrySList(&MiDeadPteTrackerSListHead);
38         goto NotFlush;
39     }
40     // 到这里是释放整个链表
41     flushed_items = (_PTE_TRACKER *)RtlpInterlockedFlushSList(&MiDeadPteTrackerSListHead);
42     // 如果移除的链表节点存在，就逐个释放所有内存
43     tracker_item = flushed_items;
44     if ( flushed_items )
45     {
46         current = (_SLIST_ENTRY *)flushed_items->ListEntry.Flink;
47         if ( flushed_items->ListEntry.Flink )
48         {
49             do
50             {
51                 next = current->Next;
52                 ExFreePoolWithTag(current, 0);
53                 current = next;
54             }
55             while ( next );
56         }
57 NotFlush:
58         // 如果是弹出的节点，那么不用重新分配，而是重用这个
59         if ( tracker_item )
60             goto InsertItem;
61     }
62     // 分配节点 (1) PTE_TRACK结构的大小是128字节，'16个64位整数； (2) 返回值是一个PTE_TRACK结构指针
63     result = (_PTE_TRACKER *)MiAllocatePool(64i64, 128i64, 2035510605164);
```

图 8-33　根据 WRK 重标注变量类型的 MiInsertPteTracker

注意，在图 8-33 中第 36 行代码（行号在左侧）和图 8-32 中第 4380 行代码，10 和 0xA 是同一个数字的十进制和十六进制写法。从这里我们可以识别出一个全局变量 MiDeadPteTrackerSListHead（在 IDA Pro 逆向的原始代码，往往只有一个系统自动生成的无意义名字）。

通过阅读 WRK 中与 MiDeadPteTrackerSListHead 相关的代码，你会发现这是一个单链表，专门用来"回收"将要释放的 PTETracker 记录。如果链表中的元素少于 10 个，就弹出一个用于本次插入回收；如果多于 10 个，就清理所有节点并释放所有内存。令人费解的 MiDeadPteTrackerSListHead.Alignment 其实就是链表中元素的个数（在 WRK 中对应的是 ExQueryDepthSList，其使用的就是 SLIST 下的 Alignment）。

Windows 为何要用这么奇怪的回收算法，我并不是很理解，但这不重要。重要的是图 8-32 中的第 4381 行代码，我们看到了弹出的 PTE Tracker 记录的真实的数据结构是 PTE_TRAKCER，其指针类型是 PPTE_TRAKCER，这是一个 Windows 符号表中已公开的结构类型。这个结构类型太重要了，有了这个结构类型，IDA Pro 逆向的代码中很多不明变量和代码的意义之谜就可以迎刃而解。虽然二十年来，数据结构也有可能升级，但没有关系，Windows 的符号表会提供最新的数据结构，而 IDA Pro 会自动为我们对应正确的数据结构版本。现在回看图 8-30，我们应该把这些大量不明的变量好好指定正确的数据结构并重命名了。

注意，PTE_TRAKCER 并非如我们初步逆向时猜测的那样是单链表，实际上它是一个双量表，真正的单链表是 MiDeadPteTrackerSListHead。

在 IDA Pro 中，如果我们已经确定一个变量是某个 Windows 的符号表中存在的结构

的指针，那么可以将鼠标移动到变量上并点击右键，在弹出菜单中选择"Convert To struct *"，"Select a structure"窗口就会出现，在其中选择正确的数据结构即可。需要注意的是，WRK 中的数据结构对应到 IDA Pro 中时，名字前可能要添加下画线。

根据 WRK 的源码在 IDA Pro 中为不明变量确定类型和名称，如图 8-34 所示。首先在第 34 行，根据 WRK 的代码，确认从 MiDeadPtetrackerSListHead 中弹出的是一个 PTE_TRACKER 的指针。因此，我们回到第 3 行，为 tracker_item（这个变量也是我根据此意义重命名的）选择_PTE_TRACKER 的指针类型。之后，IDA Pro 会重新逆向所有代码。

其他相关变量可以依次重新指定类型和重命名。IDA Pro 逆向的 C 语言代码会一次比一次清晰。

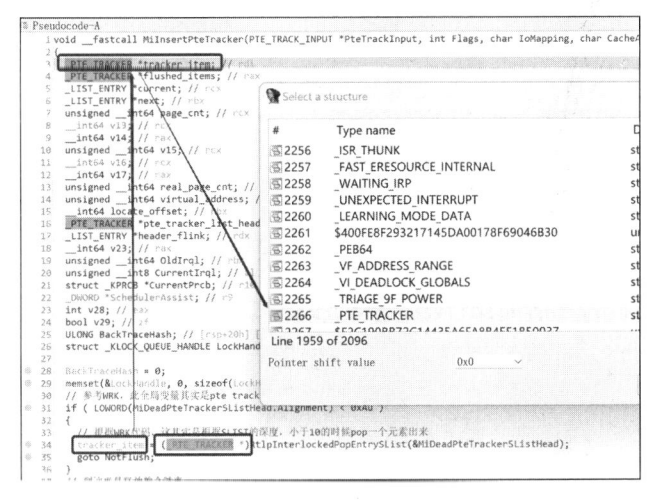

图 8-34　根据 WRK 的源码在 IDA Pro 中为不明变量确定类型和名称

IDA Pro 逆向的 C 语言代码已经足够清晰了。现在 PTE Tracker 最关键的代码，如图 8-35 所示，这是将生成的 PTE Tracker 记录插入全局变量的过程。

图 8-35　PTE Tracker 的关键代码

在图 8-35 展示的代码中，我们可以看到有两点至关重要。

（1）第 107 行名为 qword_140c4E950 的全局变量是一个自旋锁（查询微软的文档可以得知，KeAcquireInStackQueuedSpinLock 的第一个参数为一个自旋锁指针）。这个自旋锁非常重要，很明显是 Windows 内核为了确保 PTE Tracker 的记录插入和取出链表操作同步而设置的。换句话说，如果我们要读出其中的记录，就应该先尝试获取这个锁，否则就是不安全的。

（2）链表的头节点可以从一个名为 unk_140C4F6B0 的全局变量获取（见第 109 行，需要通过计算）。获取过程的计算有些复杂，这一点和 WRK 不同。WRK 的代码中，链表的头节点简单保存在一个全局变量中。

有了这两点之后，我们已经知道如何读取 PTE Tracker 的数据了。当然，前提是我们需要定位这两个全局变量的位置。至于定位的方法，还是使用 8.1.3 节中介绍过的方法，具体的实现将在 8.4 节中呈现。

8.4 实现非文档操作的编码实现

在本节中，我们将把前面操作所获得的结果付诸实践，写成代码以进行应用。当然，我已经反复强调过这是非文档编程。非文档编程必须小心地检查操作系统的版本是否匹配，还必须专门针对不同的版本进行适配。并且，即便测试没有问题，也必须在实际用户那里经历过考验，才能确认为成熟的产品。

本节中展示的例子，仅针对我编写此书时用来测试的 Windows 系统的版本，并且只经过了粗浅的试用，并没有经过严格测试和大量用户验证，因此无法进行商业使用，但它们可以简洁地展示非文档编程的常用方法。

8.4.1 从确认操作系统的版本开始

首先必须确认 Windows 内核的版本。在 8.1.3 节中，我们用非文档方式来获取函数 MmGetPhysicalAddress 的地址的时候，曾经使用 RtlGetVersion 获取操作系统版本。在本节中我们依然使用这个函数，但是统一集成到一个名为 IsOsVersionSupport 的函数中，该函数仅用来返回当前系统是否被本程序兼容。

```
// 操作系统版本检查。统一放在 Init 中，避免重复
BOOLEAN IsOsVersionSupport()
{
    BOOLEAN ret = TRUE;
    RTL_OSVERSIONINFOW os_ver = { 0 };
```

```
    // 这一章的代码非常严格，只支持 19042 版本的 Windows 系统。如果想要
    // 增加更多的版本，就需要对专门的版本进行测试。如果测试不通过
    // 就需要增加更多版本的适配代码
    if(RtlGetVersion(&os_ver) != STATUS_SUCCESS ||
        os_ver.dwBuildNumber != 19042)
    {
        ret = FALSE;
    }
    return ret;
}
```

因为我测试的时候使用的是构建编号为 19042 的 Windows10 系统，所以上面的代码就是简单地判断构建编号是否为 19042。在实际的商业软件中，你需要保存一组通过测试确认是否兼容的构建编号。

如果外网用户实际的系统的构建编号并非你所兼容的版本，那么你应该将用户的实际版本号上报到后台。当此类不兼容的用户数量达到一定的比例后，就有必要编写更多适配代码来兼容这些新的 Windows 版本了。

IsOsVersionSupport 这个函数的调用可以放在 DriverEntry 中，如果系统不支持，就直接上报错误并返回失败。它也可以放在需要进行兼容性适配的单个子功能的初始化中，好处是个别功能不可使用并不影响其他功能。

8.4.2 确定需要的全局变量和数据结构

下面我们编写代码来开启 Windows 内核的 PTE Tracker 功能，并尝试通过读取 PTE Tracker 记录的数据，来监控 MmMapIoSpace 这类映射物理地址到虚拟地址的可疑调用。

因为是非文档编程，所以 PTE Tracker 相关的变量地址全部没有公开，需要我们自己定位。本例中需要定位的全局变量有四个，分别如下。

- 8.2.2 节中提及的确定 MiInsertPteTracker 是否被执行的全局标志。事实上，从 WRK 的代码中会发现，它是一个名为 MmTrackPtes 的 LONG 型整数，因此我们直接使用 MmTrackPtes 这个名字。
- 8.2.3 节曾提到有一个变量会决定在开启 PTETracker 之后，是否出现检查码为 0xda 的蓝屏。阅读 WRK 的代码发现，它是一个名为 MiTrackPtesAborted 的字节变量。
- 图 8-35 中的全局变量 qword_140c4E950，其已经被确认是一个自旋锁。Windows 内核操作和访问 PTE Tracker 储存的记录之前需要先获取这个锁。为了确保安全，我们读取这些记录时也应获取这个锁。我们使用 PteTrackerSpinLock 这个名字。

- 图 8-35 中的全局变量 unk_140C4F6B0，它可以通过计算获得一个链表，链表中是我们需要读取的 PTE Tracker 记录。我们可合理猜测它是一个保存了多个链的 PTE Tracker 记录哈希表。我们将它命名为 PteTrackerTable。

注意，在实际代码中命名上述变量的时候，我会为全局变量都加上 g_前缀。

接下来我们需要确定这些数据的数据结构。其中，第一个和第二个可以认定为 LONG（4 字节）和 UCHAR（单字节），这非常简单；第三个可以确认为 KSPIN_LOCK，这也非常简单；真正需要确定结构的只有第四个。

我们已知单条 PTE Tracker 记录的数据结构是 _PTE_TRACKER，通过 WinDbg 的 dt 命令可以很容易地看到这个结构的详细内容。请注意，因为 _PTE_TRACKER 属于 nt 模块（ntoskrnl.exe），所以要加上 "nt!"。使用 dt 命令查看 _PTE_TRAKCER 的数据结构，如图 8-36 所示。

```
2: kd> dt nt!_PTE_TRACKER
   +0x000 ListEntry       : _LIST_ENTRY
   +0x010 Mdl             : Ptr64 _MDL
   +0x018 Count           : Uint8B
   +0x020 SystemVa        : Ptr64 Void
   +0x028 StartVa         : Ptr64 Void
   +0x030 Offset          : Uint4B
   +0x034 Length          : Uint4B
   +0x038 Page            : Uint8B
   +0x040 IoMapping       : Pos 0, 1 Bit
   +0x040 Matched         : Pos 1, 1 Bit
   +0x040 CacheAttribute  : Pos 2, 2 Bits
   +0x040 GuardPte        : Pos 4, 1 Bit
   +0x040 Spare           : Pos 5, 27 Bits
   +0x048 StackTrace      : [7] Ptr64 Void
2: kd>
```

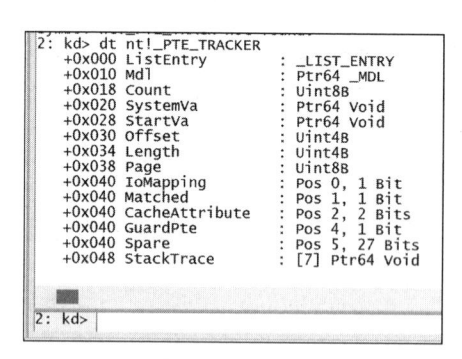

图 8-36 使用 dt 命令查看 _PTE_TRAKCER 的数据结构

WinDbg 并不是使用 C 语言对结构进行表达的，但依然很好理解。图 8-36 中最左侧是每个域相对结构开头的偏移，中间是域名，最右侧是类型的说明。

这个结构可以很轻松地翻译成 C 语言代码，如下所示。

```
#define STACK_TRACE_SIZE 7
typedef struct _PTE_TRACKER_19042{
    LIST_ENTRY ListEntry;
    PMDL Mdl;
    ULONG64 Count;
    PVOID SystemVa;
    PVOID StartVa;
    LONG Offset;
    ULONG Length;
    PVOID Page;
    ULONG64 IoMapping : 1;
    ULONG64 Matched : 1;
    ULONG64 CacheAttribute : 2;
    ULONG64 GuardPte : 1;
```

```
    ULONG64 Spare : 27;
    PVOID StackTrace[STACK_TRACE_SIZE];
} PTE_TRACKER_19042;
```

注意，这些未公开的结构是完全可能改变的。为了避免将来混淆，我们在结构名字上添加上了_19042 的后缀，以说明它仅用于 19042 版本的 Windows 系统。

接下来需要了解的是哈希表是什么结构。回顾图 8-35 中的第 109 行代码，链表的头节点的获取方式如下。

```
pte_tracker_list_header =
 (_PTE_TRACKER*)((char*)&unk_140C4F6B0
   + 16 * (((unsigned __int8)locate_offset ^
    BYTE4(locate_offset)) & 0xF));
```

简单观察后，可以得出如下结论。

- 这是对哈希表求哈希值并取得单条哈希链头的过程。其中，哈希值的计算方式是：(((unsigned __int8)locate_offset ^ BYTE4(locate_offset)) & 0xF)。从中可以看出哈希值的取值范围为 0x0～0xF，也就是 0 到 16。
- 求哈希链头的地址时使用的是表头+16*哈希值，因此可以得知每个哈希立链头在哈希表中占用大小为 16 字节。

考虑到从图 8-34 中看到的后续代码是双向链表插入过程，可以想到哈希表实际上由 16 个 LIST_ENTRY（每个 LIST_ENTRY 的大小恰为 16 字节）组成。同时参考图 8-36，PTE_TRACKER 结构的开头正是一个 LIST_ENTRY。PteTrackerTable 结构原型如下。

```
// 上面哈希算法输出的是 1 字节。而定位的时候要*16,足以说明这是一个由 LIST_ENTRY（每
// 个为 16 字节）构成的、一共 16 行的哈希表
// 因此 PteTrackerTable 的结构如下:
#define HASH_SIZE 16
typedef struct{
    LIST_ENTRY pte_track_hash_lines[HASH_SIZE];
} PTE_TRACKER_TABLE_19042;
```

上述哈希表中，每个 pte_track_hash_lines[n]都是一个链表的头节点，后面跟着的每个元素都是一个 PTE_TRACKER_19042 结构。

需要的全局变量和对应的数据结构都清楚了，下面我们在代码中把它们定义出来。

```
// 需要定位的全局变量一共 4 个,是否开启 PTE Tracker
PULONG g_MmTrackPtes = NULL;
// 是否忽视 PTE Tracker 数据异常产生的蓝屏
PUCHAR g_MiTrackPtesAborted = NULL;
//读取 PTE Tracker 数据需要的自旋锁
PKSPIN_LOCK g_PteTrackerSpinLock = NULL;
// 记录 PTE Tracker 数据的哈希表
PTE_TRACKER_TABLE_19042* g_PteTrackerTable = NULL;
```

这些变量的初始值都是 NULL。现在写一个初始化函数来初始化所有的值。

```
// 用一个变量记录整体是否初始化完成
BOOLEAN g_inited = FALSE;
// 下面这个初始化完成下面的工作：
// 1、定位需要的 4 个全局变量
// 2、开启 PTE Tracker
NTSTATUS PteTrackerInit()
{
    NTSTATUS status = STATUS_NOT_SUPPORTED;
    do{
        // 系统版本检查
        IF_BREAK(!IsOsVersionSupport());
        // 定位需要的 4 个全局变量
        g_MmTrackPtes = MmTrackPtesLocate();
        IF_BREAK(g_MmTrackPtes == NULL);
        g_MiTrackPtesAborted = MiTrackPtesAbortedLocate();
        IF_BREAK(g_MiTrackPtesAborted == NULL);
        g_PteTrackerSpinLock = PteTrackerSpinLockLocate();
        IF_BREAK(g_PteTrackerSpinLock == NULL);
        g_PteTrackerTable = (PTE_TRACKER_TABLE_19042 *)
            PteTrackTableLocate();
        IF_BREAK(g_PteTrackerTable == NULL);
        // 开启 PTE Trackr。注意时序。先开规避蓝屏，然后再开 PTE Trackr
        *g_MiTrackPtesAborted = 1;
        *g_MmTrackPtes = 1;
        g_inited = TRUE;
        status = STATUS_SUCCESS;
    } while (0);
    return status;
}
```

当然，看到上面的这个初始化函数，你一定会很感兴趣上面那些全局变量的值应如何获取，比如，函数 MmTrackPtesLocate() 如何实现？我们马上来解决这个问题。

8.4.3 定位全局变量的位置

本例中需要获得 4 个 Windows 内核全局变量的位置。无论是 IDA Pro 的静态逆向还是 WRK 的直接提供源码，都无法直接告诉我们 Windows 在用户的机器上实际运行时，这些全局变量的位置到底在哪里。

动态获取这些全局变量的值的方法大体相似，与 8.1.2 节中介绍的方法一样。我们在本节中只会演示 MmTrackPtes 的定位方法，至于其他全局变量的定位，只提供代码，不详细说明过程，读者可以自行研究。

总体原理就是，虽然我们不清楚这些未公开变量的具体位置，但总有些公开或导入的函数会直接或者间接地引用它们。而公开和导出的函数的位置是很容易获得的，这样我们就可以根据这些函数来定位目标。步骤概述如下。

- 在 IDA Pro 中用 x 命令寻找该变量所有的引用点。
- 在引用点中选择一个公开的，或者至少有导出符号的函数作为入口，寻找特征码进行查找。
- 如果引用点中没有公开的或导出的符号，就继续寻找引用点的引用点，直到找到公开的或导出的符号为止。

我们要定位的 MmTrackPtes 见图 8-12，其被 IDA Pro 命名为 dword_140CFB17C。现在，在 IDA Pro 中对它使用 x 命令（鼠标移到 dword_140CFB17C 上面后按下热键 x），查找 MmTrackPtes 的所有引用点，如图 8-37 所示。

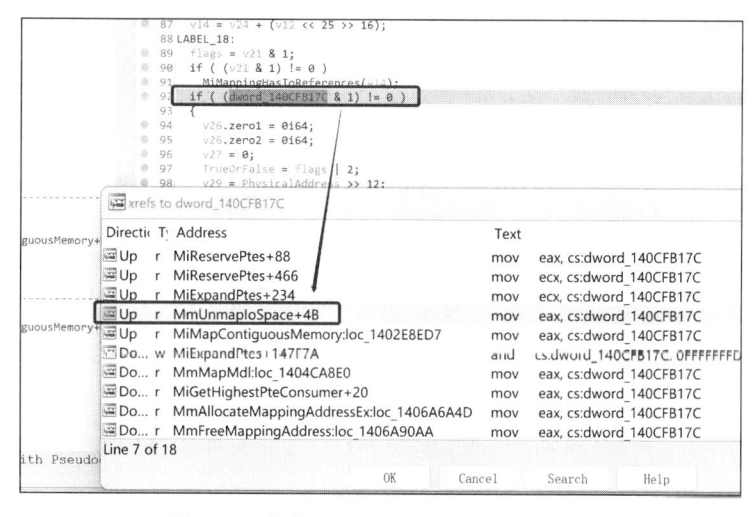

图 8-37　查找 MmTrackPtes 的所有引用点

我们运气很好，MmUnmapIoSpace 这个函数是公开且常用的。下面用 IDA Pro 跳转到 MmUnmapIoSpace，看看它是如何引用该变量的。MmUnmapIoSpace 中对于 MmTrackPtes 的引用如图 8-38 所示。

注意，图 8-38 中用方框标出的一行，尤其是左边的机器码，这是一条 mov 指令。查阅指令手册可以得知，其中 EB、37、A1、00 四个字节表示的是，该条指令的下一条指令开头的地址到变量 dword_140CFB17C 之间的偏移。

要注意的是，IA32 处理器的字节顺序是小头顺序，低位在低字节，EB、37、A1、00 这四个字节表示的是 0x00A137EB，这个就是真正的偏移量。

269

```
0001402E7940                                ; void __stdcall MmUnmapIoSpace(PVOID BaseAddress, SIZE_T Number
0001402E7940                                                public MmUnmapIoSpace
0001402E7940                MmUnmapIoSpace   proc near                         ; CODE XREF: HalpAcpiGe
0001402E7940                                                                   ; HalpAcpiIsCachedTable
0001402E7940
0001402E7940                var_118         = qword ptr -118h
0001402E7940                var_110         = qword ptr -110h
0001402E7940                var_108         = byte ptr -108h
0001402E7940                var_100         = dword ptr -100h
0001402E7940                var_F0          = qword ptr -0F0h
0001402E7940                var_48          = qword ptr -48h
0001402E7940                arg_10          = qword ptr  18h
0001402E7940
0001402E7940                ; FUNCTION CHUNK AT .text:000000014040EE8E SIZE 00000144 BYTES
0001402E7940
0001402E7940                ; __unwind { // __GSHandlerCheck
0001402E7940 48 89 5C 24 18                  mov     [rsp+arg_10], rbx ; MmUnmapIoSpace
0001402E7945 55                              push    rbp
0001402E7946 56                              push    rsi
0001402E7947 57                              push    rdi
0001402E7948 41 54                           push    r12
0001402E794A 41 55                           push    r13
0001402E794C 41 56                           push    r14
0001402E794E 41 57                           push    r15
0001402E7950 48 81 EC 00 01 00 00            sub     rsp, 100h
0001402E7957 48 8B 05 82 A8 92 00            mov     rax, cs:__security_cookie
0001402E795E 48 33 C4                        xor     rax, rsp
0001402E7961 48 89 84 24 F0 00 00 00         mov     [rsp+138h+var_48], rax
0001402E7969 48 8B C1                        mov     rax, rcx
0001402E796C 48 89 54 24 28                  mov     [rsp+138h+var_110], rdx
0001402E7971 25 FF 0F 00 00                  and     eax, 0FFFh
0001402E7976 48 89 4C 24 20                  mov     [rsp+138h+var_118], rcx
0001402E797B 48 8D 9A FF 0F 00 00            lea     rbx, [rdx+0FFFh]
0001402E7982 4C 8B FA                        mov     r15, rdx
0001402E7985 48 03 D8                        add     rbx, rax
0001402E7988 48 8B E9                        mov     rbp, rcx
0001402E798B 8B 05 EB 37 A1 00               mov     eax, cs:dword_140CFB17C
0001402E7991 48 C1 EB 0C                     shr     rbx, 0Ch
0001402E7995 A8 01                           test    al, 1
0001402E7997 0F 85 F1 74 12 00               jnz     loc_14040EE8E
```

图 8-38 MmUnmapIoSpace 中对于 MmTrackPtes 的引用

从图 8-37 中得知，mov 指令本身的位置就是 MmUnmapIoSpace 加上 0x4B。因此，我们的代码只要取出 MmUnmapIoSpace 的地址再加上 0x4B，找到 mov 指令的位置，取出偏移，然后用 MmUnmapIoSpace 加 0x4B 加 6 字节（mov 指令的长度），再加上这个偏移就是变量 dword_140CFB17C 的位置。

到这里就可以写代码了。但真正写代码的时候要注意一点：实际操作应该以 WinDbg 中的代码为准。因为 WinDbg 是运行时的真实状况，和我们测试的时候一致。有时候测试系统会不知不觉中被微软打上补丁，导致和 IDA Pro 中逆向的结果不一致，进而导致实际调试出错。如果想要确保实际调试不出问题，就在 WinDbg 中再确认一次所有的偏移。

```
// 以非文档方式定位 MmTrackPtes 的位置
ULONG* MmTrackPtesLocate()
{
    ULONG* ret = NULL;
    PVOID MmUnmapIoSpacePtr = NULL;
    UNICODE_STRING func_name =
            RTL_CONSTANT_STRING(L"MmUnmapIoSpace");
    PUCHAR ptr = 0;
    LONG offset = 0;
    do{
        // 系统版本检查。如果能在初始化阶段统一检查，那么这里可以去掉
        IF_BREAK(!IsOsVersionSupport());
```

```
        // 获得 MmUmmapIoSpace 的地址
        MmUnmapIoSpacePtr =
            MmGetSystemRoutineAddress(&func_name);
        IF_BREAK(MmUnmapIoSpacePtr == NULL);
        // 定位到+4B，对应代码应该是 dword_140CFB17C 就是
        // 001402E798B 8B 05 EB 37 A1 00
        // mov     eax, cs:dword_140CFB17C
        // 001402E7991 48 C1 EB 0C
        // shr     rbx, 0Ch
        ptr = (PUCHAR)MmUnmapIoSpacePtr + 0x4b;
        // 先检查定位是否正确
        IF_BREAK(ptr[0] != 0x8b || ptr[1] != 0x05);
        // 然后获得偏移
        offset = *(LONG*)&ptr[2];
        // 根据偏移求得正确的地址
        ret = (ULONG*)(&ptr[6] + offset);
    } while (0);
    return ret;
}
```

与上面的方法类似，MiTrackPtesAborted 的定位稍微烦琐一些，因为没有公开的或导入的函数直接引用它。MiTrackPtesAborted 的引用函数如图 8-39 所示，均为内部函数。

图 8-39　MiTrackPtesAborted 的引用函数

在这种情况下，只能再寻找引用过这些函数的函数。好在 MiInsertPteTracker 这个函数被 MmMapMdl 引用过，该函数是一个导出函数。MmMapMdl 对 MiInsertPteTracker 的引用如图 8-40 所示。

271

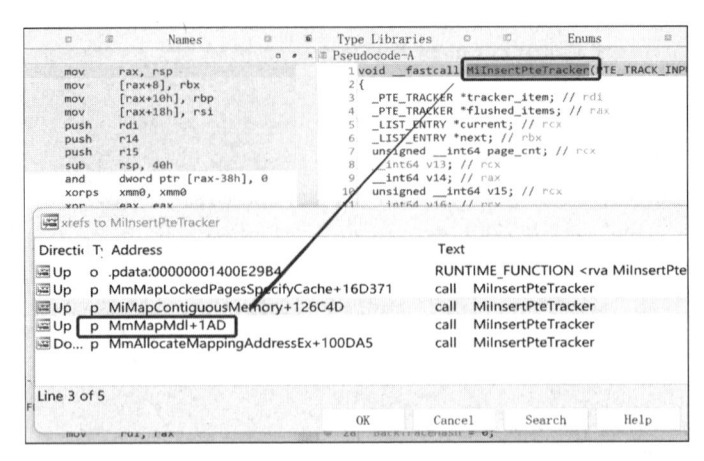

图 8-40　MmMapMdl 对 MiInsertPteTracker 的引用

可以先定位 MiInsertPteTracker，再定位 MiTrackPtesAborted 的位置。相关代码原理和之前定位 MmTrackPtes 时使用的几乎一样，只是一步变成了两步，代码如下：

```
// MiInsertPteTracker 定位之后需要保存一个全局变量
// 因为还有好几个点需要用它来定位
static PUCHAR g_MiInsertPteTrackerPtr = NULL;
// 非文档方式定位 MiTrackPtesAborted 的位置
//首先定位 MmMapMdl,+1AD 的位置找到 MiInsertPteTracker
// 其次+0x98 找到目标
PUCHAR MiTrackPtesAbortedLocate()
{
    PUCHAR ret = NULL;
    PUCHAR MmMapMdlPtr = NULL;
    UNICODE_STRING func_name =
        RTL_CONSTANT_STRING(L"MmMapMdl");
    PUCHAR MiInsertPteTrackerPtr = NULL;
    PUCHAR ptr = 0;
    LONG offset = 0;

    do{
        // 系统版本检查。如果能在初始化阶段统一检查，那么这里可以去掉
        IF_BREAK(!IsOsVersionSupport());
        // 获得 MmUmmapIoSpace 的地址
        MmMapMdlPtr =
         (PUCHAR)MmGetSystemRoutineAddress(&func_name);
        IF_BREAK(MmMapMdlPtr == NULL);
        // MmMapMdl+1A7 的位置如下
        // fffff805`75f327b7 e8b4760200
        // call nt!MiInsertPteTracker
```

```
        // fffff805`75f327bc 488b8c2498000000
        // mov rcx, qword ptr[rsp + 98h]
        ptr = MmMapMdlPtr + 0x1a7;          ①
        // 首先检查定位是否正确。如果不正常就返回失败
        IF_BREAK(ptr[0] != 0xe8);
        // 其次获得偏移
        offset = *(LONG*)&ptr[1];
        // 根据偏移求得正确的 MiInsertPteTracker 地址
        MiInsertPteTrackerPtr = (PUCHAR)(&ptr[5] + offset);
        // MiInsertPteTracker 的开头应该是这样的:
        // 这里做个简单验证
        // nt!MiInsertPteTracker:
        // fffff805`75f59e70 488bc4
        // mov      rax, rsp
        // fffff805`75f59e73 48895808
        // mov      qword ptr[rax + 8], rbx
        IF_BREAK(
            !MmIsAddressValid(MiInsertPteTrackerPtr) ||
            MiInsertPteTrackerPtr[0] != 0x48 ||
            MiInsertPteTrackerPtr[1] != 0x8b ||
            MiInsertPteTrackerPtr[2] != 0xc4);
        // MiInsertPteTracker 定位之后需要用全局变量保存起来以供后续使用
        g_MiInsertPteTrackerPtr = MiInsertPteTrackerPtr;  ②
        ptr = MiInsertPteTrackerPtr + 0x98;
        // nt!MiInsertPteTracker+0x98 是这样的:
        // 其中 nt!MiState + 0x22fd (fffff805`7664e9fd) 就是我们要求的地址
    // fffff805`75f59f08 c605ee4a6f0001
    // mov byte ptr[nt!MiState + 0x22fd], 1
    // fffff805`75f59f0f e9b9010000
    // jmp nt!MiInsertPteTracker + 0x25d
        IF_BREAK(ptr[0] != 0xc6 || ptr[1] != 0x05);
        offset = *(LONG*)&ptr[2];
        ret = (PUCHAR)(&ptr[7] + offset);
    } while (0);
    return ret;
}
```

但要注意上述代码中的①处，代码中的偏移为 0x1a7，而不是图 8-40 中的 0x1AD，这是因为实际运行的测试版本和 IDA Pro 逆向的内核版本存在细微的差距。

此外，注意上述代码中的②处，我们把 MiInsertPteTracker 的位置保存进了一个全局变量中。这是因为我们要定位的内核全局变量有 4 个，另外 2 个恰好都可以通过

MiInsertPteTracker 的位置来定位。这里我们不再给出利用 IDA Pro 逆向的过程，而只给出源码。有兴趣的读者可以自己用 IDA Pro 研究。

```c
// 定位 PTE Trackr 自旋锁的位置
static PKSPIN_LOCK PteTrackerSpinLockLocate()
{
    PKSPIN_LOCK ret = NULL;
    PUCHAR ptr = 0;
    LONG offset = 0;
    do{
        // 使用这个函数必须先定位 MiInsertPteTracker
        IF_BREAK(g_MiInsertPteTrackerPtr == NULL);
        // 在 MiInsertPteTracker+0x17f 的位置, 内容如下:
        // fffff805`75f59fef 488d0d1a496f00
        //lea    rcx,
        // [nt!MiState + 0x2210 (fffff805`7664e910)]
        // fffff805`75f59ff6 4869d85f9e0000
        // imul   rbx, rax, 9E5Fh
        // fffff805`75f59ffd e83ee3d6ff
        // call nt!KeAcquireInStackQueuedSpinLock
        // (fffff805`75cc8340)
        // 注意 lea 进入 rcx 的地址, 也就是
        // KeAcquireInStackQueuedSpinLock 的
        // 第一个参数, 是我们要获取的 spinlock 的指针
        ptr = g_MiInsertPteTrackerPtr + 0x17f;
        // 验证正确性
        IF_BREAK(ptr[0] != 0x48 || ptr[1] != 0x8d);
        offset = *(LONG*)&ptr[3];
        ret = (PKSPIN_LOCK)(&ptr[7] + offset);
    } while (0);
    return ret;
}

// 定位 PTE Tracker 的头节点的基准位置 (真正的头节点是需要经过计算的) 感觉是一张表, 故
// 称为 PtetrackTable
PVOID PteTrackTableLocate()
{
    PVOID ret = NULL;
    PUCHAR ptr = 0;
    LONG offset = 0;
    do{
        // 使用这个函数必须先定位 MiInsertPteTracker
```

```
            IF_BREAK(g_MiInsertPteTrackerPtr == NULL);
            // 在 MiInsertPteTracker+0x192 的位置，内容如下:
            // fffff805`75f5a002 488d1567566f00
            //lea     rdx,
            //        [nt!MiState + 0x2f70 (fffff805`7664f670)]
            // fffff805`75f5a009 488bc3
            // mov     rax, rbx
            // fffff805`75f5a00c 48c1e820
            // shr     rax, 20h
            ptr = g_MiInsertPteTrackerPtr + 0x192;
            // 验证正确性
            IF_BREAK(ptr[0] != 0x48
                || ptr[1] != 0x8d
                || ptr[2] != 0x15);
            offset = *(LONG*)&ptr[3];
            ret = (PVOID)(&ptr[7] + offset);
        } while (0);
        return ret;
    }
```

8.4.4 读取 PTE Tracker 记录并进行验证

PTE Tracker 功能初始化的过程已经完成，下面就是要解决如何读取 PTE Tracker 记录的过程。因为所有全局变量都已经确定了结构并进行了定位，所以这个过程变得很简单。

但和 Windows 内核中的非文档数据打交道，要注意两个原则：第一个是确保同步安全，如果 Windows 内核使用了锁，那么我们也要用一把同样的锁；第二个是尽量避免修改系统中的原始数据，读取数据的内容远比把数据修改掉更安全。

我们读取 PTE Tracker 记录正确的步骤为：

（1）和 Windows 系统自身读取 PTE Tracker 的记录一样，先尝试获取锁。如果获取成功，就进入第二步。

（2）遍历哈希表，从哈希表中读取所有的记录，但不要尝试增删这张哈希表。

整个测试程序的流程是这样的：首先开启 PTE Tracker，其次自己调用一次 MmMapIoSpace。假定预想是正确的，这时我们在 PTE Tracker 的记录中进行搜索，应该能找到对应的记录。

下面是我写的一个函数，用来打印一条记录。其中打印的就是记录中的关键信息：从哪个物理地址（PA）映射到了哪个虚拟地址（VA），以及调用栈（谁在做映射）。

```c
static void PrintPteTrack(PTE_TRACKER_19042 *pte_tracker_rd)
{
    ULONG i;
    //先打印最重要的：物理地址->虚拟地址(长度)
    KdPrint(("PTETracker: Mapped PA->VA = %llx->%p\r\n",
        (ULONG_PTR)(pte_tracker_rd->Page) * 0x1000,
        pte_tracker_rd->SystemVa));
    // 然后调用栈（是谁在做映射）
    KdPrint(("Call stack:\r\n"));
    for(i = 0; i < STACK_TRACE_SIZE; ++i)
    {
        KdPrint(("%p\r\n", pte_tracker_rd->StackTrace[i]));
    }
}
```

然后是如何搜索哈希表。理论上我们已经破解了哈希算法，计算哈希值之后再进行索引速度会更快。但本书代码的特点是简洁，为避免占用更多版面，使用的是遍历整个哈希表搜索的"粗暴"方式。

注意，这个函数搜索的输入是一个物理地址，也就是说，我们会根据这个物理地址来搜索有没有人"最近"映射过这个物理地址。你也可以用其他的条件来搜索，或者只是单纯地读出所有的记录。

```c
// 搜索并打印内核中记录的 PTE_TRACKER
void PteTrackerSearchAndPrint(PHYSICAL_ADDRESS pa)
{
    UCHAR i = 0;
    KLOCK_QUEUE_HANDLE lock_handle;
    LIST_ENTRY* list_entry = NULL, * list_header = NULL;
    // 把读取的 PTE Tracker 记录保存到这里用于打印
    PTE_TRACKER_19042 found_rd = { NULL };
    ULONG cnt = 0;
    list_entry, cnt;
    do{
        // 首先要确认 PTE Tracker 启动了，哈希表也已经就位
        IF_BREAK(g_MmTrackPtes == NULL);
        IF_BREAK((*g_MmTrackPtes & 1) == 0);
        IF_BREAK(g_PteTrackerTable == NULL);
        IF_BREAK(g_PteTrackerSpinLock == NULL);
        // 然后获取锁
        KeAcquireInStackQueuedSpinLock(
            g_PteTrackerSpinLock, &lock_handle);
        for (i = 0; i < HASH_SIZE; ++i)
```

```
        {
            list_header =
             &g_PteTrackerTable->pte_track_hash_lines[i];
            list_entry = list_header->Flink;
            // 遍历整个链表。注意，不要在这里使用KdPrint，因为这个函数不能在
            // DispatchLevel打印，所以将数据复制出去
            while (list_entry->Flink != list_header)
            {
                // 因为LIST_ENTRY结构就在每个PTE Tracker
                //结构的开头，所以可以直接强转
                if(((PTE_TRACKER_19042*)list_entry)->Page
                    == (PVOID)(pa.QuadPart >> 12))
                {
                    found_rd =
                     *(PTE_TRACKER_19042*)list_entry;
                    break;
                }
                list_entry = list_entry->Flink;
            }
            IF_BREAK(found_rd.SystemVa != NULL);
        }
        // 释放锁
        KeReleaseInStackQueuedSpinLock(&lock_handle);
        // 打印找到的PTE Tracker
        PrintPteTrack(&found_rd);
    } while (0);
}
```

最后我们在 DriverEntry 中加入测试代码，具体如下。

```
extern "C" NTSTATUS DriverEntry(
    PDRIVER_OBJECT driver, PUNICODE_STRING reg_path)
{
    ...
    do{
        status = PteTrackerInit();
        if (status != STATUS_SUCCESS)
        {
            break;
        }

        Sleep(500);
```

```c
// 成功开启 PTE Tracker 后，这里做一次 MapIoSpace，让 PTE Tracker 中至
// 少存在一条记录
PHYSICAL_ADDRESS pa =
    MmGetPhysicalAddress((PVOID)DriverEntry);
if (pa.QuadPart == 0)
{
    break;
}
PVOID va = MmMapIoSpace(pa, PAGE_SIZE, MmCached);
if (va == NULL)
{
    break;
}
// 打印一下映射到哪个物理地址上了，然后查看下面打印记录是否可抓取到
KdPrint((
    "sec8_undoc: MmMapIoSpace: PA->VA = %p->%p"
    "(0x1000)\r\n",
    (PVOID)pa.QuadPart, va));
// 打印 PTE Tracker 中的记录
PteTrackerSearchAndPrint(pa);
// 释放 map
MmUnmapIoSpace(va, PAGE_SIZE);
} while (0);
...
}
```

在我的测试机上，这份代码运行良好，没有产生副作用。利用 PTE Tracker 来监控 MmMapIoSpace 的验证效果如图 8-41 所示，其中可见我们做了 MmMapIoSpace 的调用，然后又从 PTE Tracker 的记录中搜索到了与之对应的记录，并且获得了调用栈。这说明利用 PTE Tracker 来监控 MmMapIoSpace 的调用是可行的。

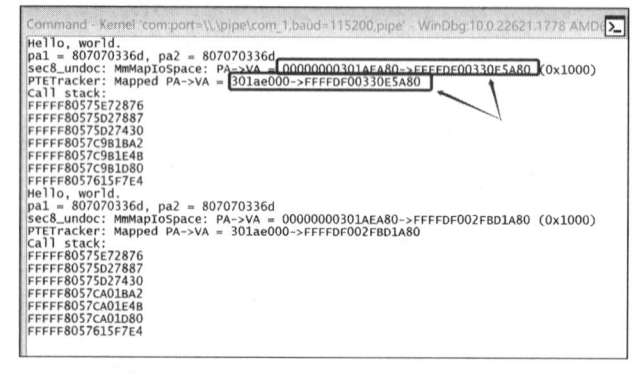

图 8-41 利用 PTE Tracker 来监控 MmMapIoSpace 的验证效果

注意，本章的代码绝不可直接进行商用。我只在一个确定的 Windows 版本上进行了粗略测试，并未经历大规模用户的考验，完全可能存在并未被我测试到的蓝屏或其他问题。

非文档编程的代码如果想要进行大规模商用，就必须经过多版本适配，小规模灰度、缺陷定位和排除，逐渐推广，直到稳定运行的过程，没有其他更佳的捷径。

反侵权盗版声明

电子工业出版社依法对本作品享有专有出版权。任何未经权利人书面许可，复制、销售或通过信息网络传播本作品的行为；歪曲、篡改、剽窃本作品的行为，均违反《中华人民共和国著作权法》，其行为人应承担相应的民事责任和行政责任，构成犯罪的，将被依法追究刑事责任。

为了维护市场秩序，保护权利人的合法权益，我社将依法查处和打击侵权盗版的单位和个人。欢迎社会各界人士积极举报侵权盗版行为，本社将奖励举报有功人员，并保证举报人的信息不被泄露。

举报电话：（010）88254396；（010）88258888
传　　真：（010）88254397
E-mail：　dbqq@phei.com.cn
通信地址：北京市万寿路 173 信箱
　　　　　电子工业出版社总编办公室
邮　　编：100036